Heynemann, D. F.

Bericht ueber die nDenckenbergische naturforschende Geesellschaft

Heynemann, D. F.

Bericht ueber die nDenckenbergische naturforschende Geesellschaft

Inktank publishing, 2018

www.inktank-publishing.com

ISBN/EAN: 9783750140080

All rights reserved

BERICHT

ÜBER DIE

SENCKENBERGISCHE NATURFORSCHENDE GESELLSCHAFT

IN

FRANKFURT AM MAIN.

Vom Juni 1887 bis Juni 1888.

———••••———

Die Direktion der **Senckenbergischen naturforschenden Gesellschaft** beehrt sich hiermit, statutengemäss ihren Bericht über das Jahr 1887 bis 1888 zu überreichen.

Frankfurt a. M., im September 1888.

Die Direktion:

Dr. med. **W. E. Loretz,** d. Z. erster Direktor.
D. Friedr. Heynemann, d. Z. zweiter Direktor.
Dr. phil. **H. Reichenbach,** d. Z. erster Schriftführer.
Dr. med. **O. Körner,** d. Z. zweiter Schriftführer.

Bericht

über die

Senckenbergische naturforschende Gesellschaft

in

Frankfurt am Main

Erstattet am Jahresfeste, den 27. Mai 1888

von

D. F. Heynemann,

d. Z. II. Direktor.

—>·※·<—

Hochgeehrte Versammlung!

Es liegt mir die Pflicht ob, Ihnen Bericht zu erstatten über die Vorkommnisse und Veränderungen, welche für die letztverflossenen zwölf Monate in der Geschichte unserer Gesellschaft zu verzeichnen sind. Sie werden in Folge meiner geschäftlichen Mitteilungen die Überzeugung gewinnen, dass in der stetigen Fortbewegung nach unseren Zielen keine Unterbrechung stattgefunden hat, sondern im Gegenteil aller Anlass zur Vermutung vorliegt, dass die namhaft zu machenden Vorbereitungen und die unserer Gesellschaft gewordenen Zuwendungen zu einer erhöhten Thätigkeit in nicht zu ferner Zeit führen werden.

Mit dem Personalbestand beginnend teile ich mit, dass die Zahl der Mitglieder seit dem vorjährigen Berichte sich um 11 vermindert hat, also nun auf 351 zurückgegangen ist.

1*

6

Ausgetreten sind die Herren: Friedrich Bachfeld, Gustav Cassel, Phil. Frey, Dr. Chr. Gotthold, J. Greiss, F. W. Pfaehler.

Gestorben sind die Herren: Generalkonsul Mumm v. Schwarzenstein, Hermann Nestle, Robert Passavant, Joh. Jak. Sachs, Justizrat und Notar Dr. Schulz, Dr. jur. Fr. Varrentrapp, Dr. med. Wiesner.

Weggezogen ist Herr Dr. med. Stratz.

Dagegen neu hinzugetreten sind die Herren: Dr. med. J. Guttenplan, Friedr. Modera, Dr. phil. Louis Liebmann, Dr. med. Ernst Rödiger, Wilh. Sanders.

Als arbeitendes Mitglied ist Herr Baron Albert von Reinach, dessen Geldgeschenk für Vermehrung unserer Bibliothek noch mit Dank später zu erwähnen ist, und zu korrespondierenden Mitgliedern sind erwählt worden die Herren: Prof. Dr. H. Breuer, Montabaur; Paul Hesse, vom Congo zurück, derzeit in Venedig; Dr. Hans Schinz in Riesbach bei Zürich; Dr. A. Zipperlen in Cincinnati; Dr. med. C. H. Stratz in Batavia; der letztgenannte in Folge seines Wegzuges von hier.

Durch den Tod verloren wir aus der Reihe der korrespondierenden Mitglieder:

Dr. Anton de Bary, Professor der Botanik, seit 1872 an der neu errichteten Universität in Strassburg. Seine Liebe zum Studium der Pflanzen wurde ihm, dem gebornen Frankfurter, von Fresenius und Ohler beigebracht und seine Vaterstadt besuchte er nicht, ohne vor allem den botanischen Garten gesehen zu haben. Seine Untersuchungen über die Morphologie und Physiologie der Pilze, Flechten und Myxomyceten, besonders aber über die Kartoffelkrankheit, von welchen Untersuchungen er einen Teil in unseren Abhandlungen veröffentlichte, zeugen von deren hohen Bedeutung. Er wurde erwählt 1853, er starb 19. Januar 1888.

Dr. Robert Caspary, Professor der Botanik in Königsberg, erwählt 1873, gestorben 18. September 1887.

Geh.-Rat Alexander Ecker, Professor der Anatomie und Physiologie in Freiburg i. B., war seit 1865 Mitherausgeber des Archives für Anthropologie, seit 1854 korrespondierendes Mitglied, gestorben 20. Mai 1887.

Dr. Gustav Theodor Fechner, Professor der Physik in Leipzig, auch bekannt durch seine phylosophischen und humoristischen Schriften, welchen er sich noch mehr in Folge eines Augenleidens widmete; erwählt 1833, nach der Zeit des Eintritts also das nächstälteste unserer korrespondierenden Mitglieder, gestorben 18. November 1887 im Alter von 86 Jahren.

Dr. med. A. Fetu in Jassy, erwählt 1882, gestorben 1887.

Dr. Asa Gray, geb. zu Paris in Massachusets, studierte Medizin und Naturwissenschaft, seit 1842 Professor der Botanik im Harvard College, Cambridge bei Boston, der hervorragendste Botaniker Amerikas, als Systematiker einer der bedeutendsten unseres Jahrhunderts; erwählt 1849, gestorben 3. Februar 1888 im Alter von 77 Jahren.

Sir Julius von Haast, geb. in Bonn, kam 1858, nachdem er in Frankfurt in der Jügel'schen Buchhandlung angestellt war, nach Neuseeland, wo er den Geologen der Novara-Expedition, Hochstetter, kennen lernte und dessen Schüler und Begleiter wurde, später Direktor des Canterbury Museums in Christchurch, Staatsgeologe von Neuseeland, zum Ehrendirektor der Universität Cambridge, von der Königin von England zum Knight ernannt, erwarb sich um die geologische Erforschung von Neuseeland grosse Verdienste, muss namentlich auch wegen Auffinden und Bearbeiten zahlreicher Reste des Riesenstrausses genannt werden, war vor nicht langer Zeit zur Erholung abermals in Europa, starb in Neuseeland 16. August 1887. Er war korrespondierendes Mitglied seit 1871.

Ferdinand Vandremeer Hayden, geb. zu Westfield, Mass., erwählt 1878, gestorben 22. Dezember 1887, war im nordamerikanischen Bürgerkrieg Hospitalarzt, reiste 1854 und 1855 am Oberlauf des Missouri und des Yellowstone, damals einem ganz unbekannten Gebiete, von woher er reiche paläontologische Sammlungen mitbrachte, dann Mitglied und später bis 1879 Director of the U. S. geological and geographical Survey of the Territories.

Sanitätsrat Dr. Hermann Jordan in Saarbrücken, entdeckte die Regeneration der Krystalle, wurde erwählt 1851, starb 9. August 1887.

Excellenz Alexander von Manderstjerna, kaiserlich russischer General der Infanterie in St. Petersburg, bekannter Entomologe, erwählt 1861, gestorben 13. Februar 1888.

Hofrat Dr. Friedr. Wilh. Pauli in Ludwigslust in Mecklenburg, geborner Frankfurter, welcher zu jeder Zeit, besonders gelegentlich seines Aufenthalts im Orient, unsere Sammlungen zu vermehren bedacht und mit der Senckenbergischen Gesellschaft in fortgesetztem Verkehr zu bleiben bestrebt war: erwählt 1864, gestorben 3. Dezember 1887.

Geheimer Bergrat Dr. Gerhard vom Rath, geboren 20. August 1830 zu Duisburg, gestorben 23. April 1888 zu Coblenz, seit 1872 ordentlicher Professor der Mineralogie und Geologie in Bonn. Im Begriff, eine Studienreise anzutreten, wie er deren so manche in seinem Leben sogar weit über die Grenzen unseres Vaterlandes und unserer Erdhälfte hinaus mit hervorragenden Resultaten ausgeführt, traf ihn am 19. April im Bahnhofe zu Coblenz ein Hirnschlag, dem wenige Tage später der Tod folgte. Seine wissenschaftlichen Schriften, bedeutend an Zahl und durch ihren klassischen Gehalt, sind vorwiegend geologischen Inhalts: zu unserem korrespondierenden Mitglied wurde er 1873 erwählt. Ein Nachruf in den Schriften der Niederrheinischen Gesellschaft für Natur- und Heilkunde zu Bonn ist ihm von unserm korrespondierenden Ehrenmitgliede, Prof. Rein in Bonn, gewidmet worden.

Dr. Max Schmidt, Direktor des hiesigen Zoologischen Gartens seit der Gründung bis 1884, dann in gleicher Eigenschaft in Berlin, seit 1857 arbeitendes Mitglied unserer Gesellschaft bis zu seinem Wegzuge von hier: gestorben 3. Februar 1888. Dem gedruckten Jahresbericht ist ein Nekrolog beigegeben, welcher den Verdiensten dieses Mitgliedes um die Sammlungen unserer Gesellschaft, besonders zur Zeit seines Aufenthalts in Frankfurt, seiner Vaterstadt, gerecht wird.

Dr. B. Studer, Professor der Geologie in Bern, bekannt durch seine geologischen Studien und Schriften über die Alpen: erwählt 1837 und gestorben 2. Mai 1887.

Hofrat Dr. med. Heinr. Walter in Offenbach. Mitbegründer, eifriger Förderer der Zwecke des Offenbacher Vereins für Naturkunde, Vorsitzender desselben seit der Gründung bis zu seinem Tode, zu unserm korrespondierenden Mitglied erwählt 1884, durch seine persönliche Bekanntschaft mit einer grossen Anzahl unserer Mitglieder mit unserer Gesellschaft und überhaupt dem naturwissenschaftlichen Leben in Frankfurt eng verbunden, gestorben 4. Juni 1887.

Und endlich Carl Werner Max Wiebel, Professor der Chemie und Physik, früher in Hamburg; gestorben am 16. April 1888 in Wertheim am Main.

Ferner verloren wir durch Tod unser ewiges Mitglied Herrn Karl August Grafen Bose, Gemahl der hohen verstorbenen Frau, deren Name auf alle Zeiten mit unserer Gesellschaft verknüpft bleiben wird. Auch Graf Bose war lebhaft und aufrichtig für unsere Ziele interessiert, nahm warmen Anteil an ihren Fortschritten, wie selten erfahren wird, förderte dieselben in einer grossmütigen Weise, die unsere Dankbarkeit wach erhält. Wie ich noch zu erwähnen haben werde, ist er wieder in letzter Zeit vor seinem Tode besonders auch durch seine Geld-Zuwendungen und dann durch ein testamentarisch hinterlassenes Kapital uns in derjenigen Weise Unterstützung zu verleihen bereit gewesen, ohne welche in unserer Zeit wenig ausgerichtet werden kann. Sein Name ist 1880, gleichzeitig mit dem seiner Gemahlin, auf der Marmortafel eingegraben worden. Er starb am 25. Dezember 1887. Eine Deputation wurde zur Beerdigung nach Baden-Baden entsendet, bestehend aus den Herren Prof. Dr. Noll und Dr. med. Heinrich Schmidt, welche in unserem Namen, und indem letztgenannter unseren Gefühlen in einer Rede Ausdruck gab, einen Lorbeerkranz auf das Grab niederlegten. Im Bericht wird, von berufener Seite geschrieben, ein Nachruf veröffentlicht werden.

Den Statuten gemäss schieden aus der Direktion aus: der II. Direktor, Herr Dr. Richters, für welchen D. F. Heynemann, und der II. Schriftführer, Herr Dr. Schauf, für welchen Herr Dr. O. Körner gewählt wurde. Den ausgeschiedenen Herren ist die Gesellschaft für ihre Thätigkeit zu Dank verbunden.

Die Finanzangelegenheiten unserer Gesellschaft sind nach wie vor mit Hingebung hauptsächlich von unserm Kassirer,

Herrn Direktor H. Andreae, und Rechtsgeschäfte von unserm Konsulenten, Herrn Dr. F. Schmidt-Polex, wahrgenommen worden, was um so mehr dankend hervorgehoben zu werden nötig ist, weil auch diese Angelegenheiten an Umfang und Wichtigkeit mit der Zeit immer mehr zunehmen.

Die Generalversammlung fand, wie üblich, am 18. Febr. d. J. statt. Aus der Revisions-Kommission waren die Herren Rektor Rössler und Baron A. von Reinach ausgeschieden und als Ersatz die Herren Carl Engelhard und Carl Donner gewählt worden.

Keine Veränderung ist zu berichten für die Zusammensetzung der Museums-, der Redaktions- und der Bücher-Kommission: wo Mitglieder statutengemäss ausgeloost waren, sind sie wiedergewählt worden. Nur in die Kommission für den Jahresbericht ist in gewohnter Weise, statt Herrn Dr. Richters, dem früheren II. Direktor, der nunmehrige eingetreten.

Von den Abhandlungen ist das 1. Heft des XV. Bandes vervollständigt worden durch: „Beiträge zur Schmetterlings-Fauna der Goldküste" von H. Möschler und „Untersuchungen über das Wachstum der Zellmembran" von Dr. F. Noll. Auch das 2. Heft dieses Bandes ist vollendet und enthält: „Beiträge zur Naturgeschichte der Kieselschwämme" von Prof. Dr. F. C. Noll, und „Der Magnetstein vom Frankenstein" von Prof. Dr. Andreae und Dr. König.

Die Lehrvorträge der Herren Dr. Kinkelin über „Allgemeine Geologie" und Dr. Reichenbach „Die Naturgeschichte der niederen Tiere" wurden im Sommer vollendet und im Winterhalbjahre sodann von Herrn Dr. Reichenbach „Die vergleichende Anatomie und Entwickelungsgeschichte des Menschen und der höheren Tiere; mit steter Berücksichtigung des mikroskopischen Baues und der Lebensfunktionen", und von Herrn Dr. Schauf „Mineralogie, verbunden mit Besprechung der geometrischen und physikalischen Eigenschaften der Krystalle" doziert und damit seither fortgefahren.

Den Festvortrag im vorigen Jahre hielt Herr Dr. B. Lachmann über „Ergebnisse moderner Gehirnforschung", und die im Winterhalbjahre veranstalteten wissenschaftlichen Sitzungen hatten folgende Tagesordnungen:

Am 5. November 1887. Herr Dr. Richters: „Über die Sammlung kurzschwänziger Krebse des Senckenbergischen Museums, nebst Demonstration derselben".

Am 17. Dezember 1887. Herr Dr. Jännicke: „Die Gliederung der deutschen Flora".

Am 7. Januar 1888. Herr Dr. Reichenbach: „Über die Lösung einer wichtigen Frage in der Entwickelungsgeschichte der Säugetiere".

Am 4. Februar 1888. Herr Dr. Edinger: „Die Entwickelung des Vorderhirns in der Tierreihe".

Am 3. März 1888. Herr Dr. Lepsius: „Über Zeitreaktionen".

Am 7. April 1888. Herr Dr. Kinkelin: „Neues aus dem Mainzer Becken".

Der Vortrag des Herrn Dr. Lepsius, von Experimenten begleitet, wurde im Hörsaal des neuen Gebäudes des physikalischen Vereins gehalten, welcher denselben uns bereitwillig zu diesem besonderen Zwecke zur Verfügung gestellt hatte, ein Beweis der fortgesetzten freundnachbarlichen Beziehungen zwischen beiden Gesellschaften.

Die Räumlichkeiten, welche in unserm Seitenbau früher vom physikalischen Verein in Benutzung waren und nunmehr vollständig zu unserer eigenen Verfügung stehen, sollen für unsere Zwecke hergerichtet werden. Schon lange sind die Verhandlungen darüber im Gange. Auf Beschluss der Gesellschaft war ein Projekt auszuarbeiten, welches, zugleich mit der Herrichtung der leer gewordenen Räume und der Besetzung derselben mit neuen Schränken und der Einrichtung von neuen Arbeitszimmern, die Vermehrung und Verbesserung sämtlicher Arbeitszimmer auch im Hauptbau, die Herstellung neuer Ausstellungsräume, die Renovation der vorhandenen Säle u. s. w. in sich begreifen sollte. Dieser Beschluss ist mit Rücksicht darauf gefasst worden, dass es geeignet sei, den Erfordernissen, welche Jahre hindurch nicht befriedigt werden konnten, nunmehr hintereinander gerecht zu werden. Das Projekt ist im Schosse der Museums-Kommission vor kurzem endgültig bis auf wenige schwebende Nebenpunkte festgestellt und der Direktion vorgelegt worden. Dieselbe wird sich demnächst mit der Ausführung zu befassen haben.

Den Sektionären fiel bei Ausarbeitung des Projekts ein nicht unbedeutender Arbeitsanteil zu, für dessen Leistung wir dankbar sind. Welche Thätigkeit in den einzelnen Sektionen sonst geleistet worden ist, werden Sie im gedruckten Jahresbericht erwähnt finden. Nach Beendigung der Umwandlung werden die Ansprüche an diese Thätigkeit wesentlich gesteigert sein, und es ist noch nicht abzusehen, wie es thunlich sein wird, allen solchen ohne dauernde Mithülfe einer geschulten Kraft nachzukommen.

Nach aussen sind folgende Tauschverbindungen mittelst unserer Publikationen angeknüpft worden: Mit der Geological and natural history Survey of Canada in Ottawa, dem College of Science (Imperial University — medizinische Fakultät) in Tokyo, Japan, dem Government of the Colony of Victoria, Melbourne, Australien (Natural history) mittelst Abhandlungen und Jahresbericht. Sodann mittelst des Berichts allein mit dem Verein für Erdkunde in Leipzig, mit der Elisha Mitchell scientific Society in Raleigh, der Royal Society of Victoria, Australien, der Morphologischen Gesellschaft in München, der Leonard Scott Publication C in New-York und dem Naturwissenschaftlichen Verein des Regierungsbezirks Frankfurt a. O.

Unsere Bibliothek ist auch im verflossenen Jahre ausserdem durch Geschenke vermehrt worden, von welchen wir die folgenden hervorheben:

Von Herrn Dr. Kobelt in Schwanheim: Rossmässler's Iconographie der europäischen Land- und Süsswasser-Mollusken. Neue Folge. Bd. III. Lief. 3—4. — Prodromus faunae molluscorum testaceorum maria europaea inhabitantium. Fasc. 3—4.

Von Herrn Prof. Dr. J. v. Sachs in Würzburg: Vorlesungen über Pflanzen-Physiologie. 2. Auflage.

Von der Königl. Norwegischen Regierung: Den Norske Nordhavs-Expedition 1876—78. XVII. Zoologie (Alcyonidae). — Temperatur og Stromninger 18^a und 18^b.

Von Herrn Baron Ferd. v. Müller in Melbourne: Iconographie of Australian Species of Acaciae and Cognate Genera. Decade 1—8.

Der Gewohnheit gemäss nenne ich Ihnen nur die Namen
der schätzbaren Gönner unserer Gesellschaft, welche uns im
Laufe des Jahres mit Geschenken an Naturalien erfreut haben,
das ausführliche Verzeichnis der geschenkten sehr zahlreichen
Objekte finden Sie ebenfalls später im gedruckten Berichte und
es ist unsere Pflicht, die wir freudig erfüllen, allen Gebern
von Herzen auch heute wiederholt von dieser Stelle aus zu
danken.

Geschenke empfingen wir von: der Neuen Zoologischen
Gesellschaft, den Herren A. Koch, Heinr. Klein, Grafen
Bose, Hugo Böttger, Dr. W. Kobelt, Gastwirt Safran
in Schwanheim. Baron von Erlanger in Nieder-Ingelheim,
F. C. Romeiser, F. Heynemann jun., Baron A. von Harnier
in Echzell, J. Chr. Geyer, Ed. Grunelius, Lehrer Bie-
bericher, Direktor Drory, Lehrer Zick, Postsekretär
Schmitt, Dr. H. von Ihering in Rio Grande do Sul, Bra-
silien. Dr. H. Schinz, Riesbach bei Zürich, G. A. Boulenger
in London. Dr. L. Geisenhayner in Kreuznach, Dr. Zip-
perlen in Cincinnati, Dr. O. Boettger, Konsul Dr. O. von
Möllendorff in Manila, O. Herz in St. Petersburg, Albrecht
Weiss, Prof. Dr. Nehring in Berlin, J. Blum, Dr. C. Flach,
Aschaffenburg, Major Dr. von Heyden, Chef-Inspector
C. Hirsch in Palermo, E. von Oertzen in Berlin, Ferd.
Emmel in Arequipa, Prof. Dr. Rein in Bonn, Jos. Stussiner
in Laibach, Fr. Bastier, Dr. F. Richters, W. Eckhardt
in Lima, Peru, H. de Saussure in Genf, Oberstlieutenant
Saalmüller, Dr. Jul. Ziegler, Gebr. Mahr, Achtelstetter,
Ober-Landesgerichts-Rat Arnold in München, Palmengarten-
Direktor August Siebert, Frau Nolte, Herren F. Ritter,
C. Fritsch, Kand. Jean Valentin, Direktor Oertel in
Wien, Fräulein E. Prange. Herren Baron A. von Reinach,
Dr. F. Kinkelin, Direktor Schiele, Ingenieur Ahrens,
von dem städtischen Tiefbauamt, Herren Bruno Strubell,
E. Heussler, Ed. Aug. Rother, Staatsrat Radde in Tiflis,
Dr. Karl Gerlach in Hongkong, Major von Schönfeld in
Offenbach, H. M. Heller in Braunschweig, H. Borcherding
in Vegesack, O. Goldfuss in Halle, K. Jung, F. Reuter.

Diese stattliche Liste drückt am besten das hohe Interesse
aus, welches man nicht allein in unserer Stadt, sondern auch

im Lande. sogar im fernen Auslande, an der Vermehrung unserer Sammlungen nimmt und sie zeugt zugleich von den intimen wissenschaftlichen Verbindungen. welche viele unserer Mitglieder unterhalten. denn s i e sind es häufig. welche Veranlassung zu Geschenken von Naturalien darbieten.

Sogleich haben wir anzureihen. wer uns mit bedeutenden Geldgeschenken bedacht hat. Oben an steht Herr Graf Bose, welchem wir noch zu Lebzeiten Mk. 1000 für Reisezwecke verdankten, und nach dessen Tod wir als Erbin in den Besitz eines Vermächtnisses von Mk. 20,000 gelangt sind. Die erst-erwähnten Mk. 1000 sind nach unserm Vorschlage Herrn Dr. Kinkelin zum Behufe einer noch zu bestimmenden Forschungs- und Sammelreise zugesprochen worden. Ferner Herr Baron A. von Reinach. welcher Mk. 500 zur Anschaffung von Büchern schenkte. Den edlen Gebern bleibt die Gesellschaft zu tiefgefühltem Danke verpflichtet.

Ausser der erwähnten Reise im Interesse unserer Gesellschaft von Herrn Dr. Kinkelin sind in Aussicht genommen: Durch Herrn Staatsrat Retowsky in Theodosia. welcher bereits früher in gleicher Weise für uns thätig war. eine Entdeckungsreise in den Küstengebieten des nördlichen Kleinasiens, und durch unsern Sektionär für Botanik. dem wir auf diesem seinem Fachgebiet so viel schon verdanken. Herrn Dr. Th. Geyler. eine Sammelreise in die rhätischen Alpen. Beide Reisen werden auf Kosten der Rüppellstiftung ausgeführt werden. aus welcher zu diesem Zwecke für die erste Mk. 1000. für die andere Mk. 1500 bewilligt worden sind.

So darf ich denn diesen knapp zusammengefassten Bericht in der Erwartung schliessen. dass die im verflossenen Zeitraum nach den verschiedensten Richtungen entfaltete Thätigkeit im Innern unserer Gesellschaft zugleich im Hinblick auf die im Gange befindlichen Unternehmungen allgemein Anerkennung finden werde. Wir dürfen die zuversichtliche Hoffnung aussprechen. dass die Senckenbergische naturforschende Gesellschaft auch ferner unausgesetzt und im harmonischen Zusammenwirken ihrer Mitglieder bestrebt bleiben wird. die Segnungen der Naturwissenschaften in weiten Kreisen zu verbreiten.

Verzeichnis der Mitglieder

der

Senckenbergischen naturforschenden Gesellschaft.

I. Stifter.*)

Becker, Johannes, Stiftsgärtner am Senckenbergischen med. Institut. 1817.

*v. Bethmann, Simon Moritz, Staatsrat. 1818. † 28. Dezember 1826. † 24. November 1833.

Bögner, Joh. Wilh. Jos., Dr. med., Mineralog (1817 zweiter Sekretär) 1817. † 16. Juni 1868.

Bloss, Joh. Georg, Glasermeister, Entomolog. 1817. † 29. Februar 1820.

Buch, Joh. Jak. Kasimir, Dr. med. und phil., Mineralog. 1817. † 13. März 1851.

Cretzschmar, Phil. Jak., Lehrer der Anatomie am Senckenbergischen med. Institut. (1817 zweiter Direktor.) 1817. Lehrer der Zoologie von 1826 bis Ende 1844, Physikus und Administrator der Senckenbergischen Stiftung. † 4. Mai 1845.

*Ehrmann, Joh. Christian, Dr. med., Medizinalrat. 1818. † 13. August 1827.

Fritz, Joh. Christoph, Schneidermeister. Entomolog. 1817. † 21. August 1835.

*Freyreiss, Georg Wilh., Prof. der Zoologie in Rio Janeiro. 1818. † 1. April 1825.

*v. Gerning, Joh. Isaak, Geheimrat. Entomolog. 1818. † 21. Febr. 1837.

*Grunelius, Joachim Andreas, Bankier. 1818. † 7. Dezember 1852.

von Heyden, Karl Heinr. Georg, Dr. phil. Oberleutnant, nachmals Schöff und Bürgermeister, Entomolog. (1817 erster Sekretär.) 1817. † 7. Jan. 1866.

Helm, Joh. Friedr. Anton, Verwalter der adeligen uralten Gesellschaft des Hauses Frauenstein, Konchyliolog. 1817. † 5. März 1829.

*Jassoy, Ludw. Daniel. Dr. jur. 1818. † 5. Oktober 1831.

*Kloss, Joh. Georg Burkhard Franz, Dr. med., Medizinalrat, Prof. 1818. † 10. Februar 1854.

*Löhrl, Johann Konrad Kaspar, Dr. med., Geheimrat, Stabsarzt. 1818. † 2. September 1828.

*Metzler, Friedr., Bankier. Geheimer Kommerzienrat. 1818. † 11. März 1825.

Meyer, Bernhard, Dr. med., Hofrat, Ornitholog. 1817. † 1 Januar 1836.

Miltenberg, Wilh. Adolf, Dr. phil., Prof., Mineralog. 1817. † 31. Mai 1824.

*Melber, Joh. Georg David, Dr. med. 1818. † 11. August 1824.

Neeff, Christian Ernst, Dr. med., Lehrer der Botanik. Stifts- und Hospitalarzt am Senckenbergianum. Prof. 1817. † 15. Juli 1849.

Neuburg, Joh. Georg, Dr. med., Administrator der Dr. Senckenberg. Stiftung. Mineralog, Ornitholog. (1817 erster Direktor.) 1817. † 25. Mai 1830.

*) Die 1818 eingetretenen Herren wurden nachträglich unter die Reihe der Stifter aufgenommen.

*de Neufville, Matthias Wilh., Dr. med. 1818. † 31. Juli 1842.
Reuss, Joh. Wilh., Hospitalmeister am Dr. Senckenberg. Bürgerhospital. 1817.
  † 21. Oktober 1848.
*Rüppell, Wilh. Peter Eduard Simon, Dr. med., Zoolog und Mineralog. 1818.
  † 10. Dezember 1884.
*v. Sömmerring, Samuel Thomas, Dr. med., Geheimrat, Professor. 1818.
  † 2. März 1830.
Stein, Joh. Kaspar, Apotheker, Botaniker. 1817. † 16. April 1834.
Stiebel, Salomo Friedrich, Dr. med., Geheimer Hofrat, Zoolog. 1817.
  † 20. Mai 1868.
*Varrentrapp, Joh. Konr., Physikus, Prof., Administrator der Dr. Senckenberg.
  Stiftung. 1818. † 11. März 1860.
Völcker, Georg Adolf, Handelsmann, Entomolog. 1817. † 19. Juli 1826.
*Wenzel, Heinr. Karl, Geheimrat, Prof., Dr., Direktor der Primatischen
  medizinischen Spezialschule. 1818. † 18. Oktober 1827.
*v. Wiesenhütten, Heinrich Karl, Freiherr, Königl. bayer. Oberstleutnant,
  Mineralog. 1818. † 8. November 1826.

II. Ewige Mitglieder.

Ewige Mitglieder sind solche, welche, anstatt den gewöhnlichen Beitrag jährlich zu entrichten, es vorgezogen haben, der Gesellschaft ein Kapital zu schenken oder zu vermachen, dessen Zinsen dem Jahresbeitrage gleichkommen, mit der ausdrücklichen Bestimmung, dass dieses Kapital verzinslich angelegt werden müsse und nur der Zinsenertrag desselben zur Vermehrung und Unterhaltung der Sammlungen verwendet werden dürfe. Die den Namen beigedruckten Jahreszahlen bezeichnen die Zeit der Schenkung oder des Vermächtnisses. Die Namen sämtlicher ewigen Mitglieder sind auf einer Marmortafel im Museumsgebäude bleibend verzeichnet.

Hr. Simon Moritz v. Bethmann. 1827.
„ Georg Heinr. Schwendel. 1828.
„ Joh. Friedr. Ant. Helm. 1829.
„ Georg Ludwig Gontard. 1830.
Frau Susanna Elisabeth Bethmann-Holweg. 1831.
Hr. Heinrich Mylius sen. 1844.
„ Georg Melchior Mylius. 1844.
„ Baron Amschel Mayer v. Rothschild. 1845.
  Joh. Georg Schmidborn. 1845.
  Johann Daniel Souchay. 1845.

Hr. Alexander v. Bethmann. 1846.
„ Heinrich v. Bethmann. 1846.
„ Dr. jur. Rat Fr. Schlosser. 1847.
„ Stephan v. Guaita. 1847.
„ H. L. Döbel in Batavia. 1817
„ G. H. Hauck-Steeg. 1848.
„ Dr. J. J. K. Buch. 1851.
„ G. von St. George. 1853.
„ J. A. Grunelius. 1853.
„ P. F. Ch. Kröger. 1854.
„ Alexander Gontard. 1854.
  M. Frhr. v. Bethmann. 1854.

Hr. Dr. Eduard Rüppell. 1857.
„ Dr.Th.Ad.Jak.Em.Müller.1858.
Julius Nestle. 1860.
Eduard Finger. 1860.
Dr. jur. Eduard Souchay. 1862.
„ J. N. Gräffendeich. 1864.
„ E. F. K. Büttner. 1865.
„ K. F. Krepp. 1866.
„ Jonas Mylius. 1866.
„ Konstantin Fellner. 1867.
„ Dr. Hermann v. Meyer. 1869.
„ Dr. W. D. Sömmerring. 1871.
„ J. G. H. Petsch. 1871.
Bernhard Dondorf. 1872.
Friedrich Karl Rücker. 1874.
„ Dr. Friedrich Hessenberg. 1875.

Hr. Ferdinand Laurin. 1876.
„ Jakob Bernhard Rikoff. 1878
„ Joh. Heinrich Roth. 1878.
„ J. Ph. Nikol. Manskopf. 1878.
„ Jean Noé du Fay. 1879.
„ Gg. Friedr. Metzler. 1880.
Frau Louise Wilhelmine Emilie Gräfin
Bose, geb. Gräfin v. Reichen-
bach-Lessonitz. 1880.
Hr. Karl August Graf Bose. 1880.
„ Gust. Ad. de Neufville. 1881.
„ Adolf Metzler. 1883.
„ Joh. Friedr. Koch. 1883.
„ Joh. Wilh. Roose. 1884.
„ Adolf Sömmerring. 1886.
„ Jacques Reiss. 1887.

III. Mitglieder des Jahres 1887.

Die arbeitenden sind mit * bezeichnet.

Hr. Abendroth, Moritz. 1886.
„ Alt, F. G. Johannes. 1869.
„ Andreae, Achille Prof., Dr. 1878.
„ Andreae, Arthur. 1882.
„ *Andreae, Herm., Bankdirekt. 1873.
„ Andreae, H. V., Dr. med. 1849.
Andreae-Passavant. Jean. Direkt.
1869.
„ Andreae-Goll, J. K. A. 1848.
„ Andreae-Goll, Phil. 1878.
„ Andreae-Winckler. Joh. 1869.
„ Andreae, Rudolf. 1878.
„ *Askenasy, Engen. Dr. phil., Prof.
1871.
„ Auerbach, L., Dr. med. 1886.
„ Auffarth, F. B. 1874.
„ *Baader, Friedrich. 1873.
„ Bachfeld, Friedrich. 1877.
„ Baer, S. L., Buchhändler. 1860.
„ Baer, Joseph. 1873.
„ Bansa, Gottlieb. 1855.
„ Bansa, Julius. 1860.
„ *Bardorff. Karl. Dr. med. 1864.

Hr. de Bary, Heinr. A. 1873.
„ de Bary, Jak., Dr. med. 1866.
„ Bayer, Theodor. 1885.
„ Bechhold, J. H. 1885.
„ Becker, Heinr. 1887.
„ Belli, L., Dr. phil. 1885.
„ Berlé, Karl. 1878.
„ Bertholdt, Joh. Georg. 1866.
„ Best, Karl. 1878.
„ v. Bethmann, S. M., Baron. 1869.
„ Beyfus, M. 1873.
„ Bittelmann, Karl. 1887.
„ *Blum, J. 1868.
„ *Blumenthal, E., Dr. med. 1870.
„ Blumenthal, Adolf. 1883.
„ *Bockenheimer, Dr. med. 1864.
„ Böhm, Joh. Friedr. 1874.
„ *Böttger, Oskar, Dr. phil. 1874.
„ Bolongaro, Karl Aug. 1860.
„ Bolongaro-Crevenna, A. 1869.
Bonn, Phil. Beh. 1880.
„ Bonn, William B. 1886.
„ Boutant, F. 1866.

Hr. Borgnis, J. Fr. Franz. 1873.
„ Braunfels, Otto. 1877.
„ Brentano, Anton Theod. 1873.
„ Brentano, Ludwig, Dr. jur. 1842.
„ Brofft, Franz. 1866.
„ Brofft, Theodor, Stadtrat. 1877,
„ Brückmann, Phil. Jak. 1882.
„ Brückner, Wilh. 1846.
„ *Buck, Emil, Dr. phil. 1879.
„ Büttel, Wilhelm. 1878.
„ Cahn, Heinrich. 1878.
„ Cahn, Moritz. 1873.
„ *Carl, Aug., Dr. med. 1880.
„ Cassel, Gustav. 1873.
„ Cnyrim, Ed., Dr. jur. 1873.
„ Cnyrim, Vikt., Dr. med. 1866.
„ Creizenach, Ignaz. 1869.
„ Degener, K., Dr. 1866.
„ *Deichler, J. Christian, Dr. med. 1862.
„ Delosea, Dr. med. 1878.
„ Diesterweg, Moritz. 1883.
„ Doctor, Ad. Heinr. 1869.
„ Dondorf, Karl. 1878.
„ Dondorf, Paul. 1878.
„ Donner, Karl. 1873.
„ Drexel, Heinr. Theod. 1863.
„ Ducca, Wilh. 1873.
„ Edenfeld, Felix. 1873.
„ *Edinger, L., Dr. med. 1884.
„ Ehinger, August. 1872.
„ Enders, Ch. 1866.
„ Engelhard, Karl Phil. 1873.
„ von Erlanger, Baron, Ludwig. 1882.
„ Eyssen, Remigius Alex. 1882.
„ Feist, Franz, Dr. phil. 1887.
„ Fellner, F. 1878.
„ *Finger, Oberlehrer, Dr. phil. 1851.
„ Flersheim, Ed. 1860.
„ Flersheim, Rob. 1872.
„ Flesch, Dr. med. 1866.
„ Flinsch, Heinr. 1866.
„ Flinsch, W. 1869.
„ Follenius, Georg, Ingenieur. 1885.
„ Fresenius, Ph., Dr. phil. 1873.
„ Fresenius, Ant., Dr. med. 1883.

Hr. Frey, Philipp. 1878.
„ Freyeisen, Heinr. Phil. 1876.
„ *Fridberg, Rob., Dr. med. 1873.
„ Friedmann, Jos. 1869.
„ Fries, Friedr. Adolf. 1876.
„ v. Frisching, K. 1873.
„ Fritsch, Ph., Dr. med. 1873.
„ Fuld, S., Justizrat, Dr. jur. 1866.
„ Fulda, Karl Herm. 1877.
„ Garny, Joh. Jak. 1866.
„ Geiger, Berthold, Dr., Advokat. 1878.
„ Gering, F. A. 1866.
„ Gerson, Jak., Generalkonsul. 1860.
„ Geyer, Joh. Christoph. 1878.
„ *Geyler, Herm. Theodor, Dr. phil. 1869.
„ Göckel, Ludwig, Direktor. 1869.
„ Goldschmidt, A. B. H. 1860.
„ Goldschmidt, Markus. 1873.
„ Gotthold, Ch., Dr. phil. 1873.
„ Greiff, Jakob. 1880.
„ Greiss, Jakob. 1883.
„ Grunelius, Adolf. 1858.
„ Grunelius, Moritz Ednard. 1869.
„ v. Guaita, Max. 1869.
„ Häberlin, E. J., Dr. jur. 1871.
„ Hahn, Adolf L. A., Konsul. 1869.
„ Hahn, Anton. 1869.
„ Hahn, Moritz. 1873.
„ Hahn, Aug., Dr. phil. 1887.
„ Hamburger, K., Justizrat, Dr. jur. 1866.
„ Hammeran, K. A. A., Dr. phil. 1875.
„ v. Harnier, Ed., Justizrat, Dr. jur. 1866.
„ Harth, M. 1876.
„ Hauck, Alexander. 1878.
„ Hauck, Moritz, Advokat. 1873.
„ Heimpel, Jakob. 1873.
„ Henrich, K. F., jun. 1873.
„ Herz, Otto. 1878.
„ Heuer, Ferd. 1866.
„ *v. Heyden, Luc., Dr. phil., Major. 1860.
„ v. Heyder, Georg. 1844.
„ *Heynemann, D. Fr. 1860.

Hr. Höchberg, Otto. 1877.
„ Hochstädter, Max. 1887.
„ Hoff, Karl. 1869.
„ Hoheneuser, H., Direktor. 1866.
„ v. Holzhausen, Georg, Frhr. 1867.
„ Holzmann, Phil. 1866.
Die Jäger'sche Buchhandlung. 1866.
Hr. Jännicke, W., Dr. phil. 1886.
„ Jassoy, Wilh. Ludw. 1866.
„ Jeanrenaud, Dr. jur., Appellations-
   gerichtsrat. 1866.
„ Jeidels, Julius H. 1881.
„ Jordan, Felix. 1860.
„ Jügel, Karl Franz. 1821.
„ Kahn, Hermann. 1880.
„ Katzenstein, Albert. 1869.
„ Kayser, Adam Friedr. 1869.
„ Kayser, J. Adam. 1873.
„ Keller, Adolf, Rentier. 1878.
„ Keller, Otto. 1885.
„ *Kesselmeyer, P. A. 1859.
„ Kessler, F. J., Senator. 1838.
„ Kessler, Heinrich. 1870.
„ Kessler, Wilh. 1844.
„ Kinen, Karl. 1873.
„ *Kinkelin, Friedr., Dr. phil. 1873.
„ Kirchheim, S., Dr. med. 1873.
„ Klitscher, F. Aug. 1878.
„ Klotz, Karl Konst. V. 1844.
„ Knauer, Joh. Chr. 1886.
„ Knips, Jos. 1878.
„ *Kobelt, W., Dr. med. 1877.
Königl. Bibliothek in Berlin. 1882.
Hr. *Körner, O., Dr. med. 1886.
„ Kohn-Speyer, Sigism. 1860.
„ Kotzenberg, Gustav. 1873.
„ Krätzer, J., Dr. phil. 1886.
„ Krämer, Johannes. 1866.
„ Kreuscher, Jakob. 1880.
„ Küchler, Ed. 1866.
„ Kugele, G. 1869.
„ Kugler, Adolf. 1882.
„ *Lachmann, Bernh., Dr. med. 1885.
„ Ladenburg, Emil, Geheim. Kom-
   merzienrat. 1869.
Laemmerhirt, Karl, Direktor. 1878.
„ Landauer, Wilh. 1873.

Hr. Lang, R., Dr. jur. 1873.
„ Lautenschläger. Alex., Direktor.
   1878.
„ Lauteren, K., Konsul. 1869.
„ *Lepsius, R., Dr. phil. 1883.
„ Leschhorn, Ludw. Karl. 1869.
„ Leser, Phil. 1873.
„ Lindheimer, Ernst. 1878.
„ Lindheimer, Julius. 1873.
„ Lion, Benno. 1873.
„ Lion, Franz, Direktor. 1873.
„ Lion, Jakob, Direktor. 1866.
„ Lochmann, Richard. 1881.
„ Loretz, A. W. 1869.
„ *Loretz, Wilh., Dr. med. 1877.
„ *Lorey, Karl, Dr. med. 1869.
„ Lorey, W., Dr. jur. 1873.
„ Lucius, Eug., Dr. phil. 1859.
„ Maas, Adolf. 1860.
„ Maas, Simon, Dr. jur. 1869.
„ Mahlau, Albert. 1867.
„ Majer, Joh. Karl. 1854.
Fr. Majer-Steeg. 1842.
Hr. Mannheimer, A., Dr. 1883.
„ Manskopf, W. H., Geheim. Kom-
   merzienrat. 1869.
Marburg, Heinrich. 1878.
„ Marx, Dr. med. 1878.
„ Matti, Alex., Stadtr., Dr. jur. 1873.
„ Matti, J. J. A., Dr. jur. 1836.
„ Maubach, Jos. 1878.
„ May, Ed. Gustav. 1873.
„ May, Julius. 1873.
„ May, Martin. 1866.
„ Merton, Albert. 1869.
„ Merton, W. 1878.
„ Mettenheimer, Chr. Heinr. 1873.
„ Metzler, Albert, Generalkonsul.
   Stadtrat. 1869.
„ Metzler, Karl. 1869.
„ Metzler, Wilh. 1844.
„ Minjon, Herm. 1878.
„ Minoprio, Karl Gg. 1869.
„ Mohr, Oberlehrer, Dr. phil. 1866.
„ Monson, Joh. Gg. 1873.
„ Müller, Joh. Christ. 1866.
„ Müller, Paul. 1878.

2

Hr. Müller, Siegm. Fr.. Justizrat. Dr.
Notar. 1878.
„ Mumm v. Schwarzenstein, A. 1869.
Mumm v. Schwarzenstein, Herm.,
Generalkonsul. 1852.
„ Mumm v. Schwarzenstein, P. H.,
jun. 1873.
„ Nestle-John, Georg. 1878.
„ Nestle, Hermann. 1857.
„ Nestle, Richard. 1855.
„ Neubert, W. L., Zahnarzt. 1878.
„ Neubürger, Dr. med. 1860.
„ Neustadt, Samuel. 1878.
„ v. Neufville-Siebert, Friedr. 1860.
„ v. Neufville, Alfred. 1884.
„ v. Neufville, Otto. 1878.
„ Niederhofheim. A., Direktor. 1873.
„ *Noll. F. C., Prof. Dr. sc. nat.
1863.
„ v. Obernberg, Ad., Dr. jur. 1870.
„ Ochs, Hermann. 1873.
„ Ochs, Karl. 1873.
„ Ochs, Lazarus. 1873.
„ Ohlenschlager, K. Fr., Dr. med.
1873.
„ Oplin, Adolph. 1878.
„ Oppenheimer, Moritz. 1887.
„ Oppenheimer, Charles, General-
konsul. 1873.
Osterrieth, Franz. 1867.
„ Osterrieth-v. Bihl. 1860.
„ Osterrieth-Laurin, Aug. 1866.
„ Osterrieth, Eduard. 1878.
Oswalt, H., Dr. jur. 1873.
Passavant, Herm., Kommerzienrat.
1859.
Passavant, Robert. 1860.
„ *Passavant, Theodor. 1854.
„ *Petersen, K. Th., Dr. phil. 1873.
„ Petsch-Goll, Phil., Geheim. Kom-
merzienrat. 1860.
Pfaehler, F. W. 1878.
„ Pfeffel, Aug. 1869.
Pfeffel, Friedr. 1850.
„ Pfeifer, Eugen. 1846.
Ponfick, Otto, Dr. jur., Rechts-
anwalt. 1869.

Hr. Posen, Jakob. 1873.
„ Propach, Robert. 1880.
„ Quilling, Friedr. Wilh. 1869.
„ Ravenstein, Simon. 1873.
Die Realschule, Israelitische. 1869.
Hr. *Rehn, J. H., Dr. med. 1880.
„ *Reichenbach, J. H., Oberlehrer, Dr.
phil. 1879.
„ *v. Reinach, Alb., Baron. 1870.
„ Reiss, Paul, Advokat. 1878.
„ Reutlinger, Karl. 1886.
„ Ricard, L. A. 1873.
„ *Richters, A. J. Ferd., Oberlehrer,
Dr. 1877.
„ *Ritter, Franz. 1882.
„ Rittner, Georg, Geh. Kommerzien-
rat. 1860.
„ Rödiger, Konr., Geh. Regierungs-
rat, Dr. phil. 1859.
„ Rössler, Hektor. 1878.
„ Rössler, Heinr., Dr. 1884.
„ Roth, Georg. 1878.
„ Roth, Joh. Heinrich. 1878.
„ v. Rothschild, Wilhelm, General-
konsul, Freiherr. 1870.
„ Rueff, Julius, Apotheker. 1873.
„ Rühl, Louis. 1880.
„ Rumpf, Dr. jur., Konsulent. 1866.
„ *Saalmüller, Max, Oberstlent. 1863.
„ Sachs, Joh. Jak. 1870.
„ Sanct Goar, Meier. 1866.
„ Sandhagen, Wilh. 1873.
„ Sauerländer, J. D., Dr. jur. 1873.
„ Scharff, Alex., Kommerzienr. 1841.
„ Scharff, Eduard. 1885.
„ Schaub, Karl. 1878.
„ *Schauf, Wilh., Dr. phil. 1881.
„ *Scheidel, Seb. Al. 1850.
„ Schepeler, Ch. F. 1873.
„ Scherlenzky, Dr. jur., Notar. 1873.
„ Schiele, Simon, Direktor. 1866.
„ Schlemmer, Dr. jur. 1873.
„ Schmick, J. P. W., Ingenieur. 1873.
„ Schmidt, Adolf, Dr. med. 1832.
„ *Schmidt, Heinr., Dr. med. 1866.
„ Schmidt, Louis A. A. 1871.
„ *Schmidt, Moritz, Dr. med. 1870.

Hr. Schmidt-Polex, Adolf. 1855.
„ *Schmidt-Polex. F., Dr jur. 1884.
„ Schmidt-Scharff, Adolf. 1855.
„ Schmölder, P. A. 1873.
„ Schnapper, Bernh. 1886.
„ Schölles, Joh., Dr. med. 1866.
„ *Schott, Eugen, Dr. med. 1872.
„ Schumacher, Heinr. 1885.
Fr. Schuster, Recha. 1885.
Hr. Schwarz, Georg Ph. A. 1878.
„ Schwarzschild, Em. 1878.
„ Schwarzschild, Moses. 1866.
„ Seligmann, H., Dr. med. 1887.
„ v. Seydewitz, Hans, Pfarrer. 1878.
„ *Siebert, J., Justizrat, Dr. jur. 1854.
„ Siebert, Karl August. 1869.
„ Sömmerring, Karl. 1876.
„ Sonnemann, Leopold. 1873.
„ Speltz, Dr. jur., Senator. 1860.
„ Speyer, Gustav. 1878.
„ Speyer, James. 1884.
„ Speyer, Edgar. 1886.
„ Spiess, Alexander, Dr. med., Sanitätsrat. 1865.
„ Stadermann, Ernst. 1873.
„ *Steffan, Ph. J., Dr. med. 1862.
„ v. Steiger, Mattéo. 1883.
„ Stern, B. E., Dr. med. 1865.
„ Stern, Theodor. 1863.
„ *Stiebel, Fritz, Dr. med. 1849.
„ v. Stiebel, Heinr., Konsul. 1860.
„ Stilgebauer, Gust., Bankdirektor. 1878.

Hr. Stock, Wilhelm. 1882.
„ Storck. Friedr. 1883.
„ *Stricker, W., Dr. med. 1870.
„ Strubell, Bruno. 1876.
„ Sulzbach, Emil. 1878.
„ Sulzbach, Rud. 1869.
„ Trost, Otto. 1878.
„ Umpfenbach, A. E. 1873.
„ Una-Maas, S. 1873.
„ Varrentrapp, Fr., Dr. jur. 1850.
„ von den Velden, Fr. 1842.
„ Vogt, Ludwig. Direktor. 1866.
„ Vohsen, Karl, Dr. med. 1886.
„ Volkert, K. A. Ch. 1873.
„ Weber, Andreas. 1860.
„ *Weigert, Karl, Prof. Dr. 1885.
„ Weiller, Hirsch Jakob. 1869.
„ Weismann, Wilhelm. 1878.
„ Weiss, Albrecht. 1882.
„ *Wenz, Emil, Dr. med. 1869.
„ Wertheimber, Emanuel. 1878.
„ Wertheimber, Louis. 1869.
„ Wetzel, Heinr. 1864.
„ Wiesner, Dr. med. 1873.
„ *Winter, Wilh. 1881.
„ *Wirsing, J. P., Dr. med. 1869.
„ Wirth, Franz. 1869.
„ Wolfskehl, H. M., Kommerzienrat. 1860.
„ Wüst, K. L. 1866.
„ Wunderlich, L., Direktor, Dr. phil. 1885.
„ Zickwolff, Albert. 1873.
„ *Ziegler, Julius, Dr. phil. 1869.
„ Ziegler, Otto, Direktor. 1873.

IV. Neue Mitglieder für das Jahr 1888.

Hr. J. Guttenplan, Dr. med.
„ Liebmann, Louis, Dr. phil.
„ Modera, Friedr.
„ Rödiger, Ernst. Dr. med.
„ Sanders, Wilh., Reallehrer.

V. Ausserordentliche Ehrenmitglieder.

Hr. Erckel, Theodor (von hier). 1875.
„ Hetzer, Wilhelm (von hier). 1878.
„ Hertzog, Paul, Dr. jur. (von hier). 1884.

VI. Korrespondierende Ehrenmitglieder.

Hr. Rein, J. J., Prof., Dr., Bonn. 1876.

VII. Korrespondierende Mitglieder. *)

1830. v. Czihak, J. Ch., Dr., Professor, Ritter in Aschaffenburg.
1836. Descaine, Akademiker in Paris.
1836. Agardh, Jakob Georg, Prof. in Lund.
1837. Coulon, Louis, in Neuchâtel.
1839. v. Meyer, Georg Hermann, Prof. in Zürich (von hier).
1841. Genth, Adolf, Geh. Sanitätsrat, Dr. med. in Schwalbach.
1841. Budge, Julius, Professor in Greifswald.
1842. Clans, Brnno, Dr. med., Oberarzt des städtischen Krankenhauses in Elberfeld (von hier).
1844. Bidder, Friedr. H., Professor in Dorpat.
1845. Adelmann, Georg, B. F., Prof. d. Z. in Berlin.
1845. Meneghini, Giuseppe, Professor in Padua.
1845. Zimmermann, Ludwig Phil., Medizinalrat, Dr. med. in Braunfels.
1846. Sandberger, Fridolin, Professor in Würzburg.
1846. Schiff, Moritz, Dr. med., Prof. in Genf (von hier).
1847. Virchow, Rud., Geh. Medizinalrat, Professor in Berlin.

1848. Philippi, Rud. Amadeus, Direktor des Museums in Santiago de Chile.
1849. Beck, Bernh., Dr. med., Generalarzt in Karlsruhe.
1849. Dohrn, K. Aug., Dr., Präsident des Entomol. Vereins in Stettin.
1849. Fischer, Georg, in Milwaukee, Wisconsin (von hier).
1850. Kirchner (Konsul in Sydney), jetzt in Wiesbaden (von hier).
1850. Mettenheimer, Karl Chr. Friedr., Dr. med., Geh. Med.-Rat, Leibarzt in Schwerin (von hier).
1852. Leuckart, Rudolf, Dr., Professor in Leipzig.
1853. Buchenau, Franz, Dr., Professor in Bremen.
1853. Brücke, Ernst Wilh., Prof. in Wien.
1853. Ludwig, Karl, Prof. in Leipzig.
1854. Schneider, Wilh. Gottlieb, Dr. phil. in Breslau.
1856. Scacchi, Archangelo, Professor in Neapel.
1856. Palmieri, Professor in Neapel.
1857. v. Homeyer, Alex., Major in Greifswald.
1857. Carus, J. Victor, Prof. Dr. in Leipzig.

*) Die vorgesetzte Zahl bedeutet das Jahr der Aufnahme.

1859. Frey, Heinrich, Prof. in Zürich (von hier).

1860. Weinland, Christ. Dav. Friedr., Dr. phil. in Baden-Baden.

1860. Gerlach, J., Prof. in Erlangen.

1860. Weismann, Aug., Prof., Geh. Hofrat in Freiburg (von hier).

1861. Becker, Ludwig, in Melbourne, Australien.

1861. v. Helmholtz, H. L. F., Geheimrat, Professor in Berlin.

1863. Hoffmann, Herm., Geh. Hofrat. Professor in Giessen.

1863. de Saussure, Henri, in Genf.

1864. Schaaffhausen, H., Geh. Med.-Rat, Prof. in Bonn.

1864. Keyserling, Graf, Alex., Ex-Kurator der Universität Dorpat, d. Z. in Reval, Curland (Russland).

1865. Bielz, E. Albert, k. Rat in Hermannstadt.

1866. Möhl, Dr., Professor in Kassel.

1867. Landzert, Prof, in St. Petersburg.

1867. de Marseul, Abbé in Paris.

1868. Hornstein, Dr., Oberlehrer in Kassel.

1869. Wagner, R, Prof. in Marburg.

1869. Gegenbaur, Karl, Professor in Heidelberg.

1869. His, Wilhelm, Prof. in Leipzig.

1869. Rüttimeyer, Ludw., Professor in Basel.

1869. Semper, Karl, Prof. in Würzburg.

1869. Gerlach, Dr. med. in Hongkong, China (von hier).

1869. Woronijn, M., Professor in Wiesbaden.

1869. Barboza du Boccage, Direkt. des Zoolog. Museums in Lissabon.

1868. Kenngott, G. A., Prof. in Zürich.

1871. v. Müller, F., Direkt. des botan. Gartens in Melbourne, Austral.

1871. Jones, Matthew, Präsident des naturhistor. Vereins in Halifax.

1872. Westerlund, Dr. K. Ag., in Ronneby, Schweden.

1872. Verkrüzen, Th. A., in London.

1872. v. Nägeli, K., Prof. in München.

1872. v. Sachs, J., Prof. in Würzburg.

1872. Hooker, J. D., Direkt. des botan. Gartens in Kew, England.

1873. Streng, Professor in Giessen (von hier).

1873. Stossich, Adolf, Professor an der Realschule in Triest.

1873. Römer, Geh.-Rat, Professor in Breslau.

1873. Cramer, Professor in Zürich.

1873. Bentham, Georg, Präsident der Linnean Society in London.

1873. Günther, Dr., am British Museum in London.

1873. Sclater, Phil. Cutley, Secretary of zoolog. Soc. in London.

1873. Leydig, Franz. Dr., Prof. in Bonn.

1873. Lovén, Professor, Akademiker in Stockholm.

1873. Schmarda, Prof. in Wien.

1873. Pringsheim, Dr., Prof. in Berlin.

1873. Schwendener, Dr., Professor in Berlin.

1873. de Candolle, Alphonse, Prof. in Genf.

1873. Fries, Th., Professor in Upsala.

1873. Schweinfurth, Dr. in Berlin, Präsident der Geographischen Gesellschaft in Kairo.

1873. Russow, Edmund, Dr., Prof. in Dorpat.

1873. Cohn, Dr., Prof. in Breslau.

1873. Rees, Prof. in Erlangen.

1873. Ernst, Dr., Vorsitzender der deutsch. naturf. Ges. in Caracas.

1873. Mousson, Professor in Zürich.

1873. Krefft, Direktor des Museums in Sydney.

1874. Joseph, Gust., Dr. med., Dozent in Breslau.

1874. v. Fritsch, Karl, Freiherr, Dr., Professor in Halle.

1874. Gasser, Dr., Privatdozent an der Anatomie in Bern (von hier).

1875. Bütschli, Otto, Dr., Prof. in Heidelberg (von hier).

1875. Dietz, K., in Karlsruhe (v. hier).

1875. Fraas, Oskar, Dr., Professor in Stuttgart.

1875. Klein, Karl, Dr., Professor in Göttingen.

1875. Ebenau, Karl, Vice-Konsul des Deutschen Reiches in Zanzibar, d. Z. auf Madagaskar (von hier).

1875. Moritz, A., Dr., Directeur de l'observatoire physique in Tiflis.

1875. Probst, Pfarrer, Dr. phil. in Unter-Essendorf, Württemberg.

1875. Targioni-Tozzetti, Professor in Florenz.

1875. Zittel, K., Dr., Prof. in München.

1876. Liversidge, Prof. in Sydney.

1876. Böttger, Hugo, Direktor in St. Cristof, Vorarlberg (von hier).

1876. Langer, Karl, Dr., Prof. in Wien.

1876. Le Jolis, Auguste, Président de la Société nationale des sciences naturelles in Cherbourg.

1876. Meyer, A. B., Direktor des königlich-zoologischen Museums in Dresden.

1876. Wetterhan, J. D., in Freiburg i. Br. (von hier).

1877. v. Voit, Karl, Dr., Professor in München.

1877. Schmitt, C. G. Fr., Dr., Prälat in Mainz.

1877. Becker, L., Ingen. in Hamburg.

1878. Chun, Karl, Prof., Dr. in Königsberg (von hier).

1878. Corradi, A., Professor an der Universität in Pavia.

1878. Strauch, Alex., Dr. phil., Mitglied der k. Akademie der Wissenschaften in St. Petersburg.

1878. Stumpff, Anton, aus Homburg v. d. H., d. Z. auf Madagaskar.

1879. v. Scherzer, Karl, Ritter, Ministerialrat, k. k. österr.-ungar. Geschäftsträger und General-Konsul in Genua.

1879. Reichenbach, H. G., Prof., Dr. in Hamburg.

1880. Adams, Charles Francis, President of the American Academy of Arts and Sciences in Boston.

1880. Winthrop, Robert C., Prof., Mitglied der American Academy of Arts and Sciences in Boston, Mass.

1880. Simon, Hans, in Stuttgart.

1880. Jickeli, Karl F., Dr. phil. in Hermannstadt.

1880. Stapff, F. M., Dr., Ingenieur-Geolog in Weissensee bei Berlin.

1881. Lopez Seoane, Victor, in Coruña.

1881. Hirsch, Karl, Direktor der Tramways in Palermo (von hier).

1881. Todaro, A., Prof. Dr., Direktor des botan. Gartens in Palermo.

1881. Snellen, P. C. T., in Rotterdam.

1881. Debeaux, Odon, Pharmacien en Chef de l'hôp. milit. in Oran.

1881. Flesch, Max, Dr. med., Prof. a. d. Tier-Arzneischule in Bern.

1882. Retowski, O., Staatsrat, Gymn.-Lehrer in Theodosia.

1882. Retzins, Gustav, Dr., Prof. am Carolinischen medico-chirurgischen Institut in Stockholm.

1882. Russ, Ludwig, Dr. in Jassy.

1883. Bertkau, Ph., Dr. philos., Prof. in Bonn.

1883. Koch, Robert, Geheimrat Dr., im K. Gesundheitsamte in Berlin.

1883. Loretz, Herm., Dr., an der geologischen Landes-Anstalt in Berlin (von hier).

1883. Ranke, Joh., Prof. Dr., Generalsekretär der Deutschen anthropolog. Gesellschaft in München.

1883. Eckhardt, Wilh., in Lima (Peru) (von hier).

1883. Jung, Karl, hier.

1883. Boulenger, G. A., Dr., am Naturhistorischen Museum in London.

1883. Arnold, Ober-Landesgerichtsrat in München.

1884. Lortet, L., Prof. Dr., Direktor
des naturhistor. Museums in
Lyon.

1884. Königliche Hoheit Prinz Ludwig Ferdinand von Bayern in
München.

1884. Rüdinger, Prof. Dr., in München.

1884. v. Koenen. A., Prof. Dr., in
Göttingen.

1884. Knoblauch, Ferd., Konsul in
Neukaledonien, hier.

1884. Danielssen, D. C., Dr. med.,
Direktor des Museums in
Bergen.

1884. Miceli, Francesco, in Tunis.

1884. Brandza, Demetrius, Prof. Dr.,
in Bukarest.

1885. v. Moellendorff, Dr., O., Fr.,
Konsul des Deutschen Reiches
in Manila.

1885. Flemming, Walther. Prof. Dr.,
in Kiel.

1886. v. Bedriaga, J., Dr., in Nizza.

1887. Volger, Otto, Dr. phil., in Soden.

1887. Ehrlich, Paul, Prof. Dr., in
Berlin.

1887. Schinz, Hans, Dr., in Riesbach,
Zürich.

1887. Stratz, C. H., Dr. med., in
Batavia.

1887. Breuer, H., Prof. Dr., in Montabaur.

1887. Hesse, Paul, in Venedig.

1888. Zipperlen, A., in Cincinnati.

Durch die Mitgliedschaft werden folgende Rechte
erworben:

1. Das Naturhistorische Museum an Wochentagen von 8—1
und 3—4 Uhr zu besuchen und Fremde einzuführen.

2. Alle von der Gesellschaft veranstalteten Vorlesungen und
wissenschaftlichen Sitzungen zu besuchen.

3. Die vereinigte Senckenbergische Bibliothek zu benutzen.

Ausserdem erhält jedes Mitglied alljährlich den gedruckten
Jahresbericht.

Bibliothek-Ordnung.

1. Nur Mitglieder der einzelnen Vereine erhalten Bücher.

2. Die Herren Bibliothekare sind gehalten, sich von der persönlichen Mitgliedschaft durch Vorzeigen der Karte zu überzeugen.

3. Jedes Mitglied kann gleichzeitig höchstens 6 Bände geliehen erhalten; 2 Broschüren entsprechen 1 Band.

4. Der entliehene Gegenstand kann höchstens auf 3 Monate der Bibliothek entnommen werden.

5. Auswärtige Dozenten erhalten nur durch Bevollmächtigte, welche Mitglieder eines der Vereine sein müssen, Bücher. Diese besorgen den Versand.

Geschenke und Erwerbungen.

Juni 1887 bis Juni 1888.

I. Naturalien.

A. Geschenke.

1. Für die vergleichend-anatomische Sammlung:

Von der Neuen Zoologischen Gesellschaft: Skelette von *Macacus niger* ♂, *Bison americanus* ♀, *Buceros erythrorhynchus* und *Ceriornis Temminckii*. Schädel von 2 *Cynocephalus Maimon* ♀♀ juv., *Macacus silenus*, *Cercopithecus griseo-viridis*, *Oryx Beisa* ♂ juv., Schädel und Schild von *Gypochelys Temminckii*.

2. Für die Säugetiersammlung:

Von der Neuen Zoologischen Gesellschaft: 2 *Cynocephalus Maimon* ♀♀ juv., 1 *Macacus silenus* ♀, 1 *Macacus niger* ♂, 1 *Cercopithecus griseo-viridis*, 1 *Felis pardus* juv., 1 *Felis guttata* ♀ juv., 1 *Sciurus cinereus*.

Von Herrn A. Koch: 1 *Putorius typus*, 1 *Cavia cobaya*.

Von Herrn Prof. Dr. Noll hier: Totenmaske von A. Brehms „Molly" Chimpanse, *Troglodytes niger* ♀ juv.

Für die Lokalsammlung:

Von Herrn Heinrich Klein in Sachsenhausen: 1 *Arvicola terrestris*.

Von Herrn A. Koch: 4 *Putorius vulgaris*, 2 *Vespertilio pipistrellus*.

3. Für die Vogelsammlung:

Von der Neuen Zoologischen Gesellschaft: 1 *Urolenca cyanopogon*, 1 *Gracula musica* ♂, 1 *Xanthoura yucatanica* ♂, 1 *Trupialis militaris* ♂, 2 *Lophophorus Impeyanus* ♂ und ♀.

28

1 *Polyplectron cyclospilum* ♀, 1 *Aramides cayennensis* Gmel.,
1 *Porphyrio veterum*, 2 *Cygnus atratus* ♀ ad. und Nestvogel,
1 *Bernicla canadensis*.

Von Herrn Grafen Bose: 1 *Chrysotis aestivus*.

Von Herrn Wildprethändler J. Chr. Geyer hier: 1 *Lagopus
albus* ♂, 2 *Anas Boschas* ♂ und ♀.

Von Herrn General-Inspektor Hugo Böttger hier: 5 Kolibri.

Von Herrn Dr. med. Kobelt in Schwanheim: 1 *Archibuteo
St. Johannis*.

Von Herrn Gastwirt Safran in Schwanheim: 1 *Strix brachyotus*.

Von Herrn Baron von Erlanger in Nieder-Ingelheim: 1 *Puf-
finus cinereus* ♀, 3 *Larus melanocephalus*.

Von Herrn F. C. Romeiser hier: 1 *Curruca orphea* ♀.

Für die Localsammlung:

Von Herrn Baron von Erlanger in Nieder-Ingelheim: 1 *Falco
subbuteo*, 1 *Falco Tinnunculus* ♀, 1 *Sylvia succica*, 1 *Scolo-
pax gallinago* ♀, 1 *Totanus glottis* ♂, 2 *Totanus hypoleucus*,
2 *Tringa variabilis*, 1 *Charadrius minor*, 1 *Ardea minuta*,
1 *Larus ridibundus*.

Von Herrn F. Heynemann jun. hier: 6 *Hirundo ripa-
ria* ♂ und ♀ (Uferschwalben mit Jungen), 1 *Muscicapa atri-
capilla*, jung.

Von Herrn Baron A. von Harnier in Echzell: 1 *Astur palum-
barius* ♂.

Von Herrn Wildprethändler J. Chr. Geyer hier: 1 *Anser
cinereus* ♀.

Von Herrn M. Ed. Grunelius hier: 1 *Grus cinerea* ♀.

Von Herrn Lehrer Biebericher hier: 1 *Strix brachyotus*,
1 *Cypselus apus*.

Von Herrn A. Koch: 1 *Falco subbuteo*, 1 *Falco aesalon* ♂ adult.,
2 *Strix otus* juv., 1 *Cypselus apus* ♀, 1 *Gallinula porzana*,
1 *Gallinula minuta*, 1 *Sylvia curruca*.

Von Herrn Direktor Drory hier: 1 *Ardea cinerea*, 1 *Pica caudata*.

Von Herrn Lehrer Zick hier: 1 *Fulica atra*, 1 *Gallinula porzana*, 1 Bastard von Kanarienvogel und Distelfink?

Von Herrn Postsekretär Schmitt in Bornheim: 1 *Falco Tinnunculus* ♀.

I. **Für die Reptilien- und Amphibiensammlung:**

Von Herrn Dr. H. von Ihering in Rio grande do Sul, Brasilien: 1 *Anisolepis undulatus* Wiegm.

Von Herrn Dr. H. Schinz in Riesbach, Zürich: 1 *Testudo semiserrata* Smith, Schild von *Testudo Verreauxi* von Gross-Namaland, 1 *Chamaeleon Namaquensis* Smith ♀, 1 *Agama atra* Daud. ♂ und ♀, 1 *Agama hispida* L. ♂. 1 *Mabuia striata* Pts., 1 *Mabuia sulcata* Pts., 1 *Pachydactylus Bibroni* Smith, 1 *Gerrhosaurus auritus* Bttg., 2 *Eremias pulchella* Gray, 1 *Amphisbaena quadrifrons* Pts., 1 *Typhlops (Onychocephalus) Schinzi* Bttg., 2 *Scapteira depressa* Merr., 1 *Zonurus polyzonus* Smith, 1 *Psammophylax multimaculatus* Smith, 1 *Leptodira semiannulata* Smith, 1 *Typhlosaurus lineatus* Blgr., 1 *Psammophis sibilans* L., 1 *Rhamphiophis multimaculatus* L., 1 *Atractaspis irregularis* Reinh. var. *Bibroni* Smith, 1 *Vipera caudalis* Smith, 1 *Vipera cornuta* Daud. von Namaland, Damaraland und Süd-Afrika, sowie 1 *Simotes octolineatus* Schneid. aus Sumatra.

Von Herrn G. A. Boulenger in London: 1 *Lacerta ocellata* Daud. var. *Tangitana* Blgr. von Tanger, 2 *Notobrena marsupialnm* D. & B. von Ecuador. 1 *Gymnodactylus Russowi* Pts., Turkestan.

Von Herrn Dr. L. Geisenheyner in Kreuznach: 1 *Anguis fragilis* L. var. mit blauen Flecken.

Von Herrn Dr. Zipperlen in Cincinnati: 1 *Eumeces quinquelineatus* L., 1 *Amblystoma tigrinum* Green von Cincinnati, 1 *Heloderma suspectum* Cope von Arizona.

Von Herrn Dr. O. Böttger hier: 1 *Lacerta ocellata* Daud. var. *pater* Lat. von Tunis, 1 *Tragops fronticinctus* Gthr. von Ost-Indien, 1 *Naja nigricollis* Reinh. (Kopf), Nigermündung. 1 *Coelopeltis Monspessulana* Herm. var. *Neumayeri* Fitz. von Tunis, 1 *Lralus granulatus* Bttg. von Siam.

Von Herrn Konsul Dr. von Möllendorff in Manila: 1 *Pareas Moellendorffi* Bttg.

Von Herren O. Herz und Konsul Dr. von Möllendorff: 1 *Eremias argus* Pts. typ. von Peking, 1 *Eremias argus* var. *Beuchleyi*. 1 *Tropidophorus Siniens* Bttg., 1 *Cynophis Möllendorffi* Bttg., 1 *Ulupe Davisoni* Blfd., 1 *Rana esculenta* var. *Japonica* von Peking und Siam.

Von Herrn Albrecht Weis hier: 3 *Lacerta vivipara* Jacq.. Schluchsee 3000' (Schwarzwald).

Von Herrn Prof. Dr. Nehring in Berlin: 1 *Hyla faber* Wied von Rio grande do Sul.

Von Herrn J. Blum hier: 3 *Lacerta vivipara* Jacq. von Bieber, N.-Spessart.

Von Herrn Dr. C. Flach in Aschaffenburg: 2 *Salamandrina perspicillata* Savi, 4 *Lacerta muralis* Laur. typ., 4 *Lacerta vivipara* Jacq., 1 *Anguis fragilis* L. von Italien.

Von Herrn Major Dr. von Heyden hier: 1 *Chamaeleon Simoni* Bttg. ♀. 2 *Chamaeleon liocephalus* Gray ♀, 1 *Mabuia Raddoni* Gray, 1 *Python Sebae* Gmel., 1 *Dendraspis Jamesoni* Traill, 1 *Dasypeltis scabra* L. var. *subfasciata* F. Müller, 1 *Dromophis praeornatus* Schleg., 1 *Boodon unicolor* Boie, 1 *Boodon lineatus* D. & B., 1 *Stenostoma bicolor* Jan von Accra, Goldküste.

Von Herrn Chef-Inspektor C. Hirsch in Palermo: 2 *Lacerta muralis* Laur. var. *tiliguerta* Gmel. von Sicilien.

Von Herrn E. von Oertzen in Berlin: 3 *Lacerta viridis* Laur. var. *major* Blgr. von Creta, 1 *Lacerta Danfordi* Gthr., 1 *Lacerta muralis* Laur. typ. ♂, 6 *Ophiops elegans* Mén., 6 *Rana esculenta* L. var. *ridibunda* Pall. von Nikaria, südl. Sporaden.

Von Herrn Prof. Dr. Rein in Bonn: 2 *Tachydromus tachydromoides* Schleg. von Japan.

Von Herrn Jos. Stussiner in Laibach: 1 *Anguis fragilis* L. juv. von Thessalien.

Von Herrn Fr. Bastier hier: 2 *Vipera aspis* L. ♀ aus der Phraze zwischen Novéant und Dornot (Deutsch-Lothringen).

Von Herrn O. Goldfuss in Halle: 1 *Bombinator igneus* Laur.

Von Herrn G. A. Boulenger in London: 2 *Bombinator igneus* Laur. typ., Berlin.

Von Herrn K. Jung hier: 1 *Anguis fragilis* L., 1 *Lacerta agilis* L., Frankfurt.

Von Herrn F. Reuter hier: 1 *Amblystoma tigrinum* Green, 1 Axolotl.

Von Herrn Dr. med. C. Gerlach in Hongkong: 1 *Oxyglossus lima* Tschudi.

Von Herrn Ferd. Emmel in Arequipa, Peru: 1 *Anolis fusco-auratus* d'Orb., 1 *Leptodira annulata* L., 1 *Stenostoma albifrons* Wagl., 1 *Oxyrrhopus petalarius* L. var. *Sebae* D. & B., 1 *Oxyrrhopus immaculatus* D. & B., 1 *Dipsas (Himantodes) cenchoa* L., 1 *Elaps corallinus* L.

Von Herrn Major von Schönfeldt in Offenbach: 1 *Eumeces marginatus* Hall., Liu-Kiu-Inseln.

Von Herrn H. M. Heller in Braunschweig: 1 *Rana temporaria* L., 1 *Rana arvalis* Nilss.

Von Herrn Borcherding in Vegesack: 1 *Rana arvalis* Nilss., 1 *Rana temporaria* L. von Vegesack bei Bremen.

Von Herrn Wirkl. Staatsrat von Radde in Tiflis: 2 *Phrynocephalus Raddei* Bttg., 2 *Phrynocephalus mystaceus* Pall., 2 *Phrynocephalus interscapularis* Licht., 2 *Phrynocephalus helioscopus* Pall., 2 *Agama (Stellio) caucasia* Eichw., 2 *Agama sanguinolenta* Pall., 1 *Varanus griseus* Daud., 1 *Gymnodactylus caspius* Eichw., 1 *Gymnodactylus Fedtschen-koi* Strauch, 2 *Eremias intermedia* Strauch, 1 *Eumeces Schneideri* Daud., 2 *Scapteira scripta* Strauch, 2 *Scapteira grammica* Licht., 2 *Ptenodactylus Eversmanni* Wiegm., 1 *Teratoscincus scincus* Schlg., 1 *Zamenis Ravergieri* Men. var. *Fedtschenkoi* Strauch, 1 *Zamenis ventrimaculatus* Gray, 1 *Taphrometopon lineolatum* Brandt, 1 *Tropidonotus tesselatus* Laur. var. *hydrus* Pall., 1 *Tropidonotus natrix* L. var. *Persa* Pall., 1 *Echis arenicola* Boje, 1 *Eryx jaculus* L. var. *miliaris* Pall., 1 *Vipera Euphratica* Mart. (Kopf), 1 *Naja tripudians* Merr. = *Oxiana* Eichw. von Transkaspien.

5. Für die Fischsammlung:

Von Herrn Dr. F. Richters hier: 2 *Scopelus Coccoi* (Stiller Ocean).

Von Herrn Dr. med. K. Gerlach in Hongkong: Diverse chinesische Süsswasserfische vom Gebirge Lo-fou-shan, Provinz Guang-dung (Canton).

6. Für die Insekten- und Spinnensammlung:

Von Herrn W. Eckhardt in Lima, Peru: 72 Schmetterlinge
von Peru.

Von Herrn Dr. Hans Schinz in Riesbach (Zürich): Verschiedene Orthopteren, Arachniden und Skorpione aus
Süd-Afrika.

Von Herrn H. de Saussure in Genf: 33 Orthopteren (Heuschrecken), darunter neue Arten aus Süd-Afrika.

Von Herrn Oberstlieutenant Saalmüller hier: 1 Spinne
(Eresus cinnabarinus) Olivier von Mombach.

Von Herrn Ferd. Emmel in Arequipa, Peru: Diverse Käfer
und eine Spinne.

Von Herrn Dr. Jul. Ziegler hier: Nest der Mauerwespe.

7. Für die Schwämmesammlung:

Von den Herren Gebr. Mahr (Hölzle & Chelius) hier: 2 sehr
schöne Schwämme.

Von Herrn Achtelstetter hier: 1 schöner Schwamm.

8. Für die botanische Sammlung:

Von Herrn Dr. H. Schinz in Riesbach b. Zürich: Einige Flechten aus Süd- und einige zum Teil sehr schöne Flechten
aus Süd-West-Afrika.

Von Herrn Oberlandesgerichtsrat Arnold in München: Eine
wertvolle Flechtensammlung (Fortsetzung).

Von Herrn Aug. Siebert, Direktor des Palmengartens hier:
Ein prächtiger Blütenstand von *Ceratozamia mexicana.*

Von Frau Nolte hier: Etwa 30 getrocknete und aufgeklebte
Farnspecies ohne Fundort.

Von den Herren Gebr. Mahr hier: 1 *Luffa aegyptiaca.*

9. Für die phyto-palaeontologische Sammlung:

Von Herrn F. Ritter: Einige Pflanzenabdrücke von Münzen-
berg und Flörsheim.

Von Herrn Schiele, Direktor der Frankfurter Gasfabrik: *Stig-
maria* und *Lepidodendron* aus amerikanischer und schotti-
scher Kohle.

10. Für die Mineraliensammlung:

Von Herrn Ed. Aug. Rother (durch Herrn Baron Alb. v. Reinach): Eine Suite Schiefer mit Eisenkies.

11. Für die zoo-palaeontologische Sammlung:

Von Herrn Primaner C. Fritsch: Unterkiefer und andere Knochen vom Pferd aus dem Löss von Bonames.

Von Herrn Candidat Jean Valentin: Ein *Lepidopus* aus dem Glarner Schiefer.

Von Herrn Direktor Oertel in Wien und Fräulein E. Prange hier: Fossilien aus der sarmatischen Stufe bei Wien.

Von Herrn Baron v. Reinach: Eine jurassische Spongie aus dem Kies von Rüsselsheim, marine Konchylien aus der Kreide in der Nähe von Nizza, ein Jura-Ammonit aus der Gegend von Nizza.

12. Für die geologische Sammlung:

Von Herrn Baron v. Reinach: Tektonisch interessante Sericitschiefer aus dem Taunus. Gneiss vom Stauffen und Marmor vom Lorsbacherkopf.

Von Herrn Dr. F. Kinkelin: Die Belege für das Pliocän am Taunusrand. Meeressandbildungen von Geisenheim, Hallgarten und Weinheim. Gesteine von Hainstadt, Braunkohle von Notgottes bei Geisenheim etc.

Von Herrn Direktor Schiele: Basalt, das Liegende der australischen Kohle.

Von Herrn Ahrens, Ingenieur auf der Gehspitze: Fragment eines fossilen Baumstammes von Hainstadt.

Vom städtischen Tiefbauamt: Thon und Basalt aus dem Bohrloch N im Stadtwald.

Von Herrn Bruno Strubell hier: Vulkanischer Sand vom Römerberg bei Gillenfeld in der Eifel.

Von Herrn E. Heussler in Bockenheim: Anamesit mit Steinheimit von Bockenheim.

Von Herrn Cand. J. Valentin: Eine Sammlung tektonisch interessanter Gesteine aus der Schweiz.

B. Im Tausch erworben.

1. Für die Säugetiersammlung:

Von Herrn M. v. Kimakowicz in Hermannstadt: 1 *Felis catus ferus* vom Csiker-Gebirge, 1 *Dasypus Encoberti*, Brasilien.

Von der Linnaea in Berlin: 1 *Cricetus phaeus*.

2. Für die Reptiliensammlung:

Von der Linnaea in Berlin: 1 *Sepsina angolensis*.

Von Herrn B. Schmacker in Shanghai: 1 *Lygosoma (Lio-lepisma) laterale* Say, 1 *Trimeresurus gramineus* Shaw, 1 *Parcas Moellendorffi* Bttg., 1 *Japalura polyzonata* Hall., 1 *Rana gracilis* Wiegm., 1 *Rana Planeyi* Lat., 1 *Hyla chinensis* Gthr. var. *immaculata* Bttg., 1 *Bufo vulgaris* Laur. var. *Japonica*.

Von der Naturhistorischen Gesellschaft in Nürnberg: 1 *Oxyrrhopus Fitzingeri* Tsch. von Peru.

3. Für die Echinodermensammlung:

Von Herrn Dr. Döderlein in Strassburg: a) in Spiritus: 1 *Cidaris thouarsis*, Panama, 1 *Temnopleurus torenmaticus*, Japan; b) getrocknet: 1 *Heterocentrotus trigonarius*, Ind. Ocean, 1 *Hipponoe variegata*, Mauritius, 1 *Echinarachnius mirabilis*, Japan, 1 *Mellita testudinata*, Westindien, 1 *Encope californica*, Westküste von Central-Amerika, 1 *Goniodiscus Sebae*, Ceylon.

C. Durch Kauf erworben.

1. Für die vergleichend anatomische Sammlung:

Von der Neuen Zoologischen Gesellschaft: 1 Königs-tiger ♂, zerlegte Skelettteile, 1 Känguruh-Skelett, 1 Anoa-Antilope-Skelett, 1 Amerikanischer Bison ♂-Skelett, 1 Giraffe ♀-Skelett.

Von Herrn M. Thomae in Guatemala: 1 *Tapirus elasmognathus*-Skelett.

Von Herrn Paul Hesse: 1 Schädel von *Thalassochelys olivacea* Esch.

2. Für die Säugetiersammlung:

Von der Neuen Zoologischen Gesellschaft: 1 Königs-tiger ♂, 1 Känguruh, 1 Anoa-Antilope, 1 Amerikanischer Bison ♂, 1 Giraffe ♀.

Von Herrn Conservator Schmitt in Leipzig: 1 Cebus-Affe, 1 Waschbär, 1 *Felis macroura*.

Von Hern M. Thomae in Guatemala: 1 *Tapirus elasmognathus*.

33 —

3. Für die Vogelsammlung:

Von der Neuen Zoologischen Gesellschaft: 2 *Pionias Rüppellii* ♂ und ♀.

Von Herrn Gust. Jäger in Stuttgart: 1 *Schneides alba* ♂, 1 *Diphyllodes Wilsoni* ♂. 1 *Dasyptilus Pesqueti*, von Neu-Guinea.

Von Herrn Felix F. Hager in Leipzig: 1 *Lepidogenys subcristatus*, 2 *Cyclopsitta Coxenii*, 1 *Trichoglossus chlorolepidotus*, 1 *Eudynamis Flindersi*, 1 *Centropus phasianus*, von Australien.

4. Für die Reptilien- und Amphibiensammlung:

Von Herrn C. A. Pöhl in Hamburg (aus dem Museum Godeffroy): 1 *Clemmys guttata* Schn., 1 *Clemmys picta* Schn., beide aus Nord-Amerika. 2 *Chelone imbricata* L.. Samoa-Inseln, 1 *Gecko vittatus* Houtt. var. *birittata* D. & B., Palau-Inseln, 1 desgleichen Duke of York-Insel, Neu-Britannien. 1 *Gecko verticillatus* Laur., Bengalen. 1 *Varanus Indicus* Daud., Duke of York-Ins., 1 *Varanus nuchalis* Gthr., Carolinen, 1 *Varanus Timorensis* Gray, Queensland, 1 *Brachylophus fasciatus* Brongn., Viti-Inseln, 1 *Mabuia multicarinata* Gray, Palau-Inseln, 1 *Agama colonorum* Daud., West-Afrika, 1 *Amphibolurus muricatus* Wb., Sydney, 1 *Amphibolurus barbatus* Cuv., Sydney, 1 *Lygosoma smaragdinum* Less., Ponape, Carolinen, 1 *L. smaragd.* Less., Palau-Inseln, 1 *L. atrocostatum* Less., Ponape, 1 *L. Verreauxi* A. Dum., Australien, 1 *L. punctulatum* Ptrs., Austr., 1 *L. Lesueuri* D. & B., Austr., 1 *L. tenue* Gr., Austr.. 1 *L. taeniolatum* White, Austr., 1 *L. nigrum* H. & Jacq., Polynesien, 1 *L. Samoense*, A. Dum., Samoa-Ins., 1 *L. n. sp. aff. albofasciolatum* Gthr., Carolinen, 1 *L. albofasciolatum* Gthr., Neu-Britann., 1 *L. cyanurum* Less., Fidji-Inseln, 1 *L. cyanogaster* Less., Fidji-Ins., 1 *L. noctua* Less., Tonga-Inseln, 1 *L. rhomboidale* Pts., Queensland, 1 *L. scutirostrum* Pts., Queensl., 1 *L. Peroni* D. & B., Queensl., 1 *L. Guichenoti* D. & B., Queensl., 1 *L. fragile* Gthr., Queensl., 1 *L. n. sp.* an *Peroni* D. & B. ♀, Queensl., 1 *L. Mivarti* Blgr., Queensl., 1 *L. noctua* Less., Queensl., 1 *L. Quoyi* D. & B., Queensl.. 1 *Calotes jubatus* D. & B., Java, 1 *Hemidactylus platyurus* Schn., Bengalen, 1 *Gonyocephalus*

3

Godeffroyi Ptrs., Neu-Britannien. 1 *Gonyocephalus* n. sp. aff.
modestus Mey., Neu-Brit., 1 *Gehyra oceanica* Less., Fidjis.
1 *Gehyra variegata* Less.. Queensland, 1 *Chlamydosaurus*
Kingi Gr., Queensland, 1 *Oedura ocellata* Blgr., Australien.
1 *Oedura Lesueuri* D. & B., Austral., 1 *Tiliqua scincoides*
White, Austral., 1 *Cnemidophorus lemniscatus* Daud., Süd-
Amerika, 1 *Diporophora australis* Steind., Nord-Australien.
1 *Draco lineatus* Daud., Molukken. 1 *Ablepharus Boutoni*
Desj. var. *poecilopleurus* Wiegm., Fidjis. 1 *Ablepharus Bou-*
toni Desj. var. *Peroni*, Neu-Holl., 1 *Ablepharus lineoocellatus*
D. & B., Polynesien. 1 *Spelerpes variegatus* Gray var. *B*
Boulgr., Mexico. 1 *Naultinus elegans* Gray typ., Neu-Seeland,
1 *Iguana tuberculata* Laur., Süd-Amerika. 1 *Gymnodactylus*
pelagicus Gir., Fidjis. 1 *Hemidactylus frenatus* D. & B., Süd-
China. 1 *Lepidodactylus lugubris* D. & B., Tahiti, 1 *L.*
cyclurus Gthr., Neu-Caledonien, 1 *Tropidonotus quincun-*
ciatus Schleg., Ost-Indien. 1 *T. tigrinus* Boie, Nord-China,
1 *T. stolatus* L., Ceylon. 1 *T. picturatus* Schleg. var.
semicincta D. & B., Queensland, 1 *T. saurita* L., Cali-
fornien. 1 *Bothrops diporus* Cope, Süd-Amerika, 1 *Liophis*
poecilogyrus Wied. Süd-Amerika, 1 *Dendrophis puncto-*
latus Gray, Nord-Australien. 1 *D. punct.* Gray, Palau-
Inseln, 1 *D. pictus* Gmel., Ceylon, 1 *D. Solomonis* Gthr.,
Neu-Britannien, 1 *Herpetodryas carinatus* L., Brasilien,
1 *Philodryas Olfersi* Licht., Süd-Amerika. 1 *Dipsas irre-*
gularis Merr., Neu-Britannien, 1 *Tragops prasinus* Boie,
Ost-Indien, 1 *Psammophis sibilans* L., Abessynien, 1 *Ogmodon*
Vitianus Pts., Fidji-Inseln. 1 *Brachysoma diadema* Schleg.,
Nord-Australien. 1 *Leptalira annulata* L., Guayaquil.
1 *Enygrus Bibroni* D. & B., Viti-Inseln, 1 *Enygrus super-*
ciliosus Gthr., Palau-Inseln. 1 *Hoplocephalus maculatus*
Steind., Queensland, 1 *H. curtus* Schleg., Australien.
1 *Boodon lineatus* D. & B. var. *variegata* Jan. Süd-Afrika,
1 *Diemenia reticulata* Gray, Queensland. 1 *Homalosoma*
lutrix D. & B., Cap, 1 *Cyclocorus* n. sp., Neu-Britannien,
1 *Psammophylax rhombeatus* L., Cap, 1 *Nardoa boa* Schleg.,
Neu-Irland, 1 *N. Schlegeli* Gray, Neu-Irland, 1 *Platurus*
laticaudatus L., Südsee. 1 *Elaps corallinus* L., Mexiko,
1 *Bungarus semifasciatus* Kuhl, Ost-Indien, 1 *Pelamys*

bicolor Daud. var. *variegata* Schleg., Südsee. 1 *P. bicolor*
Schleg., Südsee, 1 *Hyla dolychopsis* Cope. Neu-Guinea.
1 *H. rubella* Gray, Australien. 1 *H. Peroni* Tsch., Austr..
1 *H. nasuta*, Gray, Austr.. 1 *H. latopalmata* Gthr., Austr..
1 *H. Lesneuri* D. & B., Austr.. 1 *H. Krefft i* Gthr., Austr..
1 *H. aurea* Less.. Austr., 1 *H. nigrofrenata* Gthr., Austr..
1 *H. pulchella* D. & B., Montevideo. 1 *H. parridens* Pts..
Sydney, 1 *Limnodynastes Salmini* Steind., Queensland.
1 *L. Tasmaniensis* Gthr., Queensl., 1 *L. Peroni* D. & B..
Queensl., 1 *Rana gracilis* Wiegm.. Süd-China. 1 *Leptodac-
tylus ocellatus* L., Brasilien. 1 *Chiroleptes australis* Gray.
Nord-Australien. 1 *Pseudophryne australis* Gray, N.-Austr..
1 *P. Bibroni* Steind., N.-Austr., 1 *Crinia signifera* Girard.
N.-Austr.. 1 *Cornufer corrugatus* A. Dum.. Palau-Inseln.
1 *C. n. sp..* Neu-Britannien. 1 *C. Vitianus* A. Dum..
Fidji-Inseln, 1 *Chiroleptes alboguttatus* Gthr., Queensland.
1 *Ceratophrys n. sp.,* Columbia, 1 *Bufo arenarum* Hens.,
Montevideo, 1 *B. marinus* L., Brasilien, 1 *Necturus maculatus* Rafin.. Oestl. Verein. Staaten. 1 *Bufo vulgaris* Laur.
var. *Japonica* Schleg., Japan. 1 *B. spinulosus* Wiegm..
Chile.

Von Herrn Dr. H. von Ihering in Rio grande do Sul: 2 *Philodryas Olfersi* Licht., 1 *Herpetodryas carinatus* L. var.
flavolineata Jan, 1 *Coronella Jaegeri* Gthr., 1 *Tomodon
dorsatus* D. & B., 2 *Phyllomedusa Iheringi* Blgr., 2 *Hyla
pulchella* D. & B., 1 *Hyla nasica* Cope, von Rio grande
do Sul, Brasilien.

Von Herrn B. Schmacker in Shanghai: 1 *Eumeces chinensis*
Gray, 1 *Gecko Japonicus* D. & B., 1 *Lygosoma laterale*
Say, 1 *Ptyas mucosus* Lin., 7 *Bufo melanostictus*, 1 *Rhaco-
phorus maculatus* Gray, von Hongkong, div. *Molge Sinensis*
Gray, Festland bei Hongkong, 1 *Parcus Moellendorffi*
Bttg., Hongkong.

Von Herrn O. Herz in St. Petersburg: 1 *Cynophis Moellendorffi* Bttg., 1 *Tropidophorus Sinicus* Bttg., 2 *Rana esculenta* var. *Japonica* von China. 1 *Lacerta muralis* Laur.,
1 *Tropidonotus tesselatus* Laur. var. *hydrus* Pall., 1 *Bufo
viridis* Laur. von N.-Persien, 1 *B. melanostictus* Schn..
Singapore, 1 *Elape Davisoni* Blfd. von Siam.

3*

Von Herrn Paul Hesse: 1 *Pelomedusa galeata* Schöpff, 1 *Croco-dilus vulgaris* Cuv. var. *marginata* Geoffr., 1 *Sepsina Hessei* Bttg., 1 *Chamaeleon parvilobus* Blgr., 2 *Mabuia Raddoni* Gray, 1 *Mabuia maculilabris* Gray, 3 *Ablepharus Cabindae* Barb.. div. *Typhlops (Aspidorhynchus) Eschrichti* Schleg., 1 *Typhlops (Onychocephalus) Congicus* Bttg., 1 *Feylinia Currori* Gray, 1 *Monopeltis Boulengeri* Bttg., 1 *Feylinia elegans* Hall., 2 *Thrasops flavigularis* Hall. typ. u. var. *pustulata* D. & B., 2 *Dinophis Jamesoni* Traill, 1 *Dasypeltis scabra* L. var. *fasciolata* Pts., 1 *Philothamnus irregularis* Leach, 1 *Ph. heterodermus* Hall., 1 *Ph. heterolepidotus* Gthr., 1 *Ph. dorsalis* Boc., 1 *Leptodira rufescens* Gmel., 2 *Dryiophis Kirtlandi* Hall., 1 *Psammophis sibilans* L., 1 *Haspidophrys smaragdina*, 1 *Grayia triangularis* Hall., 1 *Bitis arietans* Merr., 1 *Dasypeltis scabra* L., 1 *Causus rhombeatus* Licht., 1 *Dromaphis Angolensis* Barb., 1 *Coronella (Mizodon) oliracea* Pts., 1 *Python Sebae* Gmel., 1 *Atheris laeviceps* Bttg., 1 *Boodon geometricus* Schleg. var. *lineata* D. & B., 1 *Atractaspis irregularis* Reinh. var. *Congica* Pts., 1 *Lycophidium Capense* Smith, 1 *Xenocalamus Mechowi* Pts., 1 *Boodon lineatus* D. & B. var. *capensis* D. & B., 1 *Naja haje* L. var., 1 *N. haje* L. var. *leucosticta* Fisch., 1 *N. nigricollis* Reinh. (Kopf), 1 *Elapsoidea Güntheri* Boc., 4 *Rana albolabris* Hall., 1 *Rappia fuscigula* Boc., 2 *R. marmorata* Rapp var. *parallela* Gthr., 1 *R. fimbriolata* P. & B., 1 *R. cinctiventris* Cope, 1 *Xylambates Aubryi* A. Dum., 1 *Bufo regularis* Reuss var. *spinosa* Boc.

5. Für die Insektensammlung:

Von Herrn Kunsthändler Honrath in Berlin: Lepidopteren aus der Delagoa-Bai.

6. Für die Crustaceensammlung:

Von Herrn C. A. Pöhl in Hamburg: 14 Arten Krebse von Magellan.

7. Für die Molluskensammlung:

Von Herrn E. Marie in Paris: 2 Nacktschnecken.
Von Herrn W. Schlüter in Halle: 10 Helix-Species.

Von der Linnaea in Berlin: 28 Species *Cerithium*, 8 Sp. *Verlugus*, 2 Sp. *Bittium*. 1 Sp. *Lampania*, 1 Sp. *Tympanotonus*, 1 Sp. *Pyrazus*, 1 Sp. *Cerithidea*.

8. Für die botanische Sammlung:

Von Herrn Dr. C. Baenitz in Königsberg: Herbar. Europ. Lief. 55—56.

9. Für die zoopalaeontologische Sammlung:

Aus dem Löss von Praunheim: ein Oberarm und eine Tibia von *Elephas primigenius*.

Zahlreiche oligocäne Kieferfragmente mit Zähnen von Caylux (Herr Flach in Heidelberg).

Fischreste aus dem Rupelthon von Flörsheim.

Aus den mittelpleistocänen Sanden von Mosbach u. a.:
    von *Elephas antiquus*, Zähne. Unterkieferast mit zwei Zähnen, das distale Ende vom Oberarm, der Unterschenkel, ein Carpalknochen, das Schulterblatt, ein Rückenwirbel, das distale Ende eines Femur von *Elephas* sp.;

   "   *Rhinoceros Merki*, Zähne und Oberarm;

   "   *Hippopotamus major*, Ulna und Radius;

   "   *Equus caballus*, alle Zähne eines Schädels, ein Unterkieferfragment, ein Oberschenkel und das distale Ende eines solchen, das distale und das proximale Ende vom Oberarm, ein Schienbein, das proximale Ende vom Metacarpus und ein Astragalus;

   "   *Bos priscus*, zwei Unterkieferäste, die Stirn mit Hornzapfen, ein Oberarm und das distale Ende desselben, zwei Oberschenkel und das distale Ende desselben, das distale Ende des Radius und das distale Ende der Elle und der Speiche, das distale Ende von Metacarpus und ein Metatarsus;

   "   *Alces latifrons*, Unterkieferast, zwei Geweihe und Fragmente von solchen, ein Schienbein;

   "   *Cervus elaphus*, Stücke vom Geweih;

   "   *Ursus spelaeus*, ein Unterkieferast, zwei Stücke vom Oberkiefer und der Zwischenkiefer;

   "   *Ursus* sp., ein Unterkieferast;

   "   *Felis lynx*, Zähne.

Oberarm von *Elephas antiquus* von Weilbach.

10. Für die Mineraliensammlung:

Von Herrn Dr. Th. Schuchardt in Görlitz: Jadeit, Graubünden.

Von Herrn Dr. Eger in Wien: Schwefel in und auf einem Gypskrystall. Girgenti; Pseudomorphose von Kupfer nach Aragonit, Bolivien; Kupferlasur und Malachit, Arizona; Quarz mit Flüssigkeitseinschluss, Poretta; Pseudomorphose von Nadeleisenerz nach Baryt, Přibram; Meteoritenschliff (Chondrit); Kugeldiorit, Corsica.

Von Herrn Scheidel: 3 Stufen Gold, zum Teil in Krystallen (∿ O) in trachytischem Gestein von Vöröspatak und 1 Stückchen fossiler Kohle mit einem etwa 1 qmm grossen Goldblättchen. Das Vorkommnis ist durch K. v. Fritsch beschrieben (Über die Mitwirkung elektrischer Ströme bei der Bildung einiger Mineralien. Göttingen 1862).

II. Bücher und Schriften.

A. Geschenke.

(Die mit * versehenen sind vom Autor gegeben.)

*Agardh, J. G., Prof. in Lund: Till Algernes Systematik.

*Arnold, F., Oberlandesgerichtsrat in München: Lichenologische Ausflüge in Tirol. Fragmente. 28. Corfu.

*Baum, E. Ingenieur in Plojesti (Rumänien). Ein Kombinations-Studium über die Entwicklungsgeschichte der Erdkruste.

†Cohn, Prof. in Breslau: Anton de Bary.

*Ernst, A., Prof. in Caracas: Abhandlung über die ethnographische Stellung der Guajiro-Indianer.

*Flesch, Max, Prof. Dr. in Frankfurt a. M.: Versuch zur Ermittelung der Homologie der *Fissura parieto occipitalis* bei den Carnivoren. 4 und Inaugural-Dissertationen.

*Homeyer, Alex., Major a. D. in Greifswald: Ornithologische Studien aus dem Jahre 1886.
— Über den amerikanischen Puter, *Galloparo meleagris.*

*Joseph, Gust., Dr. med. in Breslau: Über *Myiasis externa dermatosa.*
— Über Fliegen als Schädlinge und Parasiten des Menschen.

*Kinkelin, F., Dr. in Frankfurt a. M.: Die Geschichte des Mainzer Tertiärbeckens, seine Tier- und Pflanzenwelt.

Kirchhoff. A., Prof. in Halle: Bericht der Zentral-Kommission für wissenschaftliche Landeskunde von Deutschland.

*Klein, K., Prof. in Göttingen: Petrographische Untersuchung einer Suite von Gesteinen aus der Umgebung des Bolsener Sees.

*Kobelt, W., Dr. med., in Schwanheim a. M. Prodromus faunae molluscorum testaceorum maria europaea inhabitantium. Fasc. 3-4.

— Rossmässler's Iconographie der europäischen Land- und Süsswasser-Mollusken. Neue Folge. Bd. 3-6. 3. Lief.

Bulletin de la Société d'anthropologie de Paris 1886. Fasc. 4.

„   „   „   „   „   „   „   Tome. 10. Fasc. 1—3.

The American naturalist Vol. 21. No. 4—9 und 11.

The American antiquarian and oriental journal Vol. 8. No. 6.

The Journal of the anthropological Institute. Vol. 16. No. 4; Vol. 17. No. 1.

Revue d'Anthropologie 1887. No. 3—6.

Devas. Studien über das Familienleben, aus dem englischen übersetzt von P. M. Baumgarten. Paderborn 1887.

*Königl. norwegische Regierung:
Den Norske Nordhavs Expedition 1876 -78. Zoologie 17. Alcyonidae.
Dybder Temperatur og Stromminger 18a und 18b ved H. Mohn.

*Klatt. F. W., Dr., Diverse kleine Schriften botanischen Inhalts.

*Lissauer, A., Dr., Die prähistorischen Denkmäler der Provinz Westpreussen und der angrenzenden Gebiete 1887.

*Loretz. H., Dr., Landesgeologe in Berlin: Bemerkungen über das Vorkommen von Granit und verändertem Schiefer im Quellgebiet der Schleuse im Thüringer Walde.

— Mitteilung über Aufnahmen im Bereiche der Blätter Königsee und Schwarzburg.

*Moos, S., Prof. in Heidelberg: Untersuchungen über Pilz-Invasion des Labyrinths im Gefolge von einfacher Diphterie.
Untersuchungen über Pilz-Invasion des Labyrinths im Gefolge von Masern.

*v. Müller, Baron Ferd., in Melbourne: Iconography of Australian species of Acacia and cognate genera. Decade 1 8

*Musei di Zoologica ed Anatomia comparata: Bollettino. Vol. 2. No. 19—26.

*vom Rath, G., Geh. Bergrat und Professor in Bonn. Einige geologische Wahrnehmungen in Griechenland.

— Worte der Erinnerung an Dr. Martin Websky † 27. Nov. 1886.
Laurionit und Fiedlerit in einer antiken Bleischlacke von Lavrion
Einige mineralogische und geologische Mitteilungen.

— Vorträge und Mitteilungen.

°Rein, J., Prof. in Bonn: G. vom Rath, ein kurzes Lebensbild.

*Rösser, Ferd., Prof. in Eutin: Die Temperaturverhältnisse in Eutin.

*Russow. Edm., Prof. in Dorpat: Zur Anatomie resp. philosophischen und
vergleichenden Anatomie der Torfmoose.
— Ueber den gegenwärtigen Stand seiner seit dem Frühling 1886 wieder
aufgenommenen Studien an den einheimischen Torfmoosen.

*von Sachs. Jul., Prof. in Würzburg; Vorlesungen über Pflanzen-
Physiologie. 2. Auflage.

*de Saussure, H., Prof. in Genf: Spicilegia entomologica genavensis. 2.
Tribus Paniphagicus.

*Scacchi, Arch. in Neapel: Catalogo dei Minerali vesuviani.
— La regione vulcanica fluorifera della Campania.

*Société des Naturalistes de Kiew: Mémoires. Tome 8.

*Stapff, F. M., Dr. in Weisensee bei Berlin: Karte des untern Kuisebthales.
— Über Niveanschwankungen zur Eiszeit nebst Versuch einer Glie-
derung des Gebirgsdiluviums.
— Bodentemperaturbeobachtungen im Hinterlande der Wallfischbay.
Notiz über das Klima von Wallfischbay.
— Essai d'une classification du Gneiss de l'Eulengebirge.

*Stossich, M., Prof. in Triest: Brami di Elmintologia tergestina.
— Sunto di alcuni lavori sopra parassiti.

*Streng, A., Prof. in Giessen: Kleine Mitteilungen.

*Verein „Lotos“ in Prag: „Lotos“, Jahrbuch für Naturwissenschaft. Neue
Folge. Bd. 7—8.

*Verwaltung für Kunst und Wissenschaft in Dresden: Bericht über
die Verwaltung und Vermehrung der Königl. Sammlungen für
Kunst und Wissenschaft. 1884—85.

*Volger, O., Dr. in Soden: Abermals: Unser Wissen von dem Erdbeben.
(Bemerkungen zu dem Vortrage des Herrn Oberrealschullehrers
Müller.)
Über eine neue Quellentheorie auf meteorologischer Basis.

*Wagner Free Istitute of Science of Philadelphia. Transactions. Vol. 1.

*Wagner, Ernst, aus Berlin: Über die Grundbedingungen mikrometrischer
Einstellung bei Teleskopen. (Inaugural-Dissertation.)

B. Im Tausch erhalten.

**Von Akademien, Behörden, Gesellschaften, Institutionen, Vereinen u. dergl.
gegen die Abhandlungen und Berichte der Gesellschaft.**

Amiens. Société Linnéenne du nord de la France:
Bulletin. Tome 7-8, No. 154—174.

Amsterdam. Königl. Akademie der Wissenschaften:
Jaarboek 1885.
Verhandelingen. Deel 25.
Verslagen en Mededeelingen. 3 Reeks, Deel 2.

Amsterdam. Königl. Akademie der Wissenschaften:
— Zoologische Gesellschaft:
Bijdragen tot de Dierkunde. Aflev. 13. Gedeelte 1.

Augsburg. Naturhistorischer Verein:
Bericht 29. 1887.

Baltimore, John Hopkins University:
Circulars. Vol. 6—7, No. 58 und 60 —65.
Studies from the Biological Laboratory. Vol. 4, No. 1—2.

Bamberg. Naturforschende Gesellschaft:
Bericht 14.

Basel. Naturforschende Gesellschaft:
Verhandlungen. Teil 8, Heft 2.

Batavia. Natuurkundige Vereeniging in Neederlandsch
Indie:
Natuurkundig Tijdschrift. Ser. 8, Deel 46.

Bergen. Bergens Musenm:
Aarsberetning 1886.

Berlin. Königl. Preuss. Akademie der Wissenschaften:
Physikalische Abhandlungen 1886.
Sitzungsberichte 1887, No. 19—39 und 41—51. 1888, No. 5.

— Deutsche geologische Gesellschaft:
Zeitschrift. Band 39. Heft 1—4.
Katalog der Bibliothek 1887.

— Königl. geologische Landesanstalt und Bergakademie:
Geologische Spezialkarte von Preussen und den Thüringischen Staaten.
Lief. 32, nebst Erläuterungen in 6 Heften. Lief. 34, nebst Er-
läuterungen. No. 4, 5, 6, 10, 11 und 12, Lief. 35, nebst Erläu-
terungen. No. 13, 14, 15, 19, 20, 21, 25, 26, 27.
Abhandlungen zur geologischen Spezialkarte. Bd. 7, Heft 4. Bd. 8,
Heft 2.
Jahrbuch 1886.

— Botanischer Verein für die Provinz Brandenburg:
Verhandlungen, Jahrg. 28, 1886.

— Gesellschaft naturforschender Freunde:
Sitzungsbericht 1885, No. 10. 1887.

Bern. Naturforschende Gesellschaft:
Mitteilungen 1886, No. 1143—1168. 1887, No. 1169—1194.

Bistriz. Gewerbschule:
Sitzungsbericht 13, 1886 87.

Böhm. Leipa. Nordböhmischer Exkursions-Klub:
Mitteilungen. Jahrg. 10, Heft 2—4. Jahrg. 11, Heft 1.
Wurm, Fr.: Das Kummergebirge (Festschrift).

Bologna. R. Accademia delle scienze dell' Istituto:
Memorie. Ser. 4, Tomo 7.

Bonn. Naturhistorischer Verein der Preuss. Rheinlande und
Westfalens und des Reg.-Bez. Osnabrück:
Verhandlungen. Jahrg. 44. 5. Folge. Jahrg. 4. 1. und 2. Hälfte.

Bordeaux. Société des sciences physiques et naturelles:
Mémoires. Tome 2, No. 2. Tome 3, No. 1.
Observations pluviométriques et thermométriques. 1885—86.

Boston. American academy of arts and sciences:
Proceedings. N. S. Vol. 14. Wholes Series. Vol. 22, Part. 1.

Braunschweig. Verein für Naturwissenschaft:
Jahresbericht 3—5, 1881—87.

Bremen. Naturwissenschaftlicher Verein:
Abhandlungen. Bd. 10, Heft 1—2.

Breslau. Schlesische Gesellschaft für vaterländische Kultur:
Jahresbericht 64.
Krebs. Dr. J.: Zacharias Allerts Tagebuch aus dem Jahre 1827.

— Landwirtschaftlicher Centralverein für Schlesien:
Jahresbericht 1887.

Brooklyn. Brooklyn entomological Society:
Entomologica americana. Vol. 3, 1887—88.

Brünn. Naturforschender Verein:
Verhandlungen Bd. 24. Heft 2.
„   „   25.
Bericht 4 und 5 der Meteorologischen Kommission.

— K. k. Mährisch-Schlesische Gesellschaft zur Beförderung des Ackerbaues, der Natur- und Landeskunde:
Mitteilungen. 1887. 2 Teile.

Brüssel (Bruxelles). Académie royale des sciences des lettres
et des beaux arts de Belgique:
Annuaires. 1886—1887.
Bulletins. Ser. 3. Tome 9—13. 1885—87.
Catalogue des livres de la Bibliotheque de l'académie royale. 3 Bde.
Notices biographiques et bibliographiques. 1886.
Mémoires couronnés 4° et autres mémoires. Tome 37, 38, 39.
Mémoires couronnés et mémoires des savants étrangers 4°.
Tome 47—48.
Mémoires des membres. Tome 46.

— Société entomologique de Belgique:
Annales. Tome 30.
Table générale des annales 1—30 et catalogue des ouvrages
périodiques.

Calcutta. Asiatic Society of Bengal:
Journal. Vol. 54. Part. 2. No, 4.
„   „ 55.   „   2. „ 5.
„   „ 56.   „   2. „ 1—3.
Proceedings. 1887. No. 2—10.
„   1888. „ 1.
Cambridge. Mass. U. S. A. Museum of Comparative Zoology;
Annual Report. 1886—87.
Bulletin. Vol. 13. No. 4—8.
„   „ 16. „ 1. Whole Ser.
Memoirs. Vol. 15.
„   „ 16. No. 1—2.
Chemnitz. Naturwissenschaftliche Gesellschaft:
Bericht 10.
Christiania. Königl. Norwegische Universität:
Forhandlinger ved de Skandinaviaske Naturforskeres 1886.
Vandstandsobservationer, Heft 4.
Geodätische Arbeiten, Heft 4.
Amund Helland, Programm für 1885, 2. Sem.
Schübeler. Viridarium norwegicum. Bd. 1—2.
Chur. Naturforschende Gesellschaft Graubündens:
Jahresbericht 1885—86. Neue Folge. Jahrg. 30.
Cordoba. Academia Nacional de Ciencias de la Republica
Argentina:
Actas. Tome V, Entrega 3. Tome VI, Entrega 1.
Delft. École polytechnique:
Anuales. Tome 3, Livr. 3—4, 1887—88.
Donaueschingen. Verein für Geschichte und Naturgeschichte:
Schriften. Heft 6, 1888.
Dorpat. Naturforscher-Gesellschaft:
Archiv für die Naturgeschichte Liv-, Ehst- und Kurlands. Bd. 9.
Lief. 4.
Sitzungsberichte. Bd. 8, Heft 1, 1886.
„ sten. Naturwiss enschaftliche Gesellschaft „Isis“:
Sitzungsbericht und Abhandlungen 1887.
Dublin. Royal Dublin Society:
Scientific Transactions. Ser. 2, Vol. 3, No. 11—13.
Scientific Proceedings No. Ser. Vol. 5, Part. 3—6.
Edinburgh. Royal physical Society:
Proceedings 1886—87.
Elberfeld-Barmen. Naturwissenschaftlicher Verein:
Jahresberichte, Heft 7.
Florenz. Real Istituto di studi superiori pratici e di per-
fezionamente:
Bolletino delle Publicazioni No. 34—47. 49—54.
Publicazione 1883—84, 4 Hefte.

S. Francisco. California Academy of sciences:
Bulletin. Vol. 2, No. 6—7.

Frankfurt a. M. Neue Zoologische Gesellschaft:
Der Zoologische Garten. 1887, No. 4—12. 1888, No. 1—3.
Senckenbergische Stiftungs-Administration:
52. und 53. Nachricht von dem Fortgang und Zuwachs der Senckenbergischen Stiftung.
— Physikalischer Verein:
Jahresbericht 1885—86.
— Freies Deutsches Hochstift:
Berichte. Jahrg. 1887—88. Bd. 3, Heft 3—4. Bd. 4, Heft 1—2.
Mitglieder-Verzeichnis 1887.
— Kaufmännischer Verein:
Jahresbericht 23.

Frankfurt a. O. Naturwissenschaftlicher Verein des Reg.-
Bez. Frankfurt a. O.:
Monatliche Mitteilungen aus dem Gesamtgebiete der Naturwissenschaften. Bd. 4.
Societatum Litterae 1887. No. 9—12. 1888, No. 3.

Freiburg. Naturforschende Gesellschaft:
Berichte 1886. Bd. 8, Heft 4.

Genf (Genève). Société de physique et d'histoire naturelle:
Compte-rendu des travaux. 69) session à Genève, 10—12 août.
Mémoires. Tome. 29, part. 2.

Genua (Genova). Museo civico di storia naturale:
Annali Ser. 2. Vol. 3—5.

Giessen. Oberhessische Gesellschaft für Natur- und Heilkunde:
Bericht 25.

Glasgow. Natural history Society:
Proceedings and Transactions. Vol. 1. New. Ser. Part. 3.

Güstrow. Verein der Freunde der Naturgeschichte:
Archiv 1887.

Graz. Naturwissenschaftlicher Verein für Steiermark:
Mitteilungen 1886.

Greifswald. Naturwissenschaftlicher Verein für Neu-Vorpommern und Rügen:
Mitteilungen. Jahrg. 18, 1886.

Halle a. S. Kaiserl. Leopoldinisch-Carolinisch-Deutsche
Akademie der Naturforscher:
Leopoldina. Heft 22, No. 23—24. Heft 23, No. 5—24. Heft 24.
No. 1—8.
— Verein für Erdkunde:
Mitteilungen 1887.

Hamburg. Naturwissenschaftlicher Verein:
Abhandlungen, Bd. 10. (Festschrift zur Feier des 50jährigen Bestehens.)
— Naturhistorisches Museum:
Bericht 1886.
— Verein für naturwissenschaftliche Unterhaltung:
Verhandlungen 1883—85.

Hanau. Wetterauische Gesellschaft für die gesamte Naturkunde:
Bericht 1851—66 und 1885—87.

Harlem. Société Hollandaise des sciences exactes et na-
turelles:
Archives néerlandaises. Tome 19, livre 1—3. Tome 21, livre 5.
Tome 22, livre 1—5.
Everts, Dr. phil. J. E.: Niewe Naamlijst van nederlandsche schild-
fleugelige Insecten (Natuurkundige Verhandelingen. 3de Verz.
Deel 4. 4de en laatste stuck.)
— Teyler Stiftung (Musée Teyler):
Archives Ser. 2. Vol. 3. Part. 1.
Catalogue de la Bibliothéque. Livr. 5—6.

Heidelberg. Naturhistorisch-medicinischer Verein:
Verhandlungen. Bd. 4, Heft 1.

Jassy. Société des médecins et naturalistes:
Bulletin 1887. No. 6—9.

Jena. Medicinisch-naturwissenschaftliche Gesellschaft:
Jenaische Zeitschrift. Bd. 20. Neue Folge. Bd. 13, Heft 4. Bd. 14,
Heft 1—4.

Innsbruck. Naturwissenschaftlich-medicinischer Verein:
Berichte. Jahrg. 16. 1886—87.

Kiel. Naturwissenschaftlicher Verein für Schleswig-
Holstein:
Schriften. Bd. 7, Heft 1.

Landshut. Botanischer Verein:
Bericht 10. 1886—87.

Lausanne. Société vaudoise des sciences naturelles:
Bulletin. 3. Sér. Vol. 22, No. 95—96.

Leyden. Universitäts-Bibliothek:
Jaarboek van het Mijnwezen in Nederlandsch Ost-Indie. Jahrg. 1885
und 1886, 2 Teile, und 1887.
— Nederlandsche dierkundige Vereeniging:
Tijdschrift. Sér. 2. Deel I, aflev. 3—4. Deel II, aflev. 1—2.

Linz. Verein für Naturkunde in Österreich ob der Enns.
Jahresbericht 17.

Lissabon (Lisboa). Sociedade de Geographia:
Boletim. Sér. 6, No. 9—12. Sér. 7, No. 1--7.
Elogio historico.
— Academia real das sciencias:
Journal 1887, No. 45.
London. Royal Society:
Philosophical transactions. Vol. 177, part. 1—2.
Proceedings. Vol. 42, No. 254 257. Vol. 43, No. 258—264.
Mitglieder-Verzeichnis 1886.
-- Linnean Society:
Transactions. Zoology. Vol. 4, part. 1—2. Botany. Vol. 2, part. 9 -14.
The journal. Zoology. Vol. 19 -21, No. 114—117 und 126—129.
„   „   Botany. „ 23-24, „ 145—149 „ 151--158.
List of the Linnean Society. 1886—87.
British Museum (Zoological department):
Catalogue of the birds of the British Museum. Vol. 12.
„   „ fossil Mammalia. Part. 5.
Guide to the Shell and Starfish, Galleries, Mollusca, Echinodermata.
Vermes.
— Royal microscopical Society:
Journal 1887. Part. 3- 6 und 6a. 1888. Part. 1- 2.
„ Ser. 2. Vol. 4, part. 4.
— Zoological Society:
Transactions. Vol. 12, part. 4—6.
Proceedings 1886. Part. 4. 1887. Part. 1--3.
Lübeck. Naturhistorisches Museum:
Jahresbericht 1886.
Lüneburg: Naturwissenschaftlicher Verein:
Jahreshefte 10. 1885—87.
Lüttich (Liege). Société royale des sciences:
Mémoires. Sér. 2. Tome 14.
Lund. Carolinische Universität:
Acta universitatis Lundensis. Tome 23 1886- 87.
Accessions-Katalog 2. 1887.
Luxemburg. Société royale des sciences naturelles et
mathematiques:
Observations meteorologiques. Vol. 3—4.
Lyon. Musée d'histoire naturelle:
Archives. Tome 4. 1887.
Magdeburg. Naturwissenschaftlicher Verein:
Jahresbericht und Abhandlungen 1886.
Marburg. Gesellschaft zur Beförderung der gesamten Natur-
wissenschaften:
Schriften. Bd. 12. Abt. 2.
Sitzungsberichte 1886 -87.

Melbourne. Government of the Colony of Victoria (Natural
History):
Prodromus of the Zoology of Victoria Decade 1 15.
Modena. Società dei naturalisti:
Atti. Sér. 3. Vol. 3—5. (Anno 20 21.)
Montreal. Royal Society of Canada:
Proceedings and Transactions. Vol. 4. 1886.
Montpellier. Académie des sciences et lettres:
Mémoires. Tome 11, fasc. 1.
Moskau. Société impériale des naturalistes:
Bulletin 1887. No. 2 4. 1888. No. 1.
Meteorologische Beobachtungen 1887.
München. Königlich Bayerische Akademie der Wissen-
schaften:
Abhandlungen Bd. 16. Abt. 1—2.
Sitzungsberichte. Heft 1.
Bauernfeind, C. M.: Gedächtnisrede auf Jos. von Fraunhofer,
zur Feier seines 100jährigen Geburtstages.
Münster. Westfälischer Provinzial-Verein:
Jahresbericht 15. 1886.
Neapel. R. Accademia delle scienze fisiche et mathematiche
Rendiconto. Anno 25. Fasc. 4 12.
— Zoologische Station:
Mittheilungen. Bd. 7, Heft 2. Bd. 8, Heft 1.
Neuchâtel. Société des sciences naturelles:
Bulletin. Tome 15.
New-York. Academy of sciences:
Annals. Vol. 3, No. 11 12. Vol. 4, No. 1—2.
Transactions. Vol. 4, 1884—85. Vol. 5, No. 7—8. Vol. 6, 1886—87.
Nürnberg. Naturhistorische Gesellschaft:
Sitzungsbericht 1886.
Odessa. Neurussische Naturforscher-Gesellschaft:
Bote. Tome 12, No. 1—2.
Offenbach. Verein für Naturkunde:
Bericht 26 28. 1884—87.
Ottawa. Geological and natural history survey of Canada:
Rapport annuel. Vol. 1 1885.
Maps 1885.
Paris. Société zoologique de France:
Bulletin 1886. Vol. 11, part. 5—6.
„ 1887. „ 12. „ 1 4.

Paris. Société géologique de France:
Bulletin. Sér. 3. Tome 14, No. 8.
„ „ 3. „ 15, „ 1—8.
Société philomathique:
Bulletin. Sér. 7. Tome 8, No. 2—4.
„ „ 7. „ 12, „ 1.
Passau. Naturhistorischer Verein:
Bericht 14. 1886—87.
St. Petersburg. Académie impériale des sciences:
Bulletin. Tome 31, No. 4. Tome 32, No. 1.
Mémoires. Tome 35, No. 2—10.
Comité géologique:
Bulletin. Vol. 6, No. 6—10.
Supplement au vol. 6 des Bulletins.
Mémoires. Vol. 2, No. 5. Vol. 3, No. 3. Vol. 4, No. 1.
—. Societas entomologica Rossica:
Horae Societatis entomologicae. Tome 21. 1887.
— Kaiserlicher botanischer Garten:
Acta horti petropolitani. Tomus 10, fasc. 1.
Philadelphia. Academy of natural sciences:
Proceedings 1886. Part. 3.
„ 1887. „ 1—2.
— American philosophical society:
Proceedings. Vol. 24, No. 125—126.
Philadelphia. Leonard Scott. Publications Co.:
The american naturalist. Vol. 22, No. 253—255.
Pisa. Società Toscana di scienze naturali:
Atti. Vol. 8. fasc. 2.
„ (Processi verbali). Vol. 5, Seite 228—265.
„ „ „ „ 6, „ 1—72.
Pressburg. Verein für Natur- und Heilkunde:
Verhandlungen. Neue Folge, Heft 5—6.
Raleigh. Elisha Mitchell scientific society:
Journal 1883—86 und Vol. 4, part. 1—2.
Regensburg. Naturwissenschaftlicher Verein:
Korrespondenzblatt, Jahrg. 40.
Reichenberg. (Österreich.) Verein der Naturfreunde.
Mitteilungen. Jahrg. 18.
Riga. Naturforscher-Verein:
Korrespondenzblatt. 30. 1887.
Rom. R. comitato geologico del regno d'Italia:
Bolletino 1887. No. 1—12.
„ 1888. „ 1—2.

Rom. R. Accademia dei Lincei:
Atti. Vol. 3. fasc. 2—13.
„ „ 4. „ 1--4.

Salem (Mass.). Essex Institution:
Bulletin. Vol. 18, No. 1 12.

Santiago. Deutscher wissenschaftlicher Verein
Verhandlungen. Heft 5.

Sitten (Sion). Société Murithienne du Valais:
Bulletin des travaux. 1884—86.

Stettin. Entomologischer Verein:
Entomologische Zeitung. Jahrg. 48. 1887.

Stockholm. Bureau de la recherche géologique de la Suède:
Sveriges geologiska undersökning.
Kartbladen. Sér. Aa, No. 92, 94, 97—99, 101. 102.
„   „ Ab₁ „ 11 -12.
Beskrifning. Sér. Aa, No. 92, 94, 97—99, 101, 102.
„   „ Ab₂ „ 11—12.
„   „ Bb, „ 5.
„   „ C, „ 78—84, 86—88, 90 und 91.
Afhandlingar och Uppsatzer. Sér. C, No. 65, 85 und 89.

— Entomologiska Föreningen:
Entomologisk Tidskrift 1887. Arg. 8, Heft 1—4.

Strassburg. Kaiserl. Universitäts- und Landes-Bibliothek:
18 Inaugural-Dissertationen.

Stuttgart. Königliches Polytechnicum:
Jahresbericht 1886—87.

Sydney. Royal Society of New South Wales:
Journal and Proceedings. Vol. 20. 1886.
Report of the Trustees 1886.

— Linnean Society of New South Wales:
Proceedings. Ser. 2. Vol. 1. Part. 3—4.

— Australian Museum:
Descriptive Catalogue of the Medusae of the Australian Seas.
Part. 1—2.
History and description of the Skeleton of a new sperm whale.

Tokyo. Imperial University (College of Science):
Journal. Vol. 1. Part. 2—3.

— — — (Medicinische Facultät):
Mitteilungen. Bd. 1, No. 1.

— Deutsche Gesellschaft für Natur- und Völkerkunde
Ostasiens:
Mitteilungen 1887. Heft 36—37.

4

Toronto. The Canadian Institute:
Annual Report 1887.
Proceedings. Ser. 3. Vol. 5, fasc. 1.

Trencsén, Naturwissenschaftlicher Verein des Trencséner
Komitates:
Jahresheft 1886.

Triest. Società agraria:
L'amico dei campi 1887. No. 3, 6, 7, 9—12.
„ „ „ 1888. „ 1—4.

— Società adriatica di scienze naturali:
Bollettino. Vol. 10.

Tromsö. Tromsö Museum:
Aarsberetning 1886.
Aarshefter 10. 1887.

Turin. R. Accademia delle scienze:
Atti. Vol. 22. Disp. 12—15. 1886—87.
„ „ 23. „ 1—4. 1887—88.
Bollettino dell' Osservatorio della regia Universita 1887.

Upsala. Societas regia scientiarum:
Nova acta. Ser. 3. Vol. 13, fasc. 1.

Victoria. Royal Society:
Transactions and Proceedings. Vol. 22—23.

Washington. Smithsonian Institution:
Annual report of the Geological and natural history survey of
Minnesota. 13—14. 1884—85.
Annual report of the board of regents 1885.
Circulars of Information and Bulletin of the Bureau of education
for 1885.
Fourth annual report of the Bureau of Ethnology 1882—83.

Washington. Smithsonian Institution:
Proceedings of the american association for the advancement of
science 34 und 35. Meeting held at Buffalo 1885.
Smithsonian Miscellaneous collection. Vol. 28—30.
Report of the Commissioner of education.

— Department of the Interior:
Mineral ressources of the U. St. 1886.
Dinocerata a Monograph of an extinct order of gigantic Mammals
by O. Ch. Marsh 1886.
6. annual report of the U. St. geological survey 1884—85.
Bulletin No. 34—39.

Wernigerode. Naturwissenschaftlicher Verein des Harzes:
Schriften. Bd. 2. 1887.

Wien. K. k. Akademie der Wissenschaften:
  Anzeiger 1887. No. 9–28.
  „   1888.   „ 1 5.
  Denkschriften. Bde. 51–53.

  – K. k. geologische Reichsanstalt:
  Abhandlungen. Bd. 11, Abt. 2.
  Jahrbuch 1887. Bd. 37, Heft 1–2.
  Verhandlungen 1887. No. 2–18.
  „   1888.   „ 1–6.

  – K. k Naturhistorisches Hof-Museum:
  Annalen. Bd. 2, No. 2–4.
  „   „ 3, „ 1.

  – Zoologisch-botanische Gesellschaft:
  Verhandlungen 1887. Bd. 37, Heft 1–4.
  Verein zur Verbreitung naturwissenschaftlicher
    Kenntnisse:
  Schriften 1886–87.

Wiesbaden. Nassauischer Verein für Naturkunde:
  Jahrbücher. Jahrg. 40.

Würzburg. Physikalisch-medicinische Gesellschaft:
  Sitzungsberichte 1887.
  Verhandlungen. Neue Folge. Bd. 20 –21.

Zürich. Allgem. Schweizerische naturforschende Gesellschaft:
  Archives des Sciences physiques et naturelles. Compte-Rendu des
    travaux 1887.
  Neue Denkschriften. Bd. 30, Abt. 1.
  Verhandlungen. 69. Jahresversammlung in Genf, 10 –12. Aug. 1886.
  Verhandlungen in Frauenfeld, 7– 9. Aug. 1887. 70. Jahresversamm-
    lung, Jahresbericht 1886–87.

C. Durch Kauf erworben.

(Die mit * bezeichneten sind auch früher gehalten worden.)

*Abhandlungen der schweizerischen paläontologischen Gesellschaft.
*American journal of arts and sciences.
 Anatomischer Anzeiger.
*Annales des sciences naturelles (Zoologie et botanique).
*Annales de la société entomologique de France.
*Annals and magazine of natural history.
*Archives de physiologie normale et pathologique.
*Archiv für Anthropologie.
*Archiv für Anatomie und Physiologie.
*Archiv für mikroskopische Anatomie.

4 *

*Archiv für Naturgeschichte.

*Beiträge zur geologischen Karte der Schweiz.

Beiträge zur Paläontologie Österreichs. Bd. 4, compl.

*Berliner entomologische Zeitschrift.

Bowerbank, A.: Monograph of the British *Spongiadae*. Vol. 1—4.

*Bronn: Klassen und Ordnungen des Tierreichs.

*Cabanis: Journal für Ornithologie.

Carus, Victor J.: Leben und Briefe von Charles Darwin. 3 Bände.

*Deutsche entomologische Zeitschrift.

*Fauna und Flora des Golfes von Neapel.

*Gegenbaur: Morphologisches Jahrbuch. (Eine Zeitschrift für Anatomie und Physiologie.)

*Geological magazine.

Geologische Karte des Grossherzogtums Hessen.

Gray, John Ed.: Catalogue of shield reptils in the Collection of the British Museum. Part. 1. *Testudinata*.

*Groth: Zeitschrift für Krystallographie und Mineralogie.

*Hofmann & Schwalbe: Jahresbericht über die Fortschritte der Anatomie und Physiologie.

*Humboldt, Zeitschrift für die gesamten Naturwissenschaften.

*Just, Leop.: Botanischer Jahresbericht.

*Kobelt: Jahrbücher der Deutschen malakozoologischen Gesellschaft.

*Leuckart und Nitsche: Wandtafeln.

Leuckart und Chun: Bibliotheca zoologica.

*Lindenschmitt: Altertümer unserer heidnischen Vorzeit.

*Malakozoologische Blätter.

*Martini-Chemnitz: Systematisches Konchylien-Kabinet.

Marshall and de Nicéville: The Butterflies of India, Burmah and Ceylon. Bde. 1 3.

Meyer, H.: Die Statik und Mechanik des menschlichen Knochengerüstes. 1873.

*Müller: Archiv für Anatomie und Physiologie.

*Nachrichtsblatt der Deutschen malakozoologischen Gesellschaft.

*Nature.

*Neues Jahrbuch für Mineralogie, Geologie und Paläontologie.

*Paläontographica.

*Paléontologie française.

*Pflüger: Archiv für die gesamte Physiologie des Menschen und der Tiere.

*Quarterly Journal of the geological Society of London.

Ranke, J. Prof.: Der Mensch.
    Bd. 1. Entwickelung, Bau und Leben des menschlichen Körpers.
    Bd. 2. Die heutigen und die vorgeschichtlichen Menschenrassen.

*Roth: Allgemeine und chemische Geologie. Bd. 2, Abt. 3.

Russ, Karl: Die Papageien, ihre Naturgeschichte, Pflege, Züchtung und Abrichtung.

*Selenka, E., Prof.: Studien über Entwickelungsgeschichte der Tiere. Heft 4, 2. Hälfte.

*Semper: Arbeiten aus dem Zoologisch-zootomischen Institut in Würzburg.
— Reisen im Archipel der Philippinen. Teil 2. Wissenschaftliche Resultate. Bd. 5. Lief. 1—2. Die Tagfalter.
*Tascheuberg, O., Dr.: Bibliotheca zoologica.
*Thesaurus conchyliorum. Part. 44.
*Troschel: Archiv für Naturgeschichte.
*Tschermack, G.: Mineralogische und petrographische Mitteilungen.
*Westerlund, K. Ag.: Fauna der in der paläarktischen Region lebenden Binnenkonchylien.
*Zeitschrift für Ethnologie.
*Zittel: Handbuch für Paläontologie.
*Zoologischer Jahresbericht. Herausgegeben von der Zoologischen Station in Neapel.
Zoologischer Anzeiger. Jahrg. 10. 1887. No. 268.

Bilanz der Senckenbergischen naturforschenden Gesellschaft
per 31. December 1887.

Aktiva.

	M.	Pf.
Per Cassa-Conto	535	66
„ Obligationen-Conto	104 360	51
„ Hypotheken-Conto	103 000	—
„ Sparkasse-Conto	3 306	17
„ Conto der Dr. Senckenbergischen Stiftungs-Administration	34 285	71
„ Conto Abhandlungen über Madagaskar-Schmetterlinge	404	56
	246 092	61

Passiva.

	M.	Pf.
An Capital-Conto	34 309	53
„ Geschenke- und Legate-Conto	101 852	50
„ Reserve-Conto	4 418	44
„ Mylius Gehalt-Conto	20 000	—
„ „ Bibliothek-Conto	8 571	43
„ „ Vorlesungs-Conto	13 714	29
„ Dr. von Soemmerring-Preis Capital-Conto	3 672	—
„ Tiedemann-Preis Capital-Conto	3 446	60
„ Rüppell-Stiftung	35 573	37
„ Reise-Conto	19 295	36
„ Reserve für Feuer-Versicherungs-Prämie	1 214	—
„ M. Rapp'sche Stiftung	5	69
	246 092	61

Übersicht der Einnahmen und Ausgaben

vom 1. Januar bis 31. December 1887.

Einnahmen.

	M.	Pf.
Cassa-Saldo am 1. Januar 1887	295	31
Beiträge der Mitglieder, 365 zu Mk. 20	7 300	—
Erträgnis der gräfl. Bose-Stiftung	16 571	46
Geschenke des Herrn Grafen Bose	3 000	—
Geschenk der Erben des sel. Herrn Geh. Commerzienrath J. Reiss	500	—
Miete vom Physikalischen Verein	85	71
Kellermiete	200	—
Zinsen von der Dr. Senckenberg'schen Stiftungs-Administration	1 337	14
Zinsen aus Hypotheken, Papieren und Bank-guthaben	9 475	05
Obligationen-Conto	12 261	97
Naturalien-Conto	112	50
Verkauf der Abhandlungen	1 714	24
	52 853	38

Ausgaben.

	M.	Pf.
Unkosten	7 341	95
Gehalte und Pension	6 004	—
Vorlesungen	2 188	56
Naturalien	2 417	05
Bibliothek	2 681	53
Drucksachen	4 584	37
Abhandlungen über Madagaskar-Schmetterlinge	2 000	—
Dr. Tiedemann-Preis	500	—
Physikalischer Verein	10 000	—
Reise-Conto (aus Geschenken des Grafen Bose)	630	73
Obligationen-Conto	13 469	53
Cassa-Saldo am 31. December 1887	536	66
	52 853	38

Anhang.

A. Sektionsberichte.

Herpetologische Sektion.

Im laufenden Jahre wurden neben einigen Restbeständen namentlich die in der letzten Zeit eingetroffenen reichen Sammlungen der Herren Konsul Dr. O. Fr. von Moellendorff, Otto Herz und B. Schmacker aus China, des Herrn Paul Hesse vom Congo, des Herrn Dr. Hans Schinz aus den deutschen Kolonien Südwest-Afrikas und des Wirkl. Staatsraths Dr. G. von Radde Exc. aus Transkaspien durchgearbeitet und wissenschaftlich verwertet. In Vorbereitung ist die Bearbeitung der im März 1887 eingelaufenen überaus reichen und wertvollen Sendungen Konsul von Moellendorff's an Reptilien und Batrachiern der Philippinen.

Von besonders bemerkenswerten Gaben, welche die Sammlung im Laufe des verflossenen Jahres erhielt, nenne ich ausserdem noch das Prachtstück von *Heloderma suspectum* Cope aus Arizona, ein Geschenk des Herrn Dr. Zipperlen in Cincinnati, die kostbare *Testudo Verreauxi* Smith aus Namaland, eine Extragabe des Herrn Dr. Hans Schinz in Riesbach bei Zürich, die schönen Stücke von *Lacerta ocellata* var. *Tangitana* Blgr., *Nototrema marsupiatum* D. & B. und *Gymnodactylus Russowi* Str., ein Geschenk des Herrn G. A. Boulenger in London, sowie den immer noch heimatslosen, seltenen *Tragops fronticinctus* Gthr. von mir. Ausserdem erhielten wir noch wertvolle kleine Suiten von Arten der griechischen Inseln, darunter *Gymnodactylus Oertzeni* Bttgr. von Kasos, durch Herrn E. von Oertzen in Berlin, und von Arten des oberen Beni in Bolivia, darunter die neue Schlange *Geophis Emmeli*, durch Herrn Ferd. Emmel in Arequipa.

57 —

Im Kauf erhielten wir endlich durch Herrn C. A. Poehl in Hamburg 137 Nummern von Reptilien und Batrachiern, darunter namentlich schöne und seltene Arten aus Australien und Polynesien, die vielfach für die Sammlung neu waren und sehr erwünscht kamen.

Wie in früheren Jahren wurde der Sektionär bei schwierigen systematischen Fragen von den Herren G. A. Boulenger am British Museum in London und Akad. Dr. Alex. Strauch am Zool. Museum in St. Petersburg unterstützt und konnte andererseits den Museen von Berlin, Braunschweig, Dresden, Nürnberg, Heidelberg, Rostock und Tiflis mit Rat an die Hand gehen.

Dr. O. Boettger.

Sektion für Schmetterlinge.

Im Juli 1887 wurde folgender Vertrag mit dem Kaiser Wilhelms-Gymnasium zu Montabaur abgeschlossen: Eine grössere Sammlung von Himalaya-Schmetterlingen, welche dasselbe durch den Direktor des Museums in Bombay, eines früheren Schülers der Anstalt, Professor Dr. Führer, als Geschenk geschickt erhalten hatte und die durch Herrn O. Möller in Sikkim gesammelt und gut erhalten, aber teilweise ungespannt oder in englischer Manier zugerichtet waren, sollten im hiesigen Museum gespannt, resp. umgespannt, bestimmt, geordnet, in stattliche Kasten, diese gegen besondere Entschädigung, untergebracht werden, um die Sammlung für die Schule nutzbar machen zu können — gegen Abtretung einer Anzahl der Gesellschaft wünschenswert erscheinender Dubletten. Nach dreieinhalbmonatlicher Arbeit kam die fertiggestellte und sich gut präsentierende Sammlung Anfangs des Jahres 1888 im Vogelsaale unseres Museums auf einige Zeit zur öffentlichen Ausstellung und wurde nach Aussage des Kustos durch zahlreichen Besuch besichtigt.

Man benutzte von Seiten der Gesellschaft gern die Gelegenheit, eine so originell abgeschlossene Lokalsammlung, die nur wenig Anklänge an die europäische Fauna zeigt, der Öffentlichkeit vorzuführen, umsomehr als häufig Wünsche von Museums-Besuchern laut werden, solche durch fortwährend auffallendes

60

Licht so leicht beschädigte und für gewöhnlich in dunkle Schränke sorgsam verschlossene Objekte, ausgestellt zu sehen.

Für die Sektion war es wichtig, zu unseren schon erworbenen Himalaya-Lepidopteren noch eine Anzahl uns fehlender zufügen zu können. Dass das Kaiser Wilhelms-Gymnasium und die Stadt Montabaur zufrieden mit der Herstellung der zwanzig grosse Kasten füllenden Sammlung war, geht genügend aus der zwischen Herrn Professor Dr. H. Breuer, jetzt unser korrespondierendes Mitglied, und dem Unterzeichneten geführten Korrespondenz hervor, ebenso auch dadurch, dass bereits aus derselben Quelle eine neue Sendung, meist Heteroceren, bei uns unter gleicher Vereinbarung eingetroffen ist. (28. April 1888.)

Am 25. September 1887 erhielt die Sammlung ein willkommenes Geschenk von unserem korrespondierenden Mitgliede, Herrn Wilh. Eckhardt in Lima (von hier), 72 Schmetterlinge aus dem Napofluss-Gebiet, die um so erwünschter sind, als das Museum noch verhältnismässig arm an Südamerikanern ist.

Käuflich wurden durch Herrn Kunsthändler Honrath in Berlin am 27. Oktober 1887 erworben: ein Anteil der von Frau R. Monteira 1886 an der Delagoa-Bay gesammelten Schmetterlinge; wenn wir hierdurch auch keinen Zuwachs von neuen Arten erhielten, so werden doch die ausserordentlich sauberen Exemplare eine Zierde unserer Sammlung bilden.

Die grosse Schwierigkeit, die die Bearbeitung der „Lepidopteren von Madagaskar" bietet, machte eine frühere Beendigung des Buches nicht möglich. Um jedoch eine weitere Verzögerung desselben zu verhindern, erscheint es zweckmässig, die zweite Abteilung nicht abgeschlossen, sondern in mehreren Lieferungen herauszugeben, deren erste ihrer demnächstigen Veröffentlichung entgegengeht.

Saalmüller.

Entomologische Sektion
(mit Ausschluss der Schmetterlinge).

Der unterzeichnete Sektionär musste während des Sommers auf mehrere Monate verreisen und hatte während dieser Zeit Herr Oberstlieutenant Saalmüller die Güte, die Bestände der Sammlung zu überwachen.

Die Sammlung vermehrte sich durch folgende Geschenke:

1. Von Herrn Dr. H. Schinz in Zürich: Verschiedene *Orthoptera, Hemiptera* aus Süd-Afrika.

2. Von Herrn Dr. Julius Ziegler: Nester einer Mauerwespe (in Lehmwänden) von Monsheim bei Worms.

3. Vom korrespondierenden Mitgliede Herrn Henri de Saussure in Genf: Verschiedene seltene und neue Heuschrecken *(Orthoptera)* aus Süd-Afrika, worunter Arten der merkwürdigen froschähnlichen Gattung *Batrachornis* aus Namaqua-Land, sowie Hymenopteren aus verschiedenen Ländern.

Die Neuerwerbungen wurden von dem Sektionär in die Sammlung eingereiht und diese zum Teil dadurch umgeordnet. Besonders auch konnten die geordneten Teile der Hymenopteren- und Orthopteren-Sammlung durch mehrfach in dem letzten Jahre eingegangene, seither fehlende Arten vermehrt werden. Alle diese wurden an den betreffenden Stellen in die Sammlung einrangiert.

Dr. von Heyden.

Geologisch-paläontologische Sektion.

Die hauptsächlichste Thätigkeit eines der beiden Sektionäre bestand in der Begehung des südlichen Taunusrandes; das wesentlichste Resultat derselben liegt in dem Nachweis eines mächtigen, hochgelegenen Diluvs und einer wenig unterbrochenen Reihe von oberpliocänen Strandbildungen. Dieses bot Veranlassung zu einer Mitteilung in einer wissenschaftlichen Sitzung. In eingehender Weise soll im kommenden Bericht das Diluvium und Pliocän hiesiger Gegend besprochen werden.

Die Geologie der näheren Umgebung Frankfurts erfuhr durch neuere tiefere Bohrungen im Stadtwald, Goldstein Rauschen, insofern Förderung, als der Betrag der pliocänen Senkung eruiert und der Nachweis einer gesunkenen Basaltdecke geliefert ist.

Dann fuhr Dr. Kinkelin fort, dem Museum die Funde aus den Mosbacher Sanden zuzuführen. Bei Konservierung derselben wurde er besonders von unserem Präparator Herrn August Koch unterstützt.

Derselbe hat auch die Aufstellung des *Halitherium Schinzi*, die als eine sehr gelungene bezeichnet werden darf, besorgt.

Durch Herrn Geheimrat H a u c h e c o r n e erging das Ersuchen, unser Material mittelpleistocäner Knochen von Mosbach für eine Revision und Neubearbeitung zur Verfügung zu stellen. Im Interesse einer alle diese Reste umfassenden Bearbeitung verzichteten wir auf die beabsichtigte Publikation der seit vier bis fünf Jahren für das Museum zusammengebrachten fossilen Skelettreste. Herr Dr. H. S c h r ö d e r arbeitete dieserhalb einige Tage im Museum, und wir haben alle ihm wünschenswerten Piecen an die geologische Landesanstalt nach Berlin gesandt.

Mit Ausnahme dieser waren die Erwerbungen der Mosbacher Sachen in der obenerwähnten Sitzung zusammen mit den Belegen des Pliocäns etc. ausgestellt.

Wichtig für das Verständnis der Diluvialbildung hiesiger Gegend ist der Fund eines Oberarmknochens von *Elephas antiquus* bei Weilbach.

Dr. B o e t t g e r hat die altalluviale Molluskenfauna des Grossen Bruchs bei Traisa in der Provinz Starkenburg bearbeitet und einige neue Paludinen aus dem Mainzer Becken beschrieben.

Eine Mühewaltung, welche wohl die erfreulichste genannt werden darf, war diejenige, welcher die Sektionäre bezüglich der Pläne zur Unterbringung der geologisch-paläontologischen Sammlung sich widmeten. Es ist nun, da durch Auszug des physikalischen Vereins der Raum hiefür freiliegt, nur zu hoffen, dass in Bälde aus den verschiedenen Teilen des Museums die betreffenden Objekte ihre Vereinigung feiern dürfen, indem diese freien Räume für den neuen Zweck hergerichtet und mit dem nötigen Mobiliar versehen werden. Der grössere Teil der phytopaläontologischen Sammlung wird übrigens mit der botanischen Sammlung vereint bleiben; ebenso wird die petrographische Sammlung zunächst der oryktognostischen Sammlung ihre Aufstellung erfahren.

Unter den Geschenken weisen wir besonders auf diejenigen von Herrn J. V a l e n t i n und von Herrn Baron v o n R e i n a c h hin, die besonders auch als Lehrmittel in den Vorträgen über dynamische Geologie wertvoll sein werden.

April 1888.   Dr. F. K i n k e l i n.
                                           Dr. O. B o e t t g e r.

B. Protokoll-Auszüge über die wissenschaftlichen Sitzungen während 1887—88.

In diesen Sitzungen werden regelmässig die neuen Geschenke und Ankäufe für die Sammlungen, sowie für die Bibliothek vorgelegt. Diese sind, da ein Verzeichnis derselben unter I. T., p. 25—59 gegeben ist, hier nicht erwähnt, insofern sich nicht etwa Vorträge daran knüpften. Ebenso ist nicht erwähnt, dass, was regelmässig geschah, das Protokoll der vorigen Sitzung verlesen worden.

Samstag den 5. November 1887.

Vorsitzender Herr Dr. Richters.

Ausgestellt sind die sämtlichen Brachyuren unseres Museums. Herr Dr. Richters hält den angekündigten Vortrag über die Brachyuren unseres Museums.

In der Einleitung gibt der Vortragende eine kurze Geschichte der Entstehung unserer Krebssammlung. Der Stamm derselben ist Rüppell zu verdanken, der selbst über Brachyuren veröffentlichte. Die oft citierte Abhandlung ist mit vorzüglichen Abbildungen ausgestattet, deren Originalexemplare richtige Glieder unserer Sammlung sind. Ferner erwarb Rüppell im Tausch eine grosse Anzahl. Weiteren Zuwachs erhielt die Sammlung durch die Reisen von Rein, Noll und Grenacher, durch die Geschenke von Ebenau und Stumpf, Goldschmidt und durch einen grösseren Ankauf vom Museum Godeffroy in Hamburg, so dass wir jetzt 294 Arten besitzen.

Der Vortragende bespricht hierauf die Grundzüge der Organisation der in Rede stehenden Tiere an besonders geeigneten Repräsentanten und begründet mittelst der Metamorphose der Brachyuren den Satz, dass sich dieselben durch rückschreitende Veränderung des Abdomens aus den Macruren entwickelt haben. Dafür spreche auch ihr späteres Auftreten in geologischer Beziehung. Während Macruren bereits im Devon sich finden, trifft man die ersten Brachyuren in der Kreide. Damit in Einklang stehe die Konzentration ihres Nervensystems. Fast ausschliesslich im Meere lebend, sind doch viele dem Strandleben angepasst. Höchst bemerkenswert seien die spezielleren

Anpassungen: die Schwimmkrabben haben Ruderscheeren von geringem Gewicht, die Farben sind stets im Einklang mit denen der Umgebung; die Scheeren sind je nach dem Nahrungserwerb kräftig oder leicht gebaut, einfach oder gezähnt, löffelförmig oder der Knochenscheere des Anatomen ähnlich u. s. w.

Bei *Cymo, Gelasimus, Cardisoma* sind dieselben asymmetrisch. Genauer wird das sonderbare Stimmorgan von *Ocypoda* erörtert, welches eine modifizierte Hautstelle repräsentiere, da man bei Verwandten an der gleichen Stelle Anfänge dazu vorfindet. Hinsichtlich der Augenbildung werden *Macrophthalmus, Ocypoda, Hypophthalmus, Stenophthalmus* u. a. erörtert. Während die Mundwerkzeuge sehr übereinstimmend gebaut sind, zeigten sich tiefergehende Verschiedenheiten bei den Kiemen, besonders hinsichtlich der Wasserzufuhr: als Beispiele wurden erwähnt: *Carpilius, Calappa, Ilia, Sesarma, Cardisoma, Ocypoda, Gelasimus, Dotilla, Myctiris* u. a. Die weiteren Ausführungen des Redners erstreckten sich auf die Geschlechtsverhältnisse, *Dimorphismus, Symbiose,* bei *Pinnotheres, Dromia, Polydectes* u. a. und auf die Verbreitung.

Samstag den 10. Dezember 1887.

Vorsitzender Herr Dr. Richters.

Der Vorsitzende macht aufmerksam auf eine reiche Collection von Tagschmetterlingen des Himalaya, welche von Herrn Oberstlieutenant Saalmüller, unter Mithilfe des Herrn Dr. Geyler, gespannt, bestimmt und geordnet wurden und erteilt dem erstgenannten Herrn das Wort. Die aufgestellte Sammlung von 18 Kasten gehören dem Kaiser Wilhelms-Gymnasium in Montabaur, welchem dieselben von Herrn Dr. Führer in Bamberg geschenkt wurde. Sie wurden an unser Museum geschickt behufs Spannung und Bestimmung gegen Dubletten der Sammlung.

Redner habe diese mühevolle und zeitraubende Arbeit auch nur durch die Beihilfe des Herrn Dr. Geyler in so kurzer Zeit bewältigen können. Der Vortragende bespricht alsdann die Fauna des Himalaya, sie bilde eine Unterabteilung der orientalischen Region und an Menge der Arten trete sie nur wenig gegen die Fauna des Amazonenstromes zurück. Obwohl viele eigentümliche Arten enthaltend, sind nur einige neue Gattungen vorhanden.

Der Vorsitzende spricht dem Redner den Dank der Gesellschaft aus und teilt mit, dass die Sammlung während der nächsten Tage im Vogelsaal des Museums ausgestellt werden soll. Über *Heloderma* und *Vipera* werden beifolgende Schreiben des Herrn Dr. Boettger verlesen:

Über die in der nächsten Sitzung vorzulegende, durch die Vermittelung des Herrn Prof. Dr. Noll von Herrn Zipperlen in Cincinnati, O., zum Geschenk erhaltene interessante und wertvolle grosse Eidechse *Heloderma suspectum* Cope aus Arizona, U. S. A., erlaube ich mir folgende kurze Mitteilung zu machen:

Die Helodermatiden bilden nach Boulenger eine kleine zwischen die Annielliden und Varaniden einzureihende Eidechsenfamilie, die aus der Gattung *Heloderma* mit zwei auf Mexico und die nordamerikanischen Südwest-Staaten beschränkten Arten und aus der fraglichen Gattung *Lanthanotus* mit einer auf Borneo gefundenen Species besteht. Die Bezahnung von *Heloderma*, deren vorliegender Vertreter der selteneren (beiläufig nur in einem Stück im British Museum vertretenen) nordamerikanischen Art angehört, ist sehr ähnlich der der Schlangen. Die Zähne sind dornartig gekrümmt, mit leicht angeschwollener Basis und ziemlich lose am Innenrande der Kiefer eingefügt. Alle Kieferzähne sind vorn und hinten gefurcht.

Heloderma ist die einzige bis jetzt bekannte wirklich giftige Eidechsengattung. Aber nicht in der Oberkieferpartie findet sich nach J. G. Fischer die Giftdrüse, sondern eine solche ist seltsamerweise nur im Unterkiefer, hier aber in enormer Entwickelung, zu beobachten. Vier Ausführungsgänge leiten jederseits das Sekret in den Unterkieferknochen; diese Kanäle im Kiefer verästeln sich weiter in je ca. vier kleinere Kanäle, von denen jeder wiederum zur Vorderseite der Wurzel eines Furchenzahnes führt. Diese Vorrichtung beweist unzweideutig, dass das Sekret die Bestimmung hat, direkt auf das gebissene Tier einzuwirken.

Dass der Biss von *Heloderma* giftig sei, ist in Mexico seit langer Zeit allgemein bekannt und neuerdings auch mehrfach durch Sumichrast, Jul. Stein, Boulenger u. a. am lebenden Tiere konstatiert worden. Sehr interessant ist aber der Umstand, auf welche Weise das Gift beim Bisse in die Wunde gelangen kann. Es ist zwar anzunehmen, dass von dem reichlichen Drüsensekret, von dem nach Sumichrast das Maul des gereizten Tieres trieft, auch ein Teil durch die Furchenzähne des Oberkiefers an und in die Bisswunde gelangt. Der abnorme Umstand, dass anscheinend nur die Zähne des Unterkiefers die Aufgabe haben, das Sekret in das Blut des angreifenden (oder angegriffenen) Tieres zu leiten, verliert jedoch alles Auffallende, wenn man erfährt, dass *Heloderma* in der Verteidigung sich stets, bevor es beisst, auf den Rücken wirft, so dass bei dieser Lage die Furchenzähne des Unterkiefers von oben nach unten zu wirken im stande sind und das Gift, dem Gesetze der Schwere entsprechend, in die Wunde fliessen lassen, wie bei den Giftschlangen.

Die beiden Stücke der ächten Viper, *Vipera aspis* L., die von Herrn Lehrer F. Bastier hier Ende Juli 1887 zum Geschenk gemacht worden sind, haben ein erhöhtes Interesse, weil sie zu den wenigen bis jetzt in den Sammlungen aufbewahrten Exemplaren gehören, die sicher auf deutschem Boden angetroffen worden sind. Sie stammen nämlich aus der Fraze zwischen Novéant und Dornot in Deutsch-Lothringen, wo sie von dem bekannten Schlangenfänger Félix Barisien aus Gorze gefangen wurden. Wenn auch der Fundort Metz für *V. aspis* altbeglaubigt war (vergl. Holandre, Faune du Dép. de la Moselle, Vertébrés), so sind doch authentische Exemplare meines Wissens in neuerer Zeit nicht von Forschern untersucht worden. Strauch z. B. hatte 1869 von dort noch keine Stücke gesehen, und die Bestätigung des Vorkommens war somit sehr erwünscht.

Über einen zweiten Fundort der *V. aspis* in Deutschland wird hoffentlich bald Herr J. Blum hier unter Vorlage von authentischen Exemplaren aus dem südlichen Baden Mitteilung machen können. Auch dieser von Leydig zuerst erwähnte Fundort bedurfte der Bestätigung; durch den neuerlichen Fang zweier Exemplare ist auch tief im Südwesten Deutschlands dieser zweite Herd der giftigen Schlange durch Herrn Blum sichergestellt worden.

Was die Unterschiede der *Vipera aspis* L. von der Kreuzotter, *Vipera berus* L., anlangt, so sind dieselben an den Grenzen ihres Verbreitungsgebietes nicht ganz scharfe, und die Bestimmung beider Schlangen ist daher in einzelnen Fällen nicht ganz leicht. Die vorliegenden Stücke aber, beides Weibchen, sind ganz typische Exemplare, ausgezeichnet durch das Fehlen jeglicher grösserer, regelmässig angeordneter Schilder auf dem Scheitel und durch das Vorhandensein von zwei Längsreihen Schuppen zwischen Auge und Oberlippenschildern, während die typische Kreuzotter einen teilweise beschilderten Scheitel und nur eine Längsreihe Schuppen zwischen Auge und Oberlippenschildern besitzt. Während das ♂ von *V. aspis* am häufigsten grünlichgraue, oft sehr helle Grundfarbe besitzt, zeigt das ♀, wie die vorliegenden Stücke, meist ein grauliches oder rötliches Braun, Eigentümlichkeiten, die sie mit *V. berus* gemein hat. Die Schwanzspitze, die unterseits bei den mitteleuropäischen Viperiden immer lebhaft gefärbt zu sein pflegt — eine Färbung, die sich bei Spiritusexemplaren leider bald verliert —, ist auch in den vorliegenden Stücken von leuchtend orangeroter Farbe gewesen. In *V. berus* ist diese charakteristische Schwanzfärbung, auf die meines Wissens noch nirgends hingewiesen worden ist, stets weissgelb bis satt citrongelb, ohne Stich ins Rote. Am lebhaftesten aber in Violet und Morgenrot getaucht erscheint die prächtig leuchtende Schwanzspitze der lebenden *V. ammodytes* L.

Herr Dr. Jaennicke hielt alsdann den angekündigten Vortrag über „die Gliederung der deutschen Flora". Die Verschiedenheiten in der Zusammensetzung der Flora der einzelnen Teile Deutschlands sind bedingt durch klimatische Verhältnisse und durch Einwanderung von Pflanzen, besonders aus Westen und Südosten. Diese Verschiedenheiten ermöglichen eine Gliederung der Flora nach pflanzengeographischen Gesichtspunkten in doppelter Beziehung: durch Höhengliederung in Regionen, durch horizontale Gliederung in Zonen.

Massgebend für die Ausbildung und Begrenzung der drei Regionen — Region der Ebene, Bergregion, Hochgebirgsregion, sind: die Vegetationsdauer, die Möglichkeit der Pflanzenwanderung in den einzelnen Regionen, der Einfluss der Bodenbebauung.

Die horizontale Gliederung in Zonen gründet sich darauf, dass zahlreiche Pflanzen innerhalb Deutschlands die Grenze ihrer Verbreitung, ihre Vegetationslinie, erreichen. Die meisten Vegetationslinien verlaufen unter dem Einfluss des Meeres nordwestlich, entsprechend nordwestlichen Pflanzen, die den milden Winter des Seeklimas verlangen — atlantische Zone — und südöstlichen Pflanzen, die des heissen Sommers des Kontinentalklimas bedürfen — südliche Zone. Einige Vegetationslinien

5

verlaufen westlich, östlichen Pflanzen entsprechend, andere
östlich.

Auf Grund dieser Verhältnisse stellt der Vortragende fünf
Zonen auf, welche Gliederung er infolge unvollständiger Vor-
arbeiten indessen nur als Versuch aufgefasst haben will (siehe
unter Vorträgen und Abhandlungen Seite 109).

Samstag den 7. Januar 1888.

Vorsitzender Herr Dr. med. Loretz.

Nach Verlesung und Genehmigung des Protokolls der vori-
gen Sitzung gedachte der Vorsitzende des am 25. Dezember zu
Baden-Baden verstorbenen Herrn Carl August Grafen Bose.
Er schilderte mit warmen Worten die grossen Verdienste des
Dahingeschiedenen um unsere Bestrebungen, die hochherzige
Gesinnung, die er stets gegen die Senckenbergische Gesellschaft
gehegt hatte, und forderte die Anwesenden auf, zum ehrenden
Gedächtnis dieses Freundes und Gönners der Naturwissenschaft
sich von ihren Sitzen zu erheben.

Alsdann hielt Herr Dr. Reichenbach einen Vortrag
„Über die Lösung einer wichtigen Frage in der Entwicklungsgeschichte der Säugetiere".

Vor noch gar nicht langer Zeit wurde die moderne Ent-
wicklungslehre von vielen Seiten auf das heftigste bekämpft.
Man führte dabei nicht nur die der menschlichen Erkenntnis
überhaupt unzugänglichen Gebiete ins Feld, sondern man ur-
gierte auch die Lücken aus denjenigen Zweigen der Wissenschaft,
wo dieselbe von jeher Triumphe feiern konnte. Heute ist dies
anders geworden. Man hat sich gewöhnt, die Entwicklungstheorie als das anzusehen, was sie ist: ein grossartiger und
geistvoller Erklärungsversuch, der mit jedem Jahr die glänzend-
sten Bestätigungen erfährt und so lange festgehalten werden
wird, bis seine Unhaltbarkeit dargethan ist, was wir wohl nicht
erleben werden. Eine Hauptstütze der Entwicklungstheorie ist die
Lehre von der Gleichwertigkeit der Keimblätter, wonach alle Tiere,
mit Ausnahme der einzelligen, aus drei flächenhaft angelegten
Primitivorganen sich aufbauen, so zwar, dass immer das gleich-
gelagerte Blatt den gleichen Organsystemen den Ursprung gibt.

Redner entwickelte nunmehr kurz die Geschichte jener
Lehre hob die Verdienste von C. F. Wolff, Pander, Baer,

Remak, Bischoff, Kowalewsky u. a. hervor, durch deren Arbeiten eine ganz überraschende Übereinstimmung in der Anlage jener Keimblätter sich ergeben habe, bis auf eine einzige Ausnahme, die bis in die jüngste Zeit hinein als ein unaufgeklärtes Rätsel dastand. Einer unserer hervorragendsten Embryologen, Bischoff, dessen Werke zu den besten gehören, die die embryologische Litteratur aller Völker hervorgebracht, hatte im Jahre 1852 am Meerschweinchen nachgewiesen, dass dort die Keimblätter gerade umgekehrt liegen. Das erste Keimblatt spielte die Rolle des dritten und umgekehrt. Bischoffs Beobachtungen fanden Bestätigung durch Reichert und Hensen, und die Keimblättertheorie hatte hier einen Stein des Anstosses, dem man ratlos gegenüberstand. Durch eine Reihe von neueren Arbeiten ist nun derselbe entfernt worden; es kommen hier besonders die Untersuchungen von Kupffer, Fraser, Schäfer und hauptsächlich von Selenka in Betracht, die die Entwicklung der Haus-, Feld- und Waldmaus, sowie der Ratte und des Meerschweinchens betreffen.

Der Vortragende referiert nunmehr die Hauptergebnisse jener Forschungen und erläutert die ziemlich verwickelten Verhältnisse durch schematische Zeichnungen. Das Hauptresultat ist folgendes: Eine äussere Schichte von Zellen des Embryos, die bei andern Säugetieren zu Grunde geht, bleibt bei den fraglichen Nagern an einer Stelle bestehen, ja wird hier besonders gut ernährt, wuchert infolgedessen nach innen und schiebt so die Embryonalanlage vor sich her. Hierdurch erfolgt eine Verlagerung der letzteren, ohne dass jedoch das Schicksal der Keimblätter im Geringsten alteriert würde. Durch diese wichtigen Beobachtungen ist nunmehr jener Widerspruch mit den Sätzen der Keimblättertheorie als beseitigt zu betrachten.

Samstag den 4. Februar 1888.

Vorsitzender Herr Heynemann.

Herr Dr. med. Edinger hält den angekündigten Vortrag „Über die Entwicklung des Vorderhirns in der Tierreihe". Der Vortragende hat mit den Hilfsmitteln, welche die namentlich durch Weigert sehr geförderte Technik jetzt bietet, eine grosse Anzahl von Gehirnen aus allen Wirbeltierklassen in den letzten Jahren untersucht.

5 *

Das Vorderhirn ist, wie zahlreiche Untersuchungen gezeigt haben. bei den höheren Tieren der Sitz oder das Organ der höheren psychischen Thätigkeiten. Wieweit es bei den niederen Wirbeltieren an der seelischen Aktion beteiligt ist, wieweit überhaupt eine solche vorhanden ist, das ist noch nicht so sicher, als es wünschenswert ist, ermittelt. Es besteht bei allen Wirbeltieren aus einem an der Schädelbasis liegenden grossen Ganglion, dem „Stammganglion" und aus dem darüber gleich einem Zelt gespannten „Mantel". Das Stammganglion zeigt von den Fischen hinauf bis zum Menschen relativ wenig Änderungen in seinem Bau. Es ist immer ein solider Körper, aus dem ein einziges grösseres Faserbündel entspringt, welches das Vorderhirn mit weiter hinten gelegenen Hirnteilen verbindet.

Anders ist es mit dem Mantel. Dieser, wie Versuche zeigen, das eigentliche Organ der höheren Seelenthätigkeit, variiert ausserordentlich bei den verschiedenen Tierklassen. Bei den Fischen besteht er nur aus einer Zellenlage. Bei den Amphibien ist er dicker, und seine Substanz hat sich in äussere weisse und innere graue Substanz gesondert. Schon verlaufen dort Kommissuren-Fasern, die beide Mantelhälften verbinden. Bei den Dipnoi sondert sich zuerst aus der innern grauen Schicht eine an die Peripherie rückende Zone von Zellen, in denen wir das erste Auftreten einer Rindenformation erkennen müssen. Jedenfalls ist eine solche deutlich ausgebildet bei den Reptilien.

Redner schildert nun eingehend das verschiedene Verhalten der Reptilienhirne und bespricht die Entwicklung des Ammonshornes und des Fornix. Da auch aus der Rinde Fasern kommen, wird von den Reptilien an aufwärts der Mantel immer dicker. Das Vorderhirn der Vögel bietet im Wesentlichen ähnliche Verhältnisse, nur nimmt die Rinde ein noch grösseres Stück der Peripherie ein. Bei den Säugetieren endlich erreicht der Mantel seine höchste Ausbildung. Er ist überall von Rinde überzogen, die bei den höheren Säugetieren und beim Menschen so ausgedehnt ist, dass die Hirnoberfläche sich in Falten legen muss. Aus diesem ausserordentlich entwickelten Mantel entspringen eine ungeheuere Menge Fasern, andere verknüpfen die verschiedenen Gebiete der Rinde untereinander oder mit tiefer gelegenen Zentren. So entsteht wesentlich durch die Masse der aus der Rinde entspringenden Fasern das, was in seiner Gesamtheit als Hauptmasse des Gehirns beim Öffnen des Schädels imponiert, und es bleiben alle andern Gehirnteile in der Tiefe bedeckt von der Masse des Vorderhirnmantels. Während bei den Fischen aus dem Mantel noch gar keine Nervenfasern entsprangen und bei den Amphibien jedenfalls noch keine markhaltigen vorhanden waren, konnte so gezeigt werden, wie aufsteigend in der Tierreihe mehr und mehr das Vorderhirn an Volumen gewinnt, je mehr der Mantel und die ihn überziehende Rinde an Ausdehnung zunehmen. Die Versuche der Physiologen zeigen damit in guter Übereinstimmung, dass je höher ein Tier in der Reihe steht, es um so weniger den Verlust des Hirnmantels oder auch nur seiner Rinde ohne Schädigung seines Seelenlebens erträgt. Während man einem Frosch ohne für uns deutliche Störung gröberer Art sein ganzes Vorderhirn nehmen kann, führen bei Säugetieren Verletzungen bestimmter Stellen des Mantels zu vorübergehenden oder dauernden Bewegungs-, Gefühls- und Charakterstörungen, und beim Menschen ist gar jenes bei den Fischen noch so unwichtige Organ so wichtig geworden, dass an den meisten Stellen der Hirnrinde die geringste Erkrankung zu dauerndem Funktionsausfall führt.

Samstag den 3. März 1888.
(Im Hörsaal des Physikalischen Vereins.)

Vorsitzender Herr Heynemann.

Derselbe spricht dem Vorstand des Physikalischen Vereins den Dank der Gesellschaft aus für die freundliche Bereitwilligkeit, mit welcher uns der Hörsaal für diese Sitzung überlassen wurde. Es sei hier eine neue Bethätigung des freundnachbarlichen Zusammengehens beider Institute zu konstatieren.

Hierauf spricht Herr Dr. Lepsins „Über Zeitreaktionen" und belegt seine interessanten Ausführungen mit zahlreichen Experimenten. Diejenigen chemischen Reaktionen, welche in messbaren Zeiten verlaufen, nennt man Zeitreaktionen. Während die meisten chemischen Umsetzungen spontan erfolgen, sind in neuerer Zeit einige beobachtet worden, welche durch Verdünnung des Lösungsmittels, in dem dieselben vor sich gehen, so verlangsamt werden, dass ihre Dauer genau gemessen werden kann. Professor Landolt bestimmte vor drei Jahren die Existenzdauer der

Thioschwefelsäure, welche in starken Lösungen sofort in Schwefel und schweflige Säure zerfällt, durch starkes Verdünnen der Lösungen, in welcher sie in Freiheit gesetzt wurden. Der Vortragende liess Lösungen von Thiosulfat und Schwefelsäure aufeinander einwirken, welche so gestellt waren, dass die Zersetzung der gebildeten Thioschwefelsäure nach genau 16 Sekunden eintrat, was man an plötzlich auftretender milchiger Trübung erkennen konnte. Bei Verdünnung der angewandten Lösungen auf $1\frac{1}{2}$faches Volumen dauerte der Versuch 24 Sekunden. Lässt man ferner schweflige Säure auf Jodsäure einwirken, so wird unter bestimmten Umständen der ganze Jodgehalt in Freiheit gesetzt. In Gegenwart von Stärke färbt sich dann die farblose Flüssigkeit tiefschwarzblau. Der Vortragende wählte Lösungen von 2 Molekülen Jodsäure und 5 Molek. schwefliger Säure auf je 20 000 Molek. Wasser. Hier trat die Färbung nach genau 18 Sekunden ein, bei Verdünnung auf $1\frac{1}{2}$faches Volumen nach 35 Sekunden u. s. w. Derselbe besprach dann noch einige von ihm neu beobachtete Zeitreaktionen und wies darauf hin, dass diese Reaktionen nicht nur für die Molekularchemie von Interesse, sondern, wie Liebreich gezeigt hat, auch für die Physiologie von Wichtigkeit sind, da in Kapillar-Gefässen in gewissen Fällen die Zeitdauer unendlich wird, d. h. die Reaktion überhaupt nicht eintritt.

Samstag den 7. April 1888.

Vorsitzender Herr Heynemann. Derselbe verliest nachstehenden Brief von Herrn Dr. Boettger:

„Hiermit erlaube ich mir die Mitteilung, dass wir von Herrn G. A. Boulenger in London, dem ich dafür auch heute schon Dank gesagt habe, folgende Tiere erhalten haben:

1. *Gymnodactylus Russowi* Strauch von Tschinas in Turkestan, eine gute, erst 1887 beschriebene Art, und

2. von dem Beutelfrosch *Nototrema marsupiatum* (D. & B.) aus Ecuador je ein prachtvolles ♂ und ♀.

Letzerer Frosch, der zwar in zwei ♂♂ in der Sammlung seit lange vertreten war, ist deshalb besonders merkwürdig, weil das ♀ eine grosse Rückentasche trägt, in der die Eier gezeitigt werden. Die sonstige Übereinstimmung, namentlich im ♂, mit *Hyla* ist eine vollkommene.

Das vorliegende ♀ zeigt diese grosse Rückentasche sehr gut. Ob es aber ein jungfräuliches Individuum ist, oder ob es die Eier aus der Tasche bereits entleert hat, ist äusserlich schwer zu entscheiden. Sicher ist, dass ♂ und ♀ in der Jugend einander sehr ähnlich sind: während aber das ♂ niemals die Tasche ausbildet, tritt diese Ausbildung beim grösser werdenden ♀ allmählich ein. Die Eier werden von aussen, vermutlich durch das ♂ allein, in die Rückentasche geschoben, und diese entwickelt sich dann zu solcher Grösse, dass die Eier vom Hinterkopfe an bis nahe an die Analgegend zu liegen kommen. Die Öffnung der Tasche wandert infolgedessen stark gegen den Anus hin. Der eiergefüllte Rückensack hat eine farblose Umhüllung, die als Duplicatur der Cutis zu betrachten ist, und liegt zwischen Cutis und Rückenmuskeln.

Alsdann hält Herr Dr. Kinkelin den angekündigten Vortrag: „Neues aus dem Mainzer-Becken."

Der Vortragende unterscheidet unter den am Südhang des Taunus noch auf dem Gebirge liegenden kartierten Strandgeröllen zwei Gruppen. Die eine Gruppe besteht aus den unbedeutenden Strandgeschieben von Medenbach, Hallgarten und Geisenheim; dieselben weisen sich durch die Meereskonchylien, die sie enthalten, als solche aus. Die andere Gruppe sind beträchtliche Sande mit oft groben Geröllen etc., welche in weiter Ausdehnung, etwa von Ockstadt bis Rüdesheim, dem Gebirge aufgestreut sind. Sie sind total fossillos und stimmen mit Terrassen überrein, die im Becken gelegen, z. B. bis Ober-Höchstadt, sich als diluviale Flussbildungen darstellen. Hiermit ist die Existenz eines mächtigen Flusses aus der grossen Eiszeit dargethan, dessen Wasserspiegel bis ca. 300 m reichte.

Der Vortragende hat im Untermaingebiete zwei Senken von oberpliocänem Alter (Louisa-Flörsheim und Hanau-Seligenstadt) nachgewiesen. In weitem Zug wies er nun von Nauheim bis Geisenheim die Uferbildungen dieses Sees nach. — Bildungen, die bisher verschiedene Deutungen erfahren haben. Zwischen Spessart und Taunus dehnte sich also ein Süsswassersee vor Eintritt der Eiszeit, der in ca. 225 m Höhe bei Bingen ablief. Wie weit er sich südlich rheinaufwärts erstreckte, ist noch zu eruieren.

Weiter bespricht Redner Anzeichen für Senkungsbewegungen von Randschollen des Gebirges.

Eine merkwürdige Thatsache haben die Grundwasser-
verhältnisse der im Frankfurter Stadtwalde niedergebrachten
Bohrlöcher ergeben. Hiernach scheint sich, vom Louisabasalt-
gang ausgehend, eine Basaltdecke nach Westen auszubreiten,
die mit jenen den Basalt überlagernden Oberpliocän-Sanden
und -Thonen in die Tiefe ging, so dass etwa 4 km von der
Louisa entfernt der Basalt, in 90 m Teufe, also nur noch ca. 10 m
über der Meeresfläche liegt.

Vorträge und Abhandlungen.

Materialien zur Fauna des unteren Congo II.
Reptilien und Batrachier.

Von

Dr. **Oskar Boettger** in Frankfurt a. M.

(Mit Tafel I—II.)

Im Laufe der letzten beiden Jahre hat mein Freund, der bekannte Malakozoologe, Herr Paul Hesse aus Nordhausen, in Banana an der Congomündung unter Mühen und Gefahren rüstig weiter gesammelt, und ich bin dadurch in der angenehmen Lage, die im 24./25. Bericht d. Offenb. Vereins f. Naturk. 1885 p. 171—186 gegebene Liste von Reptilien in überraschender Weise zu bereichern. Nicht weniger als neun weitere, zum Teil sehr umfangreiche Sendungen sind seitdem der Senckenbergischen Naturforschenden Gesellschaft von Herrn Hesse zugegangen und grösstenteils zum Geschenk gemacht worden, und die Zahl der eingesendeten Reptilien und Batrachier erreichte schliesslich die Nummer von 310. Wer es weiss, was es heisst, im ungesundesten Teile des tropischen Westafrikas in sumpfigem, fieberschwangerem Terrain zu sammeln, der wird mit mir einstimmen in das Lob aufrichtiger Anerkennung und Dankbarkeit, das die Senckenbergische Gesellschaft dem mutigen, in diesem Jahre glücklich wieder in die Heimat zurückgekehrten Forscher entgegenbringt, und dem ich hiermit nur schwache Worte widmen kann.

Ausser diesen grossen Materialien Hesse's standen mir aber noch einige kleinere Sammlungen zu gebote, die Herr Dr. Büttner vom Congo und vom Gabun mitgebracht und dem Berliner Museum übergeben hatte. Leider tragen die einzelnen Stücke keine spezialisierten Fundorte, sind aber zum Teil von so hohem Interesse, dass mir die Einflechtung auch dieser Funde in die folgende Arbeit geboten erschien. Herrn Custos Dr. A. Reichenow in Berlin aber, der die Güte hatte,

1*

mir diese teilweise schon im Berliner Zoologischen Museum aufgestellten Sachen anzuvertrauen, sage ich für diese Unterstützung meiner Arbeit freundlichen Dank.

Was die Fundorte anlangt, von welchen die nachfolgend verzeichneten Hesse'schen Stücke stammen, so liegen dieselben mit wenigen Ausnahmen ganz nahe zusammen auf der rechten Seite und in unmittelbarer Nähe der Congomündung. Von Norden nach Süden gehend finden wir zuerst Kakamoëka am Quilu und Massabe an der Loangoküste. Dann folgen Landana. Cabinda, Vista und Moanda, die in einer Reihe an der Meeresküste nördlich von Banana oberhalb der Congomündung liegen. Banana selbst bezeichnet das rechte, San Antonio das linke Mündungsufer: Povo Nemlao und Povo Netonna sind Dörfer am Banana-Creek in der Nähe von Banana. Ponta da Lenha, die Insel Sacre Embaco bei Boma und Boma selbst liegen im untersten Laufe des Congo, oberhalb Banana. Weiter hinauf folgen Fuca-Fuca am linken Ufer oberhalb der Yellala-Fälle, dann Ango-Ango und Lukungu ebenfalls am linken Ufer, und endlich am Ende des Mittellaufes des grossen Stromes Kinshassa am Stanley-Pool. Ambrizette am Meere südöstlich von Banana und Bom Jesus am Unterlaufe des Quanza sind die einzigen weiter im Süden des Congo gelegenen Fundorte in Angola.

Besonders häufig kommen in der folgenden Aufzählung die Namen Povo Nemlao und Povo Netonna vor. Povo bedeutet Dorf, Nemlao und Netonna sind die Namen der Könige, die dort residieren. Diese Dörfer waren die Heimat von Hesse's fleissigen Sammlern, die dort „for bush" gingen, um für ihn Schlangen zu fangen: Chamaeleons gab es bei Povo Nemlao nicht viel. Alle Sachen von Banana, für die keine speziellen Fundorte angegeben sind, wurden in Banana auf dem Markte gekauft, den Freund Hesse jeden Morgen besuchte: sie stammen sämtlich von Orten in der Umgebung des Banana-Creek.

Was weiter die Litteratur über die Reptilien und Batrachier des Congogebiets betrifft, die recht umfangreich und verzettelt ist, so gebe ich im folgenden eine kurze Besprechung der wichtigsten Arbeiten. Allgemeinere Werke, wie die von Günther und Boulenger besorgten, unentbehrlichen Kataloge des British Museums, Strauch's Arbeiten u. s. w., die im Übrigen überall gewissenhaft citiert werden, übergehe ich dabei. Hier die wichtigsten derselben, soweit sie das Küstengebiet zwischen Gabun und Cunene behandeln:

1852. Hallowell, E., On new Reptiles from Western Africa. In: Proc. Acad. Nat. Sc. Philadelphia Vol. 6 p. 62—65. Verf. beschreibt als neu *Phractogonus galeatus* (= *Monopeltis*) und *Acontias elegans* (= *Feylinia*) aus Liberia, *Hemidactylus ungulatus* aus Westafrika.

1852. Hallowell, E.. On a new genus and two new species of African Serpents. Ebenda p. 203—205.

Derselbe beschreibt als neu *Dinophis Hammondi* (= *Dendraspis Jamesoni* Traill) und *Dendrophis flavogularis* (= *Thrasops*) von Liberia.

1854. Hallowell, E.. Remarks on the geographical distribution of Reptiles, with descriptions of new species. Ebenda Vol. 7 p. 98—105.

Verf. beschreibt von Liberia als neu *Euprepis striatus* (= *Lygosoma Fernandi* Burt.), *Pachydactylus tristis* (= *Theradactylus rapicaudus* Houtt.), *Coelopeltis cirgata* (= *Boodon lineatus* D. & B. var. *nigra* Fisch.). *Brachycranium corpulentum* (= *Atractaspis*). Zahlreiche Verbesserungen für früher von ihm aufgestellte Arten aus Westafrika werden am Schlusse gegeben.

1854. Hallowell, E., Descriptions of new Reptiles from Guinea. Ebenda p. 193—194.

Verf. beschreibt als neu *Echis squamigera* (= *Atheris*) und *Hyla punctata* (= *Hylambates Aubryi* A. Dum.) vom Gabun.

1855. Fischer, J. G.. Neue Schlangen des Naturhist. Museums zu Hamburg. Hamburg. 38 pgg., 3 Taf.

Verf. beschreibt als neu *Dipsas pulverulenta, fasciata, calida* und *globiceps, Oxybelis violacea* (= *Dryiophis Kirtlandi* Hall.). *Boodon niger* (= *lineatus* D. & B. var.). *Psammophis irregularis* (= *sibilans* L. var.), *Hapsidophrys lineatus* und *caeruleus, Mi:odon regularis* und gibt Abbildungen derselben, sowie von *Dendraspis Jamesoni* Traill.

1856. Duméril, A.. Notes pour servir à l'histoire de l'Erpétologie de l'Afrique occidentale et en particulier de la côte du Gabon. In: Rev. et Mag. de Zool. (2) Vol. 8 p. 373 ff. Taf.

Verf. beschreibt darin als neu *Pentonyx Gabonensis (= Sternothaerus Derbyanus* Gray juv.), *Cryptopodus Aubryi (= Trionyx)*,
Anelytrops (= Feylinia), *Anisotremu sphenopsiforme (= Chal-
cides)*, *Onychocephalus caecus*, *Holuropholis olivaceus*, *Elapomor-
phus Gabonensis*, *Rana subsigillata* und *Hyla Aubryi (Hylambates)*.

1857. Hallowell, E., Notice of a collection of Reptiles
made by Dr. H. A. Ford, Gaboon, Westafrica. In: Proc. Acad.
Nat. Sc. Philadelphia Vol. 9 p. 48—72.

Eine Aufzählung zahlreicher Arten mit Verbesserung früherer
Namen und Beschreibungen und vergleichender Zusammenstellung
der Fauna von Liberia und Gabun. Neu beschrieben werden:
Tachydromus Fordi (= Poromera), *Gerrhosaurus nigrolineatus,
Euprepes frenatus* von Liberia, *albilabris* (beide = *Mabuia Raddoni*
Gray), *Chlorophis heterodermus (= Philothamnus)*, *Boodon qua-
dririttatus (= lineatus* D. & B. var. *Capensis* D. & B.), *quadri-
rirgatus (= lineatus* D. & B. var.), *Hormonotus audax*, *Lycophidium laterale (= Capense* A. Smith var.), *Naje haje* L. var.
melanoleuca, *Heteroglossa Africana (= Arthroleptis)*. Ueberdies
werden mehrere Gattungen für bereits bekannte Arten neu
aufgestellt.

1861. Duméril, A., Reptiles et Poissons de l'Afrique
occidentale. In: Arch. d. Muséum d'Hist. Nat. Paris Tome
10 p. 137—268. Taf. 13—23.

Ist eine Zusammenstellung aller bis 1860 bekannt gewordenen Arten von der afrikanischen Westküste mit Angabe
der Bibliographie und der Fundorte und gibt die Abbildung der
vom Verf. in 1856 beschriebenen Nova. Aufgezählt werden
16 Chelonier, 3 Crocodilier, 44 Lacertilier, 101 Ophidier, 2 Apoden und 27 Anuren.

1863. Peters, W., Neue oder wenig bekannte Schlangenarten des Berl. Mus. In: Mon. Ber. Berlin. Akad. p. 272 ff.

Verf. beschreibt *Elaphis (Bothrophthalmus) lineatus* Schl.
und *Uoprecion nigromaculatus* Schl. (= *Lycophidium Capense*
A. Smith var.) als neu.

1866. Barboza du Bocage, J. V., Lista dos Reptis das
possessões portuguezas d'Africa occidental que existem no Museu
de Lisboa. In: Jorn. Sc. Math., Phys. e Nat. Lisboa No. 1.
nov. 1866 p. 37 ff.

Leider konnte ich mir diese Arbeit bis jetzt nicht verschaffen. Sie enthält namentlich zahlreiche Beschreibungen von neuen Arten aus Angola und Loango, die ich nur aus zweiter Hand kenne. Dass ich die darin enthaltenen Fundortsangaben in den folgenden Blättern nicht mit berücksichtigen konnte, ist in zoogeographischem Interesse besonders zu bedauern.

1867. Barboza du Bocage, J. V., Segunda lista dos Reptis das possessões portuguezas d'Africa occidental que existem no Musen de Lisboa. Ebenda No. 3, S. A. p. 1—12.

Zählt 4 Chelonier, 2 Crocodilier, 19 Lacertilier und 11 Ophidier von den portugiesischen Besitzungen in Westafrika — namentlich aus Angola — auf und gibt systematische Bemerkungen zu den meisten derselben.

1867. Barboza du Bocage, J. V., Diagnoses de quelques Reptiles nouveaux de l'Afrique occidentale. Ebenda No. 3. S. A. p. 1—4. Taf. 3.

Neu beschrieben werden *Eremius Benguellensis* (= *Numaquensis* A. Smith). *Euprepes binotatus* (= *Mabuia quinquetaeniata* Licht.) und *Ablepation curicgatus*.

1868. Cope. E. D., Observations on Reptiles of the Old World II. In: Proc. Acad. Nat. Sc. Philadelphia p. 316—323.

Verf. beschreibt u. a. als neu *Panaspis aeneus* (= *Ablepharus Cabindae* Boc.) und *Sepsina grammica*.

1873. Barboza du Bocage. J. V., Mélanges Erpétologiques II. Sur quelques Reptiles et Batraciens nouveaux, rares ou peu connus d'Afrique occidentale. In: Jorn. Sc. Math., Phys. e. Nat. Lisboa No. 15. S. A. p. 1—19.

Notizen oder Neubeschreibungen werden gegeben zu 9 Lacertiliern. 8 Ophidiern, 1 Caecilie und 6 Anuren. Von hier in Frage kommenden Arten werden neu beschrieben *Sepsina Copei*. *Typhlacontias punctatissimus, Calamelaps polylepis, Prosymna ambigua, Psammophylax ocellatus* und *riperinus, Hyperolius Huillensis* (= *Rappia marmorata* Rapp var. *parallela* Gthr.) und *Hylambates Anchietae*, sämtlich von Angola oder Mossamedes.

1875. Peters. W., Über die von Herrn Prof. Dr. R. Buchholz in Westafrika gesammelten Reptilien. In: Mon. Ber. Berlin. Akad. p. 196—212, 3 Taf.

Verf. nennt 2 Crocodilier, 5 Chelonier, 16 Lacertilier und 37 Ophidier, in Summa 60 Reptilien, und 2 Apoden, 25 Anuren, in Summa 27 Batrachier, meist von Kamerun, doch auch von der Goldküste, vom Ogowe u. s. w. Als neu werden bezeichnet *Typhlops decorosus* B. & P., *Bothrophthalmus lineatus* Schl. var. von Kamerun. *Thrasops pustulatus* B. & P. (= *flavigularis* Hall.) von Kamerun und Mungo, *Philothamnus nigrofasciatus* B. & P., *Xenopus calcaratus* B. & P. von Kamerun, *Rana crassipes* B. & P. von Abo. *Nectophryne afra* B. & P., *Chiromantis Guineensis* B. & P. (= *rufescens* Gthr.), *Hylambates notatus* B. & P. (= *rufus* Reich.) von Kamerun. *Hyperolius dorsalis* Schl. (*Megalixalus Fornasinii* Bianc.) und *guttatus* Schl. von Butri und Kamerun, *acutirostris* B. & P. und *spinosus* B. & P. (= *Megalixalus*) von Kamerun. In Anmerkungen werden ausserdem diagnosticiert: *Hyperolius picturatus* Schl. (? = *Rappia marmorata* Rapp) von Butri, *nitidulus* Pts. (= *Rappia marmorata* Rapp) und *Hylambates dorsalis* Pts. von Lagos und *Phrynomantis microps* Pts. von der Goldküste.

1875. Peters, W., Über zwei Gattungen von Eidechsen *Scincodipus* und *Sphenoscincus*. Ebenda p. 551—553, Taf.

Verf. beschreibt als neu *Scincodipus Congicus* (= *Sepsina Bayoni* Boc.) aus Tschintschoscho.

1876. Peters, W., Zweite Mitteilung über die von Herrn Professor Dr. R. Buchholz in Westafrika gesammelten Reptilien. Ebenda p. 117—123, Taf.

Verf. zählt einige weitere Arten von Kamerun und zahlreiche Species vom Gabun und vom Ogowe auf. Neu sind *Naja annulata* B. & P. und *Hyperolius olivaceus* Pts. (= *Rappia fuscigula* Boc.) vom Ogowe und *Hyperolius fuscirentris* Pts. und *cittiger* Pts. (= *Rappia fulvoritata* Cope) von Liberia.

1877. Peters, W., Übersicht der Amphibien aus Chinchoxo (Westafrika), welche von der Afrikanischen Gesellschaft dem Berliner zoologischen Museum übergeben sind. Ebenda p. 611—620. Taf. und Nachtrag p. 620—621.

Verf. zählt von Tschintschoscho in Loango auf: 3 Crocodilier, 4 Chelonier, 12 Lacertilier und 27 Ophidier, in Summa 46 Reptilien und 12 Anuren. Neu beschrieben wird eine Varietät von *Agama colonorum* Daud., 2 Schlangen und 2 Arten von

Hyperolius. Nach meiner Zählung reduzieren sich die Reptilien auf 42, die Batrachier auf 11 Arten, da ich die beiden *Ophthalmidium*-Formen zu einer Species rechne. *Neusterophis atratus* für *Coronella olivacea* Pts. halte, die beiden *Dasypeltis* und *Atractaspis* je zu einer Art vereinige, sowie *Hyperolius nitidulus* Pts. ... *Rappia marmorata* Rapp var. *parallela* Gthr. setze. Im Nachtrag werden 4 Lacertilier, 5 Ophidier und 2 Anuren von Pungo Audongo am Quanza in Angola aufgezählt, die Herr Major von Homeyer gesammelt hat. Neu beschrieben wird *Ablabes Homeyeri* Pts. (= *Dromophis Angolensis* Boc.).

1879. Barboza du Bocage, J. V., Subsidios para a Fauna das possessões portuguezas d'Africa occidental. In: Jorn. Sc. Math., Phys. e Nat. Lisboa No. 26, S. A. p. 1—15.

Aufgezählt werden von der Insel S. Thomé 3 Schlangen und 1 Caecilie, aus Angola, Benguella, Bihé und vom Cassange 9 Lacertilier, 10 Ophidier und 7 Anuren. Neu beschrieben werden *Euprepes Ireusi* (= *Mabuia*) von Bihé, *Naja Anchietae* (= *haje* L. var.) von Caconda und *Rana ornatissima* von Bihé.

1881. Peters, W., Übersicht der von Herrn Major von Mechow aus Westafrika mitgebrachten herpetologischen Sammlung. In: Sitz. Ber. Ges. Nat. Fr. Berlin p. 147—150.

Verf. zählt 5 Lacertilier, 14 Ophidier, 1 Anuren aus Angola auf und beschreibt neu *Xenocalamus Mechowi* und *Microsoma collare* vom Quango.

1882. Barboza du Bocage, J. V., Reptiles rares ou nouveaux d'Angola. In: Jorn. Sc. Math., Phys. e Nat. Lisboa No. 32. S. A. p. 15—20.

Neu beschrieben werden *Dumerilia Bayoni* (= *Sepsina*), *Opirhina Anchietae, Philothamnus Thomensis, Elapsoidea semiannulata* und *Bufo funereus.*

1882. Barboza du Bocage, J. V., Notice sur les espèces du genre *Philothamnus*, qui se trouvent au Muséum de Lisbonne. Ebenda No. 33. S. A. p. 1—9.

Verf. gibt vergleichende Beschreibung und Abbildung der 11 ihm bekannten *Philothamnus*-Arten. Neu *Ph. Angolensis* und *Smithi* von Angola.

1884. Buchner, M., Über die Fauna des südwest-afrikanischen Hochplateaus zwischen 7. und 10.° S. Breite. In: Krebs' Humboldt p. 139—149.

Die Fauna ist arm; Crocodile sind selten; Schlangen werden aus fünf Familien anfgeführt.

1884. Sauvage, H. E., Note sur une collection de Reptiles . . . recueillis à Majumba, Congo. In: Bull. Soc. Zool. de France Tome 9 p. 199—204. Taf. 6.

Verf. zählt 2 Chelonier, 1 Crocodilier, 6 Lacertilier, 19 Ophidier und 10 Anuren als Congoformen auf. rechnet dazu aber auch Arten von Majumba, Baviliküste. die, nördlich von Loango lebend, besser dem Njanga- und Quilu-Gebiet zugerechnet werden müssen. Neu beschrieben werden *Roptrura Petiti* und *Helicops lineofasciatus* von Majumba und *Aspidelaps Bocagei* (= *Naja annulata* Buchh. & Pts.) vom Gabun und von Majumba.

1885. Rochebrune, A. T. de, Vertebratorum novorum vel minus cognitorum orae Africae occidentalis incolarum diagnoses. In: Bull. Soc. Philomath. Paris (7) Tome 9 p. 89—90).

Verf. beschreibt als neu u. a. *Atheris Lucani* und *Hyperolius Lucani, maestus, Protchei* und *rhizophilus* (= *Rappia*) aus Landana.

1885. Boettger, O., Materialien zur Fauna des unteren Congo I. In: 24. 25. Bericht d. Offenbacher Vereins f. Naturk. p. 171—186.

Verf. nennt 1 Chelonier, 4 Lacertilier, 3 Ophidier von Banana.

1886. Barboza du Bocage, J. V., Reptis e Amphibios de S. Thomé. Reptiles et Batraciens nouveaux de l'Ile St. Thomé et Note additionelle sur les Reptiles de St. Thomé. In: Jorn. Sc. Math., Phys. e Nat. Lisboa No. 42. S. A. p. 1—14.

Verf. zählt von der Insel S. Thomé auf 1 Chelonier, 4 Lacertilier, 4 Ophidier. 1 Caecilie und 3 Anuren. Neu beschrieben werden *Hemidactylus Greeffi, Rana Newtoni* und *Hyperolius Thomensis* (= *Rappia*).

1886. Barboza du Bocage. J. V., Typhlopiens nouveaux de la faune africaine. Ebenda No. 43. S. A. p. 1—4.

Verf. beschreibt als neu *Typhlops humbo* aus Benguella.
Anchietae aus Angola. *Stenostoma rostratum* vom Cunene und
dissimile aus Centralafrika.

1887. Barboza du Bocage. J. V., Mélanges erpéto-
logiques (Reptiles et Batraciens du Congo, Reptiles de Dahomey.
Reptiles de l'Ile du Prince, Reptiles du dernier voyage de
MM. Capello et Ivens à travers l'Afrique, Reptiles et Batraciens
de Quissange, Benguella, envoyés par M. J. d'Anchieta). Ebenda
No. 44. S. A. p. 1—35.

Verf. nennt vom Congo 7 Lacertilier, 13 Ophidier, 3 Anuren.
von Dahomey 5 Lacertilier, 8 Ophidier, von Ilha do Principe
1 Lacertilier, 3 Ophidier, von der Capello-Ivens'schen Durch-
querung Afrikas 1 Chelonier, 8 Lacertilier, 4 Ophidier, 2 Anuren
und von Quissange 1 Chelonier, 4 Lacertilier, 4 Ophidier und
3 Anuren.

1887. Mocquard, F., Sur les Ophidiens rapportés du
Congo par la Mission de Brazza. In: Bull. Soc. Philomath.
Paris (7) Tome 11 p. 62—92. —

Verf. zählt 21 Schlangen von verschiedenen Punkten des
Ogowe- und des mittleren und unteren Congo-Gebiets auf, da-
runter als neu *Microsoma fulvicollis, Coronella longicauda* (non
Gthr.) und *Atheris anisolepis* (= *chlorechis* Schleg.).

1887. Mocquard, F., Du genre *Heterolepis* et des espèces
qui le composent, dont trois nouvelles. Ebenda p. 5—34,
Taf. 1—2.

Verf. beschreibt neu *Heterolepis Savorgnani* vom Ogowe
und *stenophthalmus* von Cap Lopez, Gabun.

Schliesslich bleibt mir noch die angenehme Pflicht, allen
den Freunden, die mir bei Zusammenstellung dieser Arbeit mit
Material und Rat an die Hand gegangen sind, und namentlich
dem hervorragendsten unter den lebenden Herpetologen, Herrn
G. A. Boulenger am British Museum in London, den ich betreffs
eines Teiles der unten beschriebenen neuen Arten um seine
Ansicht befragen durfte, aufs Wärmste zu danken.

Aufzählung der gesammelten Arten.

Reptilia.

I. Ordnung: Chelonia.

Fam. I. Testudinidae.

1. *Cinyxis erosa* (Schweigg.) 1812.

Schweigger. Prodr. Monogr. Chelon. p. 52 *(Testudo)*; **Duméril & Bibron**, Erp. gén. Tome 2. 1835 p. 165; **Bell**, Transact. Linn. Soc. London Vol. 15 p. 398, Taf. 17, Fig. 1 *(erostoma)*: **Gray**, Cat. Tort. Brit. Mus. 1844 p. 12: **Strauch**, Verbreitung d. Schildkröten über den Erdball! 1865 p. 39; **Peters.** Mon. Ber. Berlin. Akad. 1877 p. 611 ; **Sauvage**, Bull. Soc. Zool. France Tome 9, 1884 p. 200.

Das schöne vorliegende erwachsene Stück erhielt Herr Paul Hesse am 26. Juni 1886 von Massabe an der Loango-küste.

Es stimmt vollkommen mit Duméril & Bibron's Beschreibung überein. Der hintere Teil des in die Quere wie in die Länge gut gewölbten Rückenpanzers ist beweglich eingelenkt. Ein Nuchale fehlt: das fünfte Vertebrale ist viel breiter als lang. unregelmässig sechsseitig. sein Vorderrand nicht auffallend aufwärts gezogen. die grösste Erhebung in der Mitte desselben.

Der Rückenpanzer ist kastanienbraun mit einem schmutzig gelbgrünen Ton: an den Aussenecken des ersten und letzten Vertebrale und aller Costalen zeigt sich je ein ziemlich grosser viereckiger hellgelber Fleck, so dass der Rückenteil des Panzers innerhalb der Marginalen gleichsam von einem Kranze heller Makeln umgeben ist. Die Marginalen sind kaum heller als der Rückenpanzer. Der Bauchpanzer ist gelb. doch zeigen alle Schilder, mit Ausnahme der Gularen, einen sehr grossen. schwarzen, nach der Aussenseite gerichteten Fleck. der namentlich auf den Pectoralen und Abdominalen fast rechteckige Form annimmt und den grössten Teil der einzelnen Platte bedeckt. Das mittlere Drittel des Bauchpanzers aber bleibt in seiner ganzen Längenerstreckung gelb.

Maasse:

Länge des Rückenpanzers in der Mittellinie	210	mm
Grösste Breite desselben vorne	140	
Grösste Breite desselben in der Körpermitte	158	
Grösste Breite desselben hinten	145	
Geringste Höhe vorn	42	

Grösste Höhe in der Körpermitte   95   mm
Länge der Nuchalsutur   .   15   „
Länge des ersten Vertebrale   .   55   „
Grösste vordere Breite desselben   58   „
Länge des zweiten Vertebrale   . $41^{1}/_2$ „
Grösste mittlere Breite desselben $56^{1}/_2$ „
Länge des dritten Vertebrale   . $40^{1}/_2$ „
Grösste mittlere Breite desselben   53   „
Länge des vierten Vertebrale   45   „
Grösste mittlere Breite desselben $46^{1}/_2$ „
Länge des fünften Vertebrale   .   43   „
Grösste hintere Breite desselben   .   65   „
Geringste vordere Breite desselben   . . $26^{1}/_2$ „
Länge des Bauchpanzers in der Mittellinie   . 206
Gemeinsame Naht der Gularen $29^{1}/_2$ „
Gemeinsame Naht der Brachialen $41^{1}/_2$ „
Gemeinsame Naht der Pectoralen   26   „
Gemeinsame Naht der Abdominalen $64^{1}/_2$ „
Gemeinsame Naht der Femoralen   18   „
Gemeinsame Naht der Analen ⎺ .   . . . . . $26^{1}/_2$ „

Gefunden ist die schöne Art bis jetzt ziemlich überall an der westafrikanischen Küste vom Gambia abwärts bis nahe an die Congomündung. Spezielle Fundorte sind: Gambia (Gray). Liberia (Hallowell). Aburi an der Goldküste (F. Müller), Kamerun (Peters). Gabun (Hallowell, A. Duméril, Cope. Sauvage), Ogowe und Camaküste (Cope), Massabe (Hesse) und Tschintschoscho (Peters) an der Loangoküste. Congo (Sauvage).

Fam. II. Chelydidae.

2. *Pelomedusa galeata* (Schoepff) 1792.

Schoepff, Hist. Test. p. 12, Taf. 3. Fig. 1 *(Testudo)*; **Duméril & Bibron.** l. c. p. 390, Taf. 19, Fig. 2 *(Pentonyx Capensis)*; **Strauch,** Chelonolog. Studien 1862 p. 150; **Boulenger,** Bull. Soc. Zool. France 1880, S. A. 6 pgg., 7 Figg.; **Boettger,** Abh. Senckenberg. Ges. Bd. 12, 1881. S. A. p. 42.

Nur ein junges Stück liegt vor, das Herr P. Hesse von Fuca-Fuca am linken Ufer des unteren Congo unterhalb der Yellala-Fälle erhielt.

Bauchpanzer mit unbeweglicher Vorderklappe ; zwei Barteln am Kinn. Der nur 55 mm Länge messende Rückenpanzer besitzt

fast quadratischen Umriss: vorn oval abgerundet, ist er hinten
fast gradlinig abgestutzt. Die Rückenkante ist auf den drei
mittleren Vertebralen stark dachförmig gewinkelt, das fünfte
Vertebrale fällt unter beinahe 60° steil nach abwärts ein und
bewirkt, dass die Supracaudalgegend fast wie mit dem Finger
eingedrückt erscheint. Die wurmförmigen Zeichnungen der Areolen
entsprechen ganz der von Boulenger, l. c. p. 2 gegebenen Beschreibung bei jungen Exemplaren dieser Art, die einzelnen
Platten des Bauchpanzers aber ganz dessen Zeichnung Fig. g
auf p. 5.

Kopf grünlichgrau mit groben, schwarzen, wurmförmigen
Zeichnungen. Kiefer und Halsunterseite gelbweiss. Panzer oben
einfarbig schwarzbraun, unten gelb, alle Aussenränder der
Schilder schwärzlich angelaufen.

Maasse:

Länge des Rückenpanzers in der Mittellinie	55	mm
Grösste Breite desselben in der Körpermitte	45	„
Grösste hintere Breite . . .	47	
Länge des ersten Vertebrale	$13^1/_2$	„
Grösste vordere Breite desselben	$11^1/_2$	„
Länge des zweiten Vertrebale .	10	„
Grösste mittlere Breite desselben	$17^1/_2$	„
Länge des dritten Vertebrale .	10	
Grösste mittlere Breite desselben	$17^1/_2$	„
Länge des vierten Vertebrale	$9^1/_2$	„
Grösste mittlere Breite desselben	14	
Länge des fünften Vertebrale .	12	
Grösste hintere Breite desselben	12	„
Geringste vordere Breite desselben .	$6^1/_2$	„
Länge des Bauchpanzers in der Mittellinie	$46^1/_2$	„
Länge des mittleren Gulare . .	$10^1/_2$	„
Gemeinsame Naht der Brachialen .	$7^1/_2$	„
Gemeinsame Naht der Pectoralen	2	
Gemeinsame Naht der Abdominalen	11	
Gemeinsame Naht der Femoralen	$9^1/_2$	„
Gemeinsame Naht der Analen	6	„

Die Art findet sich in der ganzen aethiopischen Region
vom Senegal quer durch Afrika bis Chartum und Massaua und
von da an südlich an einigen Punkten bis zum Capland und

in Madagaskar; unmittelbar an der Küste von Guinea aber scheint sie überall zu fehlen. Fundorte in Westafrika sind Dagana (Steindachner) und Rufisque (Boettger) im Senegal (Adanson, A. Duméril) und Fuca-Fuca am linken Congouter (Hesse), im Nordosten und Osten u. a. Scriba Ghattas (Peters), Gonda (F. Müller), sowie Querimba, Lumbo, Quellimane und Tette (Peters) in Mossambique und Oberlauf des Sambesi (Sclater), im Süden Natal und Malmesbury im Capland (Bttgr.).

3. *Sternothaerus Derbyanus* Gray 1844.

Gray, Cat. Tort., Croc. a. Amphisb. p. 37, Proc. Zool. Soc. London 1863 p. 194 und 1864 p. 133; **A. Duméril**, Arch. Mus. Hist. Nat. Paris Tome 10, 1861 p. 164, Taf. 13, Fig. 2 *(Pentonyx Gabonensis)*; **Peters**, Mon. Ber. Berlin. Akad. 1876 p. 717 und 1877 p. 611; **Boettger**, l. c. p. 410.

Vier von den acht vorliegenden Exemplaren stammen aus der Umgebung von Banana (No. 1, 3, 6, 7), wo sie im November 1885 gesammelt wurden, drei kommen von Moanda (No. 4, 5, 8), etwa 6 Kilometer nördlich von Banana, gesammelt im Juni 1885 und August 1886, ein Stück stammt von Boma (No. 2). Auf fiote heisst die Art: Kufu.

Zu der von mir l. c. gegebenen Beschreibung senegambischer Exemplare weiss ich nichts Neues hinzuzufügen und will hier nur einige Maasse geben, die mir von Interesse zu sein scheinen:

Maasse:	$\male$ 1.	$\male$ 2.	$\male$ 3.	$\male$ 4.	$\male$ 5.	$\female$ 6.	$\female$ 7.	$\female$ 8.	
Länge d. Rückenpanzers in der Mittellinie	118	129	175	177	185	180	202	225	mm
Grösste Breite desselben in der Körpermitte	92	98	116	120	125	135	139	147	
Grösste hintere Breite	95	99	122	128	135	132	141	152	„
Länge des 1. Vertebrale	28	31½	40	40	41½	43½	45	45	„
Grösste vordere Breite desselben	27	30	39	39	38	40½	40	51½	„
Länge des 2. Vertebrale	21	23	29	29	30	34	32¹	38½	„
Grösste mittlere Breite desselben	26½	30	33¹	36	33½	35	34¹	40	„
Länge des 3. Vertebrale	21½	20½	32	30½	31½	40	37½	43½	„
Grösste mittlere Breite desselben	26½	28½	35	35¹	32¹	35	32½	38½	„
Länge des 4. Vertebrale	21	24	29	28	30½	29	36	38½	„
Grösste mittlere Breite desselben	22	22¹	30	28	27½	27½	30¹	35½	„
Länge des 5. Vertebrale	26½	29	39½	41	44	40½	48¹	53	„

	♂ 1.	♂ 2.	♂ 3.	♂ 4.	♂ 5.	♀ 6.	♀ 7.	♀ 8.
Grösste hintere Breite desselben	30	28½	40	42	42½	45	52½	52 mm
Geringste vordere Breite desselben	10	12	14	12½	14	11½	13	18½ „
Länge des Bauchpanzers in der Mittellinie . . .	111½	124	155	161½	160½	176	184	193½ „
Länge d. mittleren Gulare	24½	24½	30	30	33	31	34½	38 „
Gemeins. Naht d. Brachialen	18½	19	23	28½	28	25	26	26 „
„ „ „ Pectoralen	4½	6½	8	7	3	16	11	11½ „
„ „ „ Abdomin.	28½	32½	43½	44	42	53	53½	54 „
„ „ „ Femoralen	22½	26½	33	32	35	36	40½	43 „
„ „ „ Analen . .	14	15	17½	20	19½	15	18½	18 „

Die vorliegenden Exemplare eignen sich gut dazu, die
äusseren Unterschiede der beiden Geschlechter zu zeigen. Der
Panzer des ♂ ist mehr in die Länge gestreckt mit deutlich
graden und ziemlich parallelen Seiten, hinten etwas verbreitert
und die Ränder hier mehr und im Alter stark ausgebreitet, der
des ♀ aber mehr oblong-oval, gewölbter, in der Mitte ziemlich
so breit wie hinten. Der Bauchpanzer ist vorn beim ♂ flacher,
beim ♀ mehr nach dem Kopf zu umgebogen, hinten beim ♂ der
Länge nach breit ausgehöhlt, beim ♀ plan. Die Pectoralnaht
ist beim ♂ konstant nur etwa halb so lang als beim ♀. Der
Analausschnitt zeigt sich beim ♂ spitzwinklig mit graden Seiten,
beim ♀ selten ähnlich gebildet, meist vielmehr infolge der
concaven Analseiten sphaerisch-dreieckig. Der Schwanz des ♂
ist länger, oben gelb mit einer schwarzgrauen Mittellinie. Auch
in der Färbung sind Unterschiede wahrzunehmen, indem beim
♂ die ganze Unterseite gelb und nur die äusseren Ränder des
Bauchpanzers und Flecken an den Aussenrändern der Unterseite der Marginalen schwarz sind, während beim ♀ die Färbung
entweder ähnlich ist, oder viel häufiger ein kastanienbrauner
Überzug den ganzen Bauchpanzer überdeckt und nur an ab-
gescheuerten Stellen in der Mitte desselben gelbe Inseln erkennen
lässt. Die Unterseite der Marginalen aber zeigt beim ♀ kein
Gelb. Die Spritzfleckung des Kopfes. Schwarz auf Oliven-
oder Gelbgrau, ist dagegen bei beiden Geschlechtern übereinstimmend.

Bekannt ist diese Art jetzt vom Cape Verde und Rufisque
im Senegal (Gray, Boettger), vom Gambia (Gray), von Bissau
(Bocage), von der Tumbo-Insel (F. Müller), von Sierra Leone

(Gray), von Liberia (F. Müller), von Porto Novo an der
Sklavenküste (Btfgr.), von der Insel S. Thomé (Greeff), aus
Dongila (Peters) und von a. O. in Gabun (A. Duméril, Gray),
von der Cama-Küste südlich der Ogowemündung (Cope), von
Tschintschoscho (Peters) in Loango und von Moanda, Banana
und Boma (Hesse) am unteren Congo.

Fam. III. Cheloniidae.

1. *Chelone viridis* (Schneid.) 1783.

Schneider. Allgem. Naturg. d. Schildkr. p. 299 (*Testudo*): Strauch.
Chelonolog. Studien in Mém. Acad. Sc. St. Petersbourg (5) Bd. 7. 1862
p. 185, 61. und Verbreit. d. Schildkr. über den Erdball. Ebenda (7) Bd. 8.
1865 p. 141; Schreiber, Herp. Europ. 1875 p. 518; Peters, Sitz. Ber. Ges.
Nat. Fr. Berlin 1878 p. 92 (*Chelonia mydas*): Boettger, 24/25. Ber. Offenbach.
Ver. f. Naturk. 1885 p. 172 Ei.

Von dieser Art liegen vor der Kopf eines mittelgrossen
Exemplars und je der Panzer eines mittelgrossen und der Rücken-
panzer eines etwas kleineren Stückes, sämtlich von Banana
(P. Hesse).

Die Panzer sind in jeder Beziehung typisch. Die Scheibe
des Rückenpanzers zeigt 13 Schilder; auch die Brachialen des
Bauchpanzers sind durch Sternolateralschilder mit dem Rückenpanzer verbunden. Die Platten des Rückenpanzers sind neben
einander gestellt, nicht geschindelt.

Maasse:

Länge des Rückenpanzers in der Mittellinie	370	429 mm
Breite desselben . . .	330	391 „
Länge des Brustpanzers		333 „

An dem vorliegenden Kopfe finde ich folgende Détails abweichend von Schreiber's Beschreibung und Abbildung. Derselbe
ist entschieden breiter als hoch, die Schnauze vorn weniger
gerundet vorgezogen, unter den Nasenlöchern in der Seitenansicht wenig gebogen steil nach abwärts verlaufend. Der
Pileus ist nicht mit 12, sondern mit 13 Schildern bedeckt, indem
ein sich zwischen und hinter die Occipitalen legendes, unpaares
Postoccipitale hinzutritt. Dieses ist von dreieckiger Form, mit
der Spitze nach vorn gerichtet und hier das Syncipitale berührend;
alle Spitzen des Dreiecks sind abgeschnitten, so dass es bei
genauerer Ansicht streng genommen eigentlich sechsseitig ist.
Auch zeigen sich die Frontonasalen nach hinten breiter, nach

2

vorn aber mehr zugespitzt: während beide zusammen hinten eine grösste Breite von 39 mm besitzen, ist ihre gemeinschaftliche Naht nur 27 mm lang. Die Supraorbitalen sind fast etwas grösser und besitzen nahezu dieselbe Form wie die Occipitalen, welche letztere durch das Syncipitale und das daranstossende Postoccipitale vollständig von einander abgetrennt erscheinen. Postorbitalen 5—4. grössere Temporalen 13—13.

Die Länge von der Schnauzenspitze bis zum Hinterrand des Postoccipitale beträgt 97. die grösste Kopfbreite 71. die grösste Kopfhöhe 62$^{1}/_{2}$ mm.

Gefunden wird die Art in allen Meeren der heissen und der gemässigten Zone. wenn auch nur selten im Mittelmeer (Boettger). An der Westküste von Afrika lebt sie um die Azoren (Ramon de la Sagra) und Canaren (Duméril & Bibron, Cantor), sodann südlich von Cap Blanco (Durand) und um die Capverden (Schlegel), bei Tschintschoscho (Peters) und Banana (Hesse), im Süden von Ascension (Dum. & B., Duperrey, Gray) und im Meere um das Cap der Guten Hoffnung (A. Smith, A. Duméril), an der Ostküste u. a. bei Mossambique und um die Querimba-Inseln (Peters).

5. *Thalassochelys olivacea* (Eschsch.) 1829.

Eschscholtz, Zool. Atlas Taf. 3 *(Chelonia)*; Duméril & Bibron, l. c. p. 557, Taf. 24, Fig. 1 *(Chelonia Dussumieri)*; Rüppell. Neue Wirbeltiere Faun. Abyssin. Amph. p. 7, Taf. 3 *(Caretta)*; A. Duméril, Arch. Mus. Hist. Nat. Paris Tome 10. 1861 p. 170; Strauch, Verbreit. d. Schildkr. über den Erdball 1865 p. 147.

Eingesandt wurde von Herrn P. Hesse nur der Schädel eines erwachsenen Tieres vom Strande bei Banana.

Die scharf markierten Nähte der dem knöchernen Schädel aufgelagerten Kopfschilder lassen eine überraschende Ähnlichkeit mit der genannten Art erkennen und machen es in meinen Augen ganz sicher, dass der vorliegende, mit Hornschnabel gut erhaltene Schädel nur zu dieser Seeschildkröte gehören kann. 2 Postnasalen, 2 Praefrontalen, kein unpaares Interfrontonasale, 1 Frontale, 1 Syncipitale. 2 Occipitalen, und Supraorbitalen und Parietalen zusammen links 4, rechts 5. In Form und Stellung entsprechen alle diese Schilder durchaus der oben citierten Abbildung bei Duméril & Bibron. Das Frontale ist lang oblong, mehr als doppelt so lang als in der Mitte breit.

Das Syncipitale ist vorn concav ausgeschnitten, mehr als doppelt so breit als in der Medianlinie lang. Die Occipitalen sind die längsten aller Kopfschilder.

Maasse:

Länge des Schädels von der Schnauzenspitze bis zur Spitze des Hinterhauptstachels	200 mm
Von der Schnauzenspitze bis zum Hinterrand der Occipitalen	164
Grösste hintere Breite des Schädels	137 „
Grösste Höhe desselben	117 „
Längsdurchmesser der Augenhöhle	56 „
Höhe der Augenhöhle	46
Länge eines Unterkieferastes	126½ „
Länge der (mit Hornschnabel bekleideten) Unterkiefersymphyse	50 „

Von *Chelone viridis* (Schneid.) unterschieden u. a. durch das Auftreten von 2 Postnasalen und 2 Praefrontalen, von *Ch. imbricata* (L.) durch die kurze, wie bei *Ch. viridis* hakenförmig gekrümmte Schnauze, von *Thalassochelys caretta* (L.) durch das Auftreten von nur zwei grossen Occipitalen und das Fehlen eines Interfrontonasale.

Aus afrikanischen Meeren ist diese Art meines Wissens nur bekannt vom Gabun (A. Duméril), von Banana an der Congomündung (Hesse), von Tafelbai (A. Smith) und von Massaua (Rüppell) u. a. Punkten (Mus. Berlin) im Roten Meer.

II. Ordnung. Crocodilia.

Fam. 1. Crocodilidae.

6. *Crocodilus vulgaris* Cuv. 1810.

Cuvier. Ann. Mus. Hist. Nat. Paris Tome 10 p. 40. Taf. 1, Fig. 5. 12. Taf. 2. Fig. 7; Strauch. Synops. d. Crocodil., St. Petersburg 1866 p. 43; Bocage. Jorn. Sc. Math. Lisboa No. 3, 1867. S. A. p. 2; Peters. Mon. Ber. Berlin. Akad. 1877 p. 611.

Anfangs lagen mir keine Exemplare von der Congomündung vor, aber Herr P. Hesse versicherte mich in einem Briefe vom 22. Januar 1886, „dass innerhalb sechs Wochen nicht weniger als drei Krokodile gefangen worden seien und zwar zwei im Meere; das dritte sei am 21. Januar Abends im Banana-Creek geschossen worden. Nach Vergleich mit Leunis' Synopsis müsse

2*

es *Cr. vulgaris* Cuv. sein, denn es besitze vier Nackenschilder
in einer Reihe und sieben Halsschilder in zwei Reihen. Im
Magen fanden sich zahlreiche Ratten und einige stark abge-
riebene Scherben von Flaschen. Übrigens ein respektabler
Kerl. $2^3/_4$ Meter lang!"

Nach einem inzwischen eingeschickten Belegstück von
$^5/_4$ Meter Länge, das am 23. März 1886 im Banana-Creek
gefangen worden war, ist diese Bestimmung vollkommen korrekt
gewesen. Der Schädel eines weiteren jungen Stückes stammt
von Ambrizette im nördlichen Angola.

Hinterrand des Unterschenkels mit einem stark gezackten
Kamm, der aus beiläufig fünf blattförmig komprimierten Schildern
besteht. Der Kopf hat eine ziemlich spitze Schnauze, sein
beschilderter Teil ist aber nur 6—$6^1/_2$ mal so lang, als die
Schnauze in der Gegend des Ausschnitts für den vierten Unter-
kieferzahn breit ist. Die Dorsalschilder bilden auf dem Rücken
acht regelmässige Längsreihen. Am vorderen Orbitalwinkel
finden sich statt einer Knochenleiste ein paar schwach erhöhte
Tuberkeln. Die Haut des Halses und der Flanken ist glatt
und ohne Tuberkeln, die Schnauze schmal und ziemlich konvex.
Der Oberkiefer besitzt 19—19, der Unterkiefer 15—15 Zähne.
Vier in eine Querreihe gestellte Nuchalschilder, sechs Cervical-
schilder, die in dem Schema $\frac{4}{2}$ angeordnet sind.

Maasse.	Banana.	Ambrizette.	
*Totallänge	730	- -	mm
Kopf bis zum Hinterrand der Parietalplatte	105	235	„
*Schwanzlänge	403	—	„
Von der Schnauzenspitze bis zur vorderen Orbitalecke	58	152	
Von der vorderen Orbitalecke bis zur Hinterecke der Parietalplatte . .	48	84	
Schnauzenbreite in der Gegend des vierten Unterkieferzahns	18	36	
Schnauzenbreite in der Gegend des grössten Oberkieferzahns	28	$62^1/_2$	„
Schnauzenbreite in der Gegend der vorderen Orbitalecken	34	80	„
*Dieselbe Breite über die Wölbung gemessen	42	114	„

Kopfbreite in der Gegend des Hinterrandes

der Parietalplatte	48½	112	mm
Breite des Hinterrandes der Parietalplatte	30	62	„
Interorbitalbreite in der Mitte der Orbiten	7	20	„
Entfernung zwischen beiden vorderen Orbitalecken	21	41	„
Länge der Symphysis mandibulae	15	39½	„
Länge der Orbita	23	37	„
Höhe derselben	15	26	„

Diese Krokodilart lebt im ganzen tropischen und subtropischen Afrika, auf den Comoren und Seschellen und überdies an einem isolierten Punkte in Syrien (Boettger). In Westafrika finde ich als Fundpunkte verzeichnet Bakel und den Marigot von Taoué (Steindachner) im Senegal (Adanson, Dum. & Bibr., A. Dum.), Porto Novo an der Sklavenküste (Boettger), den Djoliba (Bory de St. Vincent) und Niger (Strauch), den Binue (Strauch), Kamerun (Peters, F. Müller), Gabun (Guérin, A. Dum.), Ogowe (Strauch), Tschintschoscho (Peters) und den Congo (Bory de St. Vincent. Hesse). Auch in Angola ist die Art sehr verbreitet, so bei Ambrizette (Hesse) und Novo Redondo (Bocage).

III. Ordnung. Lacertilia.

Fam. I. Geckonidae.

7. *Hemidactylus mabuia* (Mor. de Jonn.) 1818.

Boettger, 24;25. Ber. Offenbach. Ver. f. Naturk. 1885 p. 176; **Bocage**, Jorn. Sc. Math. Lisboa No. 15, 1873, 8. A. p. 1 *(platycephalus)*: **Boulenger**, Cat. Liz. Brit. Mus. ed. 2, Vol. 1, 1885 p. 122.

Drei weitere Exemplare von Banana, Mai 1885, ein ♂ von Vista (P. Hesse).

Ein ♂ von Banana zeigt 16—16 Schenkelporen und besitzt fünf dunkle Chevronbinden quer über den Rücken. Auch das von Vista vorliegende ♂ stimmt mit denen von Banana in Pholidose und Färbung vollkommen überein. Schenkelporen auch hier 16—16; der Rücken trägt vier, der Schwanz elf schwarzgraue Halbbinden.

Abgesehen von zahlreichen anderen l. c. von mir aufgeführten Fundorten kommt diese Art an der Westküste von Afrika vor auf der Tumbo-Insel (F. Müller), bei Tschintschoscho

(Peters), bei Vista und Banana (Hesse) am Congo (Bocage) und bei Dondo u. a. Orten im Innern von Angola (Boc.). Irrtümlich ist Greeff's Angabe seines Vorkommens auf der Insel S. Thomé. Als neue Fundorte für die Ostküste kann ich noch verzeichnen die Ungama-Bai in Wituland (Denhardt) und Madimula in Usaramo.

Fam. II. Agamidae.

8. *Agama colonorum* Daud. 1803 var. *Congica* Pts. 1877.

Boettger. Abh. Senckenberg. Ges. Bd. 12. 1881. S. A. p. 39 (typ.) und l. c. p. 178; **Peters.** Mon. Ber. Berlin. Akad. 1877 p. 612 und p. 620 (*picticauda*).

Von dieser auf Note „spandi" genannten Eidechse liegen sechs weitere Exemplare vor, 3 ♂, 2 ♀ und ein Junges, vier davon gesammelt im Januar und Mai 1885 bei Banana und zwei am 5. Oktober 1885 bei Povo Nemlao nächst Banana (P. Hesse). Die Art ist nach Hesse in Banana ungemein häufig, aber in hohem Grade flink und schwer zu fangen; Ende April sieht man auffallend viel junge Stücke von etwa 15 cm Totallänge.

In der Beschuppung sind die vorliegenden Stücke übereinstimmend mit den früher von mir beschriebenen Exemplaren. Zwei sehr schöne ♂ von 305 und 332 mm Totallänge (Kopfrumpflänge 110 und 115, Schwanzlänge 195 und 217) zeigen 5—5 Praeanalporen in einer Reihe und sind oberseits schmutzig olivengelb, die Körperseiten und der Hinterrücken schwärzlich, die letzte Hälfte des Schwanzes schwarz, unterseits grauschwarz bis auf die schmutzig gelbe Kopf- und Schwanzunterseite. Ein drittes ♂ zeigt gleichfalls 5—5 Praeanalporen. Die ♀ haben gelblich und schwärzlich gefleckten Rücken und ähnliche Seiten, eines derselben zeigt eine aus ziegelroten Makeln sich zusammensetzende, unregelmässige, lange Seitenbinde. Das ganz junge Stück besitzt auf dem Rücken eine sehr breite, aus weisslichen, bräunlichen, olivengrauen und schwarzen Schüppchen gemischte Marmorierung, aus der namentlich auf dem Vorderrücken mehrere symmetrisch gestellte, weisse, runde, schwarzumsäumte Augenflecken sich hervorheben (var. *Congica* Pts.).

Die Art ist über das ganze tropische Afrika verbreitet. Speziell von der Westküste kennt man sie von Sor bei St. Louis, vom Posten bei Dagana (Steindachner), von Gorée, Dakar (Stdchnr., Boettger), Nianing und Rufisque (Bttgr.) im Senegal

(A. Duméril, Boulenger), vom Gambia (Boulenger), der Tumbo-Insel (F. Müller), von Sierra Leone (Boulenger). Liberia (Hallowell), von Elima und Assini an der Zahnküste (Vaillant), dem Ancober-Fluss (Blgr.), Ada Foah, Akkra, Aburi (Peters) und Akropong (F. Müller) an der Goldküste, von Ajuda und Abome in Dahome (Bocage), von Porto Novo an der Sklaven-küste (Bttgr.). Brass an der Nigermündung (Hartert) und Loko am Binue (Staudinger), von Kamerun (Peters), von Tschin-tschoscho (Pts.), dem Congo (Sauvage), von Banana und Povo Nemlao bei Banana (Hesse), von Ambriz und Caraugigo (Blgr.) und Pungo Audongo (Peters) in Angola und aus Benguella (Blgr.).

Fam. III. Varanidae.

9. *Varanus Niloticus* (L.) 1758.

Linné, Syst. nat. ed. 10 Vol. 1 p. 369 *(Lacerta)*: Bocage, Jorn. Sc. Math. Lisboa No. 3, 1867, S. A. p. 4 und No. 44, 1887, S. A. p. 2 *(Monitor saurus)*; Boettger, Abh. Senckenberg. Gesellsch. Bd. 12, 1881, S. A. p. 32 und l. c. p. 181 *(Monitor saurus)*; Boulenger, Cat. Liz. Brit. Mus. ed. 2, Vol. 2, 1885, p. 317.

Von dieser Art liegt ein schöner Kopf eines erwachsenen, 185 cm langen Exemplars von Ponta da Lenha und ein zweiter Kopf von Massabe an der Loangoküste vor. Nach Herrn P. Hesse heisst die Art auf fiote „bambe", wird in Banana nur selten angeboten und ist im Süden häufiger.

Nasenloch schief oval, deutlich näher dem Auge als der Schnauzenspitze; Supraocularschilder klein, nahezu gleichgross.

Boulenger nennt als Vaterland das ganze Afrika mit Ausnahme des nordwestlichen Teiles. Speziell von der West-küste kennt man ihn von der Mündung des Senegal bis Bakel (Steindachner) und von Nianing und Rufisque (Boettger) im Senegal (A. Duméril), von der Tumbo-Insel (F. Müller), von Sierra Leone (A. Dum., Boulenger), von Liberia (Stdchnr., Dollo), von Elima an der Zahnküste (Vaillant), von Aschanti (Blgr.), von Akkra (Bttgr.), Aburi (Peters, F. Müller) und Akropong (F. Müller) an der Goldküste, von Ajuda in Dahome (Bocage), von Porto Novo (Bttgr.) und Lagos (F. Müller), dem Niger (Blgr.), von Kamerun (Peters, F. Müller), den Inseln Fernando Po (Blgr.) und Principe (A. Dum.), vom Gabun (Hallowell, A. Dum., Dollo), von Majumba (Bocage), Massabe (Hesse) und

Tschintschoscho (Pts.) in Loango, vom Congo (Sauvage), von
Banana und Ponta da Lenha (Hesse) am unteren Congo, von
Condo am Quanza (Blgr.), von Catumbella und dem Rio Loando
in Angola (Bocage). Als neue Fundorte an der Ostküste kann
ich noch verzeichnen die Ungama-Bai in Wituland (Denhardt)
und Madimula in Usaramo.

Fam. IV. **Amphisbaenidae.**

10. *Monopeltis Boulengeri* Bttg. 1887.

Boettger. Zool. Anzeiger. 10. Jahrg. p. 649.

Taf. I., Fig. 1 a–d.

Char. Valde affinis *M. Guentheri* Blgr., sed rostro distincte
minus acutato, scutis in regione oculi ternis nec binis, i. e.
praeoculari altiore, oculari latiore, postoculari minuto; oculus
nullo modo perspicuus. Annuli corporis 250, caudae 28; annulus
quisque in medio corpore supra 22, infra 16 segmentis compo-
situs. — Flavido-alba, scutis capitis flavo-brunnescentibus, cauda
supra semiannulo parum distincto griseo et apice nigro-cinereo
tincta.

Long. tota 187, usque ad anum 165, caudae 22 mm. Lat.
corporis $5^1/_2$ mm.

Hab. Kinshassa am Stanley Pool, von Herrn P. Hesse
in einem Stück eingesendet.

Kopf so breit wie der Hals; die Einschnürung hinter dem
Kopfe in der Oberansicht, die bei *M. Guentheri* Boulenger
(Cat. Liz. Brit. Mus. 2. ed. Vol. 2. 1885 p. 456. Taf. 24.
Fig. 3) so markiert ist, fehlt. Nur ein grosses, wenn auch in
der Mitte an den Seiten tief eingeschnittenes Schild auf dem
Kopfe; ein Praeoculare und ein Postoculare. Schnauze etwas
weniger zugespitzt als bei *M. Guentheri*. Rostrale quer bandförmig, wol dreimal breiter als lang. Vorderteil des Kopfschildes,
bis zur seitlichen Einbuchtung gemessen, genau so lang wie
der Hinterteil desselben. Praeoculare bandförmig, doppelt so
hoch als breit, oben am breitesten, unten am schmälsten;
Oculare dreieckig mit convexer Vorderseite, breiter als hoch;
Postoculare klein, dreieckig, fast doppelt so lang wie hoch.
Auge äusserlich vollkommen unsichtbar. Mentale mit seinem
convexen Hinterrand in die Concavität des etwas halbmond-

förmigen Postmentale eingreifend. 250 Ringel am Rumpfe, 28 am Schwanze. Jeder Ringel der Körpermitte oben aus 22. unten aus 16 Segmenten bestehend: die Form derselben ganz wie bei *M. Guentheri* Blgr. Die beiden mittelsten Pectoralen zusammen vorn quer abgestutzt: ihre Länge ist etwas bedeutender als die Distanz von der Schnauze bis zum Hinterrand der Occipitalen. Laterallinie im ersten Rumpfviertel fehlend. 6 Anal-segmente: 3 Analporen jederseits. Im Übrigen in der Pholidose mit *M. Guentheri* Blgr. vollkommen übereinstimmend.

Elfenbeinweiss: Kopfschilder etwas dunkler, gelbbräunlich; Schwanz oben mit einem undeutlichen, graulichen, etwa vier Ringel breiten Halbring und mit granschwarzer, neun Ringel einnehmender Endspitze.

Hauptunterschied von *M. Guentheri* Blgr. scheint mir das Auftreten eines sehr deutlichen Postoculare zu sein, das seiner Lage nach ganz dem Oculare bei *M. Guentheri* entspricht. Da Herr G. A. Boulenger auf briefliche Anfrage hin bei letzterer Art das Auge unter dem von ihm als Oculare gedeuteten Schilde nachweisen konnte, bei unserer Species aber zwei hinter einander liegende Praeocularen nicht wol anzunehmen sind, deute ich die drei an Grösse nach hinten abnehmenden Schilder der Augengegend vermutlich richtig als Praeoculare, als Oculare und als Postoculare.

Bis jetzt ist die Art nur von Kinshassa am Stanley Pool. Untercongo (Hesse) bekannt geworden.

Fam. V. Gerrhosauridae.

11. *Gerrhosaurus nigrolineatus* Hall. 1857.

Hallowell, Proc. Acad. Nat. Sc. Philadelphia Vol. 9 p. 19; Bocage. Jorn. Sc. Math. Lisboa No. 1, 1866 p. 61 und No. 3, 1867, S. A. p. 5 *(multilineatus)*: Peters, Mon. Ber. Berlin. Akad. 1876 p. 118, 1877 p. 613 und Sitz. Ber. Ges. Nat. Fr. Berlin 1881 p. 147 *(multilineatus)*: Boulenger, Cat. Liz. Brit. Mus. ed. 2, Vol. 3, 1887 p. 122.

Von dieser Art liegen dreizehn Stücke von Povo Nemlao bei Banana vor, die Herr P. Hesse im Oktober und November 1885 gesammelt hat. Ein weiteres Stück fand Herr Dr. Büttner am Congo (Berlin. Mus. No. 3053).

53 Schuppenlängsreihen vom Mentale bis zur Analregion: Schwanz bei ganz reinen Stücken aus 140 Wirteln bestehend.

8 Reihen Ventralschilder; 6 Supralabialen, das Auge über dem
vierten. 5 Analschuppen, die mittelste sehr gross, rhombisch,
nach hinten stark zugespitzt. Femoralporen jederseits 16 bis 21
(nach Hallowell 14—14), im Mittel von 14 Zählungen 17—17.
Schwanzbasis an der Seite der Afterspalte beim ♂ mit einer
spitzen, spornartig nach der Seite gerichteten Schuppe.

Olivenbraun; jederseits eine gelbe Seitenlinie, die an den
Rändern des Parietale beginnend und bis auf die Schwanzmitte
fortgesetzt, innen und aussen von einer schwarzen Längsbinde
begleitet wird. Rückenmitte jüngerer Exemplare mit einer bis
drei und Rumpfseiten mit je drei Längslinien, die aus gelben,
seitlich schwarz eingefassten Strichmakeln bestehen. Ganz junge
Stücke zeigen in den Seitenzonen zwischen den drei gelben
Punktreihen auch noch unregelmässige, ziegelrote Makeln.
Gliedmaassen mit grossen, schwarzgelben Ocellenflecken. Kopf-
und Halsunterseite leuchtend citrongelb; Bauch und Schwanzunterseite weissgelb. — Wird 2' lang.

Maasse:

Kopflänge bis zum Hinterrand der Parietalen	29	mm
Kopfbreite in der Temporalgegend	22	„
Rumpflänge .	124	„
Schwanzlänge .	318	„
Totallänge	471	„
Länge der Vordergliedmaassen .	37	„
Länge der Hintergliedmaassen	71	„
Länge der vierten Zehe	21$^1/_2$	„

Bekannt ist die Art von Dongila (Peters) in Gabun
(Hallowell. A. Duméril), vom Cap Lopez (Pts.), von Tschin-
tschoscho (Pts.) in Loango, vom Congo (Büttner), von Povo
Nemlao bei Banana (Hesse), von Ambriz. Carangigo (Boulenger),
Catumbella, Dombe (Bocage) und Malange (Pts.) in Angola und
von Quissange (Bocage) u. a. Orten in Benguella (Blgr.).

Fam. VI. Scincidae.

12. *Mabuia maculilabris* (Gray) 1845.

Gray. Cat. Liz. Brit. Mus. p. 111 (*Euprepis*); Bocage. Journ. Sc. Math.
Lisboa No. 1. 1866 p. 62 (*Euprepes Anchietae*) und No. 42, 1886. S. A. p. 4
(*Eu. notabilis*); Peters. Sitz Ber. Ges. Nat. Fr. Berlin 1879 p. 36 (*Eu. notabilis*)

und Reise nach Mossambique Bd. 3, 1882 p. 73 (Eu. Angasijanus); **F. Müller,**
Verh. Nat. Ges. Basel Bd. 7, 1882 p. 159 (Euprepes); **Boulenger,** Cat. Liz.
Brit. Mus. ed. 2, Vol. 3, 1887 p. 164, Taf. 9, Fig. 2.

Von Herrn P. Hesse erhielten wir ein erwachsenes und
drei junge Stücke dieser Art von Fuca-Fuca am linken Ufer
des unteren Congo kurz unterhalb der Yellala-Fälle, sowie ein
am 24. August 1886 bei Banana gefangenes Exemplar. Ein
Stück sammelte Herr Dr. Büttner am Congo (Berlin. Mus.).

Unsere Exemplare stimmen genau mit Boulenger's Beschreibung und Abbildung überein. Stets zähle ich 5—5 Supraciliaren; zweimal 30, viermal 32 Längsreihen von Körperschuppen in der Rumpfmitte. Die Jungen sind dreikielig (?) und
würden mit *M. Raddoni* (Gray) verwechselt werden können,
wenn sich nicht Boulenger's Kennzeichen betreffs der Anzahl
der Supraciliaren aufs Beste bewährte: alle Stücke haben ganz
constant 5—5 Supraciliaren. *M. Raddoni* aber — auch in jungen
Exemplaren stets 6 oder 7. Überdies zeigen diese Jungen
auch schon Andeutungen der weissen Fleckchen in der dunklen
Seitenzone, die der *M. Raddoni* bekanntlich fehlen. Charakteristisch für unsere Art scheint überdies zu sein, dass die Kopfschilder im Alter mehr oder weniger breite, schwarze Suturen
zeigen.

Bekannt ist die Art bis jetzt von Akropong an der Gold-
küste (F. Müller), von den Inseln S. Thomé und Rolas (Greeff,
Bocage), von Tschintschoscho in Loango (Peters), vom Congo
(Büttner), von Fuca-Fuca und Banana am unteren Congo (Hesse)
und von Ambriz (Boulenger) und Pungo Andongo (Peters) in
Angola. Überdies lebt die Species nach Boulenger's bestimmter
Versicherung auch auf den Comoren.

13. *Mabuia Raddoni* (Gray) 1845.

Gray, l. c. p. 112 (Euprepis); **Hallowell,** Proc. Acad. Nat. Sc. Philadelphia Vol. 2, 1845 p. 58, Vol. 9, 1857 p. 50, Transact. Amer. Phil. Soc.
(2) Vol. 11, 1857 p. 76 (Euprepes Blandingii), Proc. Acad. Nat. Sc. Philadelphia Vol. 9, 1857 p. 50 (Eu. frenatus) und p. 51 (Eu. albilabris): **Peters,**
Mon. Ber. Berlin. Akad. 1864 p. 52 und 1867 p. 21 (Eu. aeneofuscus), 1876
p. 118 und 1877 p. 614 (Eu. Blandingii); **Bocage,** Jorn. Sc. Math. Lisboa
No. 4, 1872 p. 77 (Eu. gracilis) und p. 80 (Eu. Blandingii); **J. G. Fischer,**
Jahrb. Wiss. Anst. Hamburg Bd. 2, 1885 p. 88, Taf. 3, Fig 3 (Eu. Pantaeniii)
und p. 88, Taf. 3, Fig. 2 (Eu. cupreus); **Boettger,** Ber. Senckenberg. Nat. Ges.
1887 p. 56; **Boulenger,** Cat. Liz. Brit. Mus. ed. 2, Vol. 3, 1887 p. 165, Taf. 10, Fig. 1,

Es liegt diese Art in je einem typischen und in einem
in der Färbung etwas vom Typus abweichenden Exemplar von
P o v o N e t o n u a bei Banana vor, von wo sie Herr Paul Hesse
im September 1886 erhielt. Ein weiteres junges, nahezu typisch
gefärbtes Stück war auf einem Dampfer der Madeira-West-
afrikanischen Linie gefangen worden.

Das untere Augenlid zeigt ein durchsichtiges Fenster:
die Schuppen der Fusssohle sind nicht stachelig; das Infraoculare
ist nach unten nicht verschmälert. Frontoparietalen, Parietalen
und Interparietale vorhanden; ein mit dem zweiten Supralabiale
nicht in Berührung stehendes Postnasale. Alle Dorsalschüppchen
scharf dreieckig; Nuchalen deutlich vier- und fünfkielig. 30, 30
und 31 Schuppenlängsreihen. Subdigitallamellen glatt. Am
Vorderrand des Ohres 4—3 oder 4—4 überaus kleine, kaum
vorragende Schüppchen. 6—6 Supraciliaren.

Vom Typus der *M. Raddoni* (Gray) von der Goldküste
ist das eine Stück von Povo Netonna unterschieden durch mehr
gradlinige Kopfseiten, da die Frenalgegend von der Seite weniger
komprimiert erscheint, durch ziemlich lange Sutur der Praefrontalen und durch die Färbung. Die von Schnauze bis After
beiläufig 70 mm lange Eidechse ist nämlich oberseits einfarbig
olivenbraun und zeigt nur hinter dem Auge bis in die Gegend
der Insertion der Vordergliedmaassen kaum hervorstechende,
schwärzliche Fleckchen am Unterrande jeder Schuppe. Lippen
und Halsseiten sind bläulich mit graulichen Schuppenrändern;
vor der Insertion der Vordergliedmaassen steht ein grosser,
oblonger, etwa 20 Schuppen einnehmender, ziegelroter Fleck,
der auch bei der typischen, mit weisser Seitenlinie ausgestatteten
Form im frischen Zustande deutlich erkennbar zu sein pflegt.
Die Kopfunterseite ist bläulichweiss, die Rumpf- und Schwanzunterseite weisslich. Das Stück stimmt somit in der Färbung
so ziemlich mit *Euprepes aureogularis* F. Müller (Verh. Nat. Ges.
Basel Bd. 7, 1885 p. 707) von der Goldküste überein, so dass
ich vermute, dass auch diese Form nur als eine Farbenspielart
von *M. Raddoni* (Gray) aufzufassen ist.

Das andere Stück von Povo Netonna hat normale Färbung.

Das dritte, verschleppte Exemplar von unsicherem Fundort
ist in Pholidose und Färbung ebenfalls typisch, zeigt aber
sowol den dunklen, als auch den hellen Seitenstreif etwas ver-

waschen. Das erste Supraoculare ist beiderseits wie beim Typus
Boulenger's mit dem Frontale nicht in Contact.

Bekannt ist die Species bis jetzt von der Tombo-Insel
(F. Müller), von Sierra Leone (J. G. Fischer. Boulenger), von
Liberia (Hallowell), von Vlugulu in Assini an der Zahnküste
(Vaillant), von Akkra (Boettger) und Akropong (F. Müller) an
der Goldküste, von Porto Novo an der Sklavenküste (Bttgr.),
vom Niger (Blgr.) und speziell von Brass an der Nigermündung
(Hartert), von Kamerun (Peters. J. G. Fischer. F. Müller), den
Inseln Fernando Po (Pts.) und S. Thomé (J. G. Fischer), vom
Gabun (Hallowell. A. Duméril. Blgr.), von Eliva Souanga am
Ogowe und von Tschintschoscho in Loango (Pts.), sowie von
Povo Netonna bei Banana (Hesse).

14. *Lygosoma (Riopa) Fernandi* (Burt.) 1836.

Burton. Proc. Zool. Soc. London p. 62 (*Tiliqua*); **Hallowell.** Proc. Acad.
Nat. Sc. Philadelphia Vol. 2. 1815 p. 170 (*Plestiodon Harlani*) und Vol. 7,
1854 p. 98 (*Euprepis striatus*); **J. G. Fischer.** Oster-Progr. Akad. Gymn. Hamburg 1883 p. 3. Taf. —, Fig. 12—15 (*Euprepes elegans*, non Pts.) und Abh.
Nat. Ver. Hamburg Bd. 8. 1881 p. 7 (*Eu. leoninus*); **F. Müller.** Verh. Nat.
Ges. Basel Bd. 7. 1885 p. 701 (*Tiliqua nigripes*); **Boulenger.** l. c. p. 304.

Ein Stück vom **Gabun** durch Herrn Dr. Büttner (Berlin.
Mus. No. 10581).

Gliedmaassen mässig entwickelt, fünfzehig. Unteres Augenlid
beschuppt. Ohröffnung exponiert. Supranasalen vorhanden,
das Rostrale vom Frontonasale vollkommen abtrennend. Zwei
Praefrontalen und zwei Frontoparietalen. Frontale nicht breiter
als die Supraocularregion. 32 Längsreihen von scharf drei-
kieligen Körperschuppen; keine vergrösserten Praeanalschuppen.
Auch im Übrigen in Pholidose und Färbung ganz mit Boulenger's Beschreibung übereinstimmend.

Bekannt ist die Art von Sierra Leone bis Gabun. Spe-
cielle Fundorte sind Sierra Leone (J. G. Fischer). Liberia (Hallowell), Aburi und a. O. der Goldküste (F. Müller), Alt-Calabar
(Boulenger), Insel Fernando Po (Blgr.), Kamerun (Peters. Blgr.)
und Gabun (A. Duméril. Blgr.. Büttner).

15. *Ablepharus Cabindae* Boc. 1866.

Barboza du Bocage, Jorn. Sc. Math.. Phys. e. Nat. No. 1, Lisboa 1866
p. 61. No. 3, 1867 p. 8 und No. 14. 1887. S. A. p. 3; **Cope.** Proc Acad. Nat.

Sc. Philadelphia 1868 p. 317 *(Panaspis aeneus)*; **Peters**, Mon. Ber. Berlin. Akad. 1877 p. 614; **Boulenger**, l. c. p. 352 typ. und *A. aeneus).*

Vor mir liegt ein Exemplar von Vista (etwa halbwegs zwischen Cabinda und Banana), eins von Banana, gesammelt im April 1886, und vier Stücke von Povo Netonna bei Banana, gesammelt im November 1886 (P. Hesse).

Ganz übereinstimmend mit Bocage's Diagnose und mit Boulenger's Beschreibung von *A. aeneus* (Cope), aber bald — und häufiger — mit nur drei, bald mit vier Supraocularen. Supranasalen, wie bei der Stammform von Cabinda, stets vorhanden.

Das Stück von Vista zeigt 3—3 Supraocularen und 22 Schuppenlängsreihen, das von Banana 4—4 Supraocularen und 24 Reihen, die Exemplare von Povo Netonna haben 3—3 Supraocularen bis auf eines, welches 4—3 Supraocularschilder zeigt, und 24 Schuppenreihen bis auf eines, welches nur 22 Reihen besitzt.

Die Färbung ist bei allen Stücken übereinstimmend oberseits olivenbraun, sammtartig, meist mit sechs undeutlichen, feinen, schwarzen Streifchen längs der Rückenzone. Ein schwärzlicher Strich zieht von der Schnauze quer durch das Auge über die Körperseiten, der nach dem Rücken hin immer, nach dem Bauch hin gelegentlich von einem gelblichen Saum begleitet wird. Lippen weiss und schwarz gewürfelt; Rumpfseiten unterhalb des Seitenstreifs und Oberseite der Gliedmaassen sauber weiss gepunktet. Unterseite weiss, von der Aftergegend an nach hinten und die Unterseite der Hintergliedmaasen rosa. — Totallänge 80—85 mm.

Die Unterschiede zwischen *A. Cabindae* und *A. aeneus*, die nur in der Zahl und Form der Supraocularen bestehen, zeigen sich gänzlich werthlos, da die beiden vorderen Supraocularen zwar in vielen Fällen zu einem einzigen grossen Schilde verschmolzen sind, aber oft auch getrennt bleiben. Das eine Stück von Povo Netonna ist der beste Beweis für die Zusammengehörigkeit beider Formen, indem es links typischen *A. aeneus*, rechts typischen *A. Cabindae* darstellt.

Die kleine Art ist bis jetzt gefunden in Tschintschoscho (Pts.), Cabinda (Bocage), Vista, Provo Netonna und Banana (Hesse) und in San Salvador, Dombe (Boc.) u. a. Orten in Angola (Boulenger).

16. *Sepsina Hessei* Btlgr. 1887.

Boettger. Zool. Anzeiger, 10. Jahrg. p. 650.

(Taf. I, Fig. 3, 3a—c, und Taf. II, Fig. 2).

Char. Truncus modice elongatus. Membra parva, tri-
dactyla; anterius $^2/_5$—$^1/_2$ longitudinis posterioris aequans; digitus
medius plerumque caeteris longior, rarius bini externi aequales.
Interparietale multo angustius quam frontale. Squamae in series
longitudinales 20—22 dispositae. 88—94 squamae transversae
a mentali usque ad anum. Supraocularia 4—4, supraciliaria
5—5, tertio caeteris minore. — Supra griseo-fulva, strigis
longitudinalibus tenuibus 12 nigrescentibus, ad latera distincti-
oribus picta; subtus albida unicolor.

Maasse:

	a	a	b	b
Long. tota .	—	108		130 mm
Caput usque ad meatum auditor.	$5^1/_2$	$6^1/_4$	$6^1/_2$	8 „
Lat. capitis	5	$5^1/_2$	6	6 „
Truncus . .	$45^1/_2$	60^1	$60^1/_2$	64 „
Membr. anterius .	2	2	3	$3^1/_2$ „
Membr. posterius	$4^1/_2$	$5^1/_2$	7	7 „
Cauda	—	$41^1/_2$		58 „

Hab. Im unteren Congogebiet, a von Povo Nemlao
und von Povo Netonna bei Banana je ein Stück, b von
Kinshassa am Stanley Pool, 2 Exemplare, sämtlich von
Herrn Paul Hesse gesammelt.

Körper im Verhältnis zu den verwandten Arten nur mässig
verlängert. Schnauze stumpf, wenig über den Unterkieferrand
vorgezogen. Auge klein. Unteres Augenlid opak, durch grosse,
deutlich umrissene Felder wie beschuppt. Ohröffnung sehr klein,
stichförmig. Frontale nicht ganz anderthalbmal so lang als
das Frontonasale, wenig länger als hinten breit, an der Basis
ausgerandet. 4—4 Supraocularen, erstes wenig grösser als das
zweite; 5—5 Supraciliaren, drittes am schmälsten. Interparietale
etwas länger als breit, fast halb so schmal als das Frontale
hinten und nur so lang wie das Frontonasale. Viertes Supralabiale unter dem Auge. 20—22 Schuppenlängsreihen um die
Rumpfmitte; 88—94 Schuppen vom Mentale bis zur Afteröffnung. Gliedmaassen sehr kurz, dreizehig; Vorderbein so
lang wie die Distanz von Schnauzenspitze zum Vorderrand des

Auges oder etwas kürzer: Hinterbein etwa so lang wie die
Distanz von Schnauze zur Spitze des Interparietale, $^2/_5$ bis $^1/_2$
mal länger als das Vorderbein. Mittelzehe etwas länger als
die äussere Zehe, seltener beide Aussenzehen von nahezu gleicher
Länge und Stärke. Schwanz kürzer als der Körper.
Oben heller oder dunkler graubraun, jede Schuppe mit
schwärzlich braunem Centrum, so dass 12—14 deutliche, feine
Längslinien über den Rücken ziehen, die auch auf dem Schwanze
fortsetzen und namentlich an den Körperseiten stets sehr
markiert aufzutreten pflegen. Alle Kopfschilder zeigen dunkle
Hinterränder; das Rostrale ist schwärzlich mit breiter, weiss-
licher Supranasalsutur. Unterseite einfarbig weiss, Schwanzunterseite mit oder ohne grauliche, in Längsreihen gestellte
Punktfleckchen.
Von dieser Art, die sich von S. Copei Boc. durch eine
geringere Schuppenzahl und durch die entschieden schwächeren
Gliedmaassen, von S. Angolensis Boc. durch den kürzeren Rumpf,
und von S. grammica Cope, der sie in Pholidose und Färbung
am nächsten kommen dürfte, durch schmäleres Interparietale,
5 Supraciliaren und etwas stärker entwickelte Gliedmaassen
zu unterscheiden scheint, liegen zwei distinkte Varietäten vor,
die eine (a Taf. II, Fig. 2) von Povo Nemlao und Povo Netonna
bei Banana, ausgezeichnet durch 20—22 Schuppenreihen und
etwas kleinere Gliedmaassen, sowie durch deutlich längeren
Mittelzeh an den Hinterfüssen, die andere (b Taf. I, Fig. 3) von
Kinshassa am Stanley Pool, mit 22 Schuppenreihen, längeren
und robusteren Gliedmaassen und entweder deutlich längerem
Mittelzeh oder gleichlangen Aussenzehen an den Hinterfüssen.
Da aber sonst, und namentlich in der Rumpflänge und in der
Färbung, kein Unterschied wahrzunehmen ist, bin ich der An-
sicht, dass unsre beiden Formen zusammengehören, namentlich
auch in der Erwägung, dass Organe, welche zum Nichtgebrauch
verurtheilt sind, wie hier Füsse und Zehen, bei der specifischen
Trennung von untergeordneter Bedeutung sein dürften.
Zum directen Vergleich steht mir nur ein Stück der
S. Angolensis Boc. aus Angola (Senckenberg. Mus.) zu Gebote.
Hauptunterschied dieser Art von unserer Form scheint mir die
Zahl der Schuppen von Mentale zu After = 105 zu sein, in
Folge wovon der Rumpf der Bocage'schen Art mehr in die

Länge gestreckt ist. Auch zeigt sich deren Färbung mehr gelbbraun, und ihre dunklen Rücken- und Seitenstreifen sind weit undeutlicher. Im Übrigen hat das Stück aber, wie ein Teil unserer Exemplare von *S. Hessei*, nur 22 Schuppenlängsreihen, und die zweite Zehe ist etwas länger als die erste. Ich messe bei *S. Angolensis* Boc. Schnauze bis Ohröffnung 8, Breite des Kopfes 6, Rumpf 76, Vordergliedmaassen 3¹⁄₂, Hintergliedmaassen 7 mm; der Schwanz ist regeneriert.

Das Verhältnis von Länge des Vorderbeins zu Länge des Hinterbeins zu Kopfrumpflänge stellt sich bei *S. Copei* zu 1 : 2,4 : 16, bei *S. Angolensis* Boc. zu 1 : 1,8 : 17,4 (Boulenger) bis zu 1 : 2,15 : 25,84 (Boettger) und im Mittel von 2 Messungen zu 1 : 1,94 : 20,73, bei *S. grammica* Cope zu 1 : 3,5 : 35. Bei der vorliegenden Art schwankt dieses Verhältnis in den enormen Gränzen von 1 : 2 : 20,57 bis zu 1 : 2,75 : 33,3 (im Mittel von 4 Messungen zu 1 : 2,33 : 24,89), zeigt also   wenn wir in der Zusammenziehung der vier uns vorliegenden Stücke zu einer Art Recht haben — die augenscheinliche Wertlosigkeit der auf die Fuss- und Zehenlänge allein hin angenommenen Speciestrennung in dieser Gattung. Da die übrigen unterscheidenden Merkmale zwischen *S. Copei*, *Angolensis*, *grammica* und *Hessei* keine besonders grosse Bedeutung zu haben scheinen, wäre es nicht unmöglich, dass bei grösserem Vergleichsmaterial alle vier Formen zu einer einzigen, sehr veränderlichen Art zusammengezogen werden könnten, von der *S. Hessei* die am weitesten nördlich lebende Varietät darstellen würde.

Die Art ist bis jetzt nur im Beginn des Congo-Unterlaufs bei Kinshassa am Stanley Pool und bei Povo Nemlao und Povo Netonna nächst Banana gefunden worden.

Fam. VII. Anelytropidae.

17. *Feylinia Currori* Gray 1845.

Gray. Cat. Liz. Brit. Mus. p. 129; A. Duméril, Rev. et Mag. de Zool. Tome 8, 1856 p. 420, Taf. 22, Fig. 1 (*Anelytrops elegans*); Bocage, Jorn. Sc. Math. Lisboa No. 1, 1866 p. 45 (*A. elegans*), No. 4, 1873 p. 214 und No. 44, 1887, S. A. p. 3; Peters. Mon. Ber. Berlin. Akad. 1877 p. 614; Boulenger. l. c. p. 431.

Zwei schlecht gehaltene Stücke von Povo Netonna bei Banana, gesammelt von Herrn P. Hesse im April und Juni 1886

3

und zwei gute Exemplare von Banana, gesammelt im Februar 1887.

Das Nasloch ist vorn in einem kurzen Schlitz im Rostrale allein eingestochen. Die Kopfpholidose erscheint ganz normal und gut mit A. Duméril's Abbildung übereinstimmend. Das dritte Supralabiale ist in Contact mit dem Oculare, das Auge scheint ziemlich deutlich unter dem Oculare durch. Abweichend von Duméril's und Boulenger's Zählungen aber tragen die vorliegenden, im Übrigen ganz typischen Stücke eine paare Anzahl von Schuppenlängsreihen in der Körpermitte, nämlich 20, 24, 24 und 26. Dies auffallende Verhalten stimmt aber mit zweien der Beobachtungen von Bocage (22 vom Gabun und von Majumba) überein, und auf eine Anfrage hin teilte mir auch Herr G. A. Boulenger mit, dass die Exemplare des British Museums in der That um die Rumpfmitte eine grade Anzahl von Schuppenreihen (24 und 26) trügen; eine unpaare Anzahl zeige sich nur unmittelbar hinter dem Kopfe. Es macht mir im Übrigen den Eindruck, als ob die Zahl der Schuppenlängsreihen nicht blos bei dieser Art grossen Schwankungen (20–28) unterworfen sei, sondern als ob auch die geringere Schuppenzahl den jungen, die höhere allmählich den älteren und alten Stücken zukomme.

Junge Stücke sind abweichend von Boulenger's Beschreibung braun mit helleren Schuppenrändern, die alten blauschwarz mit bläulichweissen Rändern, also grade umgekehrt gefärbt.

Die Totallänge des stärksten, in der Mitte 16 mm breiten Stückes ist 264 mm, wovon aber nur 41 mm auf den regenerierten Schwanz kommen, so dass die Kopfrumpflänge 223 mm etwas grösser ist als die von Boulenger angegebene. Ein halbwüchsiges, normales Stück misst bei 10 mm grösster Breite 210 mm Totallänge, von denen 67 auf den Schwanz kommen.

Bekannt ist diese in Westafrika verbreitete Art u. a. von Sierra Leone (Günther), Kamerun (Peters), Insel do Principe (Bocage), Gabun (A. Duméril, Bocage, Boulenger), Majumba (Bocage), Tschintschoscho (Peters), Cabinda (Bocage), Banana und Povo Netonna bei Banana (Hesse), vom Congo (Bocage) und von Angola (Blgr.).

18. *Feglinia macrolepis* Bttg. 1887.

Boettger, Zool. Anzeiger, 10. Jahrg. p. 650.
(Taf. II, Fig. 4 a—e.

Char. Affinis *F. Currori* Gray, sed scuto frenali nullo, oculari supralabiale secundum nec tertium attingente, squama postoculari inferiore oculare a supralabiali tertio prorsus separante, seriebus longitudinalibus squamarum 18. Differt a *F. eleganti* (Hallowell) pariter scuto frenali deficiente. — Brunnea, marginibus squamarum clarioribus, mento gulaque albidis, brunneo maculatis, regione anali alba.

Maasse:

Long. a rostro usque ad anum	67	72 mm
Cauda	25	28
Long. tota	92	100
Lat. max. trunci	$4^1/_4$	$4^1/_2$

Hab. Massabe in Loango, zwei Exemplare von Herrn P. Hesse entdeckt.

Am nächsten verwandt der von Hallowell in Proc. Acad. Nat. Sc. Philadelphia Vol. 6, 1852 p. 64, Fig. *(Acontias)* und ebenda Vol. 9, 1857 p. 52 *(Sphenorhina)* von Liberia und vom Gabun beschriebenen *Feglinia elegans*, die aber ein Frenale und ein Praeoculare besitzt und 20—22 Schuppenreihen zeigen soll. Das Oculare soll übrigens auch bei ihr mit dem zweiten Supralabiale in Contact stehen. Sehr ähnlich ist die vorliegende Art aber auch der *F. Currori* Gray, doch beträgt die Länge des Schwanzes unserer Species nur das $3^1/_2$fache der Totallänge. Die unpaaren Kopfschilder zeigen zwar analoge Zahl und Bildung, aber die Supranasalen, schmal an ihrer gemeinsamen Berührungsstelle, werden nach aussen hin breiter und bilden mit dem ersten Supralabiale eine weit längere Naht als bei *F. Currori*. Das Praefrontale zeigt infolgedessen vorne eine schärfer zugespitzte, fast rechtwinklige Spitze. Die Entfernung vom Vorderrand des Nasenlochs bis zum Ende des Nasalsulcus ist viel kürzer als die Sutur zwischen Supranasale und erstem Supralabiale; bei *F. Currori* ist dies Verhältnis umgekehrt. Fassen wir das grosse, vor dem Oculare liegende Schild als Praeoculare auf, so fehlt bei unserer Art das Frenale ganz. Das Auge ist viel weniger deutlich als bei *F. Currori* Gray und

3*

F. elegans (Hall.), wenn letztere überhaupt als selbständige Art bezeichnet werden darf. Wir finden also bei den beiden vorliegenden Stücken jederseits an den Kopfseiten nur ein Praeoculare, ein Supraoculare und zwei Postocularen. Das zweite Supralabiale berührt an der Hinterseite seiner oberen Spitze das Ocularschild seiner ganzen Länge nach; zwischen drittes Supralabiale und Oculare schiebt sich dagegen das untere Postoculare ein und trennt beide Schilder vollkommen und weit von einander. Während *F. Currori* 20—28 Schuppenlängsreihen besitzt, beträgt die Zahl derselben in der Rumpfmitte bei der neuen Art nur 18.

Die Färbung ist der von jungen Stücken der oben beschriebenen *Currori*-Form vom Congo ähnlich, dunkelbraun mit helleren Schuppenrändern, doch ist hier die ganze Kopfunterseite und die Analumgebung weissgelb, am Kinn nur hie und da durch einige bräunliche Fleckchen unterbrochen. Eine helle Färbung von Kinn und Kehle erwähnt auch Hallowell für seine *F. elegans*.

Die Art, die mir von den beiden bekannten und z. Th. noch sreitigen Formen gut verschieden zu sein scheint, ist bis jetzt nur aus Massabe (Hesse) an der Loangoküste bekannt geworden.

Fam. VIII. Chamaeleontidae.

19. *Chamaeleon gracilis* Hall. 1842.

Boettger. 24.25. Ber. Offenbach. Ver. f. Naturk. 1885 p. 173; **Gray,** Cat. Liz. Brit. Mus. 1845 p. 266 *(Senegalensis* part. und *dilepis* part.); **Hallowell.** Proc. Acad. Nat. Sc. Philadelphia Vol. 8, 1856 p. 147 *(granulosus* und *Burchelli)*; **Bocage,** Jorn. Sc. Math. Lisboa No. 3, 1867, S. A. p. 3; **Peters.** Mon. Ber. Berlin. Akad. 1877 p. 620 *(Senegalensis* var.); **Boulenger.** l. c. p. 448, Taf. 39, Fig. 4.

Von Banana liegen 55 Stücke dieser Art vor, nämlich 43 ♀ und 12 ♂. Die meisten wurden in den Monaten November und Dezember 1885, einige auch im Januar 1885 und im September und Oktober 1885 erbeutet. Von Povo Nemlao bei Banana stammen weitere 2 ♀ und 1 ♂: ein ♀ wurde bei Cabinda im Februar 1886 gefangen. Auf fiote heisst die Art „nguema".

Über eines der von Banana eingeschickten Exemplare enthielt ein Brief Hesse's vom 8. September 1885 folgende Einzelheiten: „Heute Mittag hatte das Tier eine hellgrünlichbraune Farbe mit zahlreichen, lebhaft gelbgrünen Tupfen; an beiden Seiten hinter der Insertion der Vordergliedmaassen, etwa 1¹/₂ cm über der Bauchcrista und parallel mit derselben zeigte sich ein rothbraunes Längsband (in Spiritus bekanntlich gelb). Abends war es zebraartig auf graugrünem Grunde braun quergestreift, die Streifen vom Rücken nach dem Bauche etwas schräg nach vorn gerichtet. Am Rückenkamm waren sie am breitesten und verschmälerten sich rasch nach unten. Ich zählte vom Nacken bis zur Schwanzwurzel jederseits sechs solcher Streifen; das seitliche Längsband erschien in diesem Stadium hell gelbbraun. Später war das Tier blassgrün, die Zebrastreifen nur bei genauem Zusehen noch schwach zu erkennen, der Längsstreif an den Seiten erschien schmutzig weiss. Am Hinterende des Körpers gegen den Schwanz zu standen einzelne ganz kleine, unregelmässige, schwarze Flecken. — Ich vergiftete das Tier mit Nicotin, indem ich ihm eine vorher in den Pfeifenabguss getauchte Feder tief in den Schlund einführte. Die Wirkung war die folgende. Es trat sehr bald — innerhalb einer Minute etwa — ein heftiges Zittern ein und hielt 5 Minuten an; dann legte sich das Tier auf die Seite und verfiel in Starrkrampf; nach etwa 20 Minuten war es tot, behielt aber die Augen offen. Nach der Vergiftung verfärbte es sich rasch: zunächst traten die dunklen Querstreifen auf, doch gewann bald das dunkle Pigment ganz die Oberhand, und der ganze Körper, sowie der Kopf wurde schwarz. Die gleichfalls geschwärzte Seitenbinde liess sich nicht mehr unterscheiden, trat aber später, in Alkohol, wieder hervor."

Und weiter bemerkt Herr Hesse in einem Briefe vom 25. December 1885: „Ein in der Häutung begriffenes Stück hatte im Leben dunkel schwarzbraune Seitenstreifen, während diese sonst gewöhnlich schmutzig weiss sind. Zwei andere Exemplare waren lebhaft orangeroth und zeigten bei allen ihren Farbeveränderungen nie eine grüne Nüance. Bei der Vergiftung trat die bekannte Zebrastreifung auf, die Streifen aber waren nicht schwarz, sondern dunkel orange, etwa von der Farbe einer recht reifen Apfelsine, auf hell orangefarbenem Grunde. — Das ♀ legt seine Eier anfangs April."

Sehr constant ist bei allen Stücken dieser Art das gelbe, von der Achsel ausgehende, nach hinten ziehende, aber die Insertion der Hintergliedmaassen nicht erreichende Seitenband und beim ♀ auch eine helle, über der Arminsertion stehende, sehr gewöhnlich recht deutliche, ebenfalls gelb gefärbte Makel. Die Kehlgegend ist citron- oder orangegelb.

Hier ein paar weitere Kopfmaasse weiblicher Exemplare:

Schnauzenspitze bis
Helmspitze . . . 45 42 40 39 36½ 34 33 32 mm
Grösste Helmbreite in
der Augenmitte 15½ 14 13½ 13 12 11 11 10½ „
Grösste Helmbreite
am Hinterkopf 19 18 17½ 16½ 15 13 12½ 12 „

Länge erwachsener ♀ von Schnauze bis Afteröffnung 110 bis 140 mm.

Die ♂ sind durchweg kleiner. Die Unterschiede beider Geschlechter liegen, abgesehen von den Grössedifferenzen und der starken Verdickung der Schwanzbasis beim ♂ in der Form und Pholidose des Helmes. Während beim ♀ sowohl der Schnauzenteil als auch der hintere Teil des Helmes etwas mehr in die Länge gezogen erscheint, ist beim ♂ der Helm deutlicher und kürzer spindelförmig, und die grösste Helmbreite erscheint hier durchweg etwas mehr nach vorn gerückt. Die Pflasterschuppen der Helmspitze sind beim ♂ auf grössere Erstreckung hin im Einzelnen mehr gewölbt und knopfförmig, ebenso sind die der Temporalgegend fast immer entschieden mehr convex. Meist ist auch die hintere Helmpartie als Ganzes von links nach rechts etwas mehr convex und bombenförmig aufgetrieben. Im Allgemeinen besteht aber trotz der Grössendifferenzen grosse Ähnlichkeit zwischen den beiden Geschlechtern.

Im folgenden gebe ich ein paar Kopfmaasse männlicher Stücke:

Schnauzenspitze bis
Helmspitze . . . . 35½ 31½ 30½ 28 27 27 mm
Grösste Helmbreite in der
Augenmitte . . 12 10½ 10½ 10 10½ 10 „
Grösste Helmbreite am
Hinterkopf . 15 12 11½ 11½ 11½ 11 „

Länge erwachsener ♂ von Schnauze bis Afteröffnung 75 bis 100 mm.

Vergleichen wir nun die Helmbreite in der Augenmitte
zur Helmbreite hinter den Augen zu Gesamtkopflänge, so finden
wir bei

(6) *Chamaeleon gracilis* Hall. $\male = 1 : 1,14 : 2,83$.
(10)   „   „ $\female = 1 : 1,21 : 2,98$.
(4)   *Senegalensis* Daud. $\male$ $1 : 0,92 : 2,48$,
(4)   „ $\female - 1 : 1,20 : 2,93$,
(1)   *Simoni* Bttg. $\male - 1 : 1,06 : 2,33$.
(1)   „   „ $\female$ $1 : 1,40 : 2,80$,
(2)   „ *liocephalus* Gray $\female = 1 : 1,08 : 2,62$.

Es ist selbst nach Abbildungen misslich, diese unzweifel-
haft sehr nahe mit einander verwandten Arten scharf von einander zu trennen, doch glaube ich, dass die eben gegebenen
Verhältniszahlen dazu beitragen werden, die meiner Ansicht
nach recht wol trennbaren Arten zu fixieren.

In der Litteratur finde ich die Spezies angegeben oder
kenne sie direkt von Liberia (Hallowell), dem Ancober-Fluss
und von Adjah Bippo bei Wassau, Goldküste (Boulenger), von
Brass an der Nigermündung (Hartert), vom Gabun (Hall.),
Tschintschoscho (Peters), Cabinda (Hesse), Congo (Gray), Banana
und Povo Nemlao bei Banana (Hesse), vom Quango (Gray), von
Loanda (Bocage), Pungo Andongo (Pts., Blgr.) und Condo am
Quanza (Blgr.) und von Duque de Braganza und Carangigo in
Angola (Blgr.). In Ostafrika lebt die Art am Tanganjika (Dollo)
und nach Peters (Mon. Ber. Berlin. Akad. 1878 p. 202) auch
bei Taita und Ukamba.

20. *Chamaeleon parcilobus* Blgr. 1887.

Gray, Proc. Zool. Soc. London 1864 p. 472 *dilepis* part., non Leach;
Bocage, Jorn. Sc. Math. Lisboa No. 1, 1866 p. 59 *dilepis* var. *Quilensis?*;
Boulenger, Cat. Liz. Brit. Mus. ed. 2. Vol. 3, 1887 p. 149, Taf. 39, Fig. 5);
Boettger, Ber. Senckenberg. Ges. 1887 p. 152.

Ein ganz junges, eben erst dem Ei entschlüpftes Stück
von Massabe an der Loangoküste, gesammelt von Herrn
P. Hesse im Juni 1886; ein halberwachsenes $\female$ vom Congo
brachte Herr Dr. Büttner (Mus. Berlin).

Ganz mit Boulenger's Diagnose und Abbildung übereinstimmend. Occipitalloben beim Jungen nicht abhebbar, aber
durch Pholidose und Färbung in der späteren Form bereits

vorgezeichnet, beim jungen ♀ in der Seitenansicht des Kopfes nur den dritten Teil der Kopfhöhe ausmachend, deutlich abhebbar. Palmar- und Plantarfläche des Fusses aussen weiss umsäumt.

Maasse des Büttner'schen ♀ vom Congo:

Totallänge	177	mm
Von der Schnauzenspitze bis zum Mundwinkel	17	
Von der Schnauzenspitze bis zur Helmspitze	28	„
Grösste Helmbreite zwischen den Augen	10	„
Grösste hintere Breite des Helmes	12½	„
Grösste Schädelhöhe	19	„
Kopfbreite	15½	„
Rumpflänge	67	„
Tibia	17½	„
Schwanzlänge	82	„
Höhe des Occipitallappens	7	„
Grösste Breite desselben	3½	„

Das Verhältnis von Breite in der Augenmitte zu Breite hinter den Augen zu Länge des Helmes beträgt nach zwei Messungen beim ♀ dieser Art 1:1,22 1,25:2,80 3,00. während es beim ♀ von *Ch. dilepis* Leach im Durchschnitt 1:1,35:2,84 ausmacht.

Bekannt ist diese Art bis jetzt von Kamerun und Gabun (Boulenger), vom Quilu (Bocage), von Massabe in Loango (Hesse), vom Congo (Büttner), aus Ovambo-, Herero- und Damaraland (Boettger), aus dem Norden von Griqualand-West (Bttgr.), aus Natal (Blgr., Bttgr.) und wahrscheinlich auch von Gerlachshoop in Transvaal (Peters, als *dilepis*).

21. *Chamaeleon dilepis* Leach 1819.

Leach. in Bowdich's Ashantee p. 493; Kuhl, Beitr. z. Zool. u. vergl. Anat. 1820 p. 104 (*bilobus*); Merrem. Tent. 1820 p. 162 (*? planiceps*); Gray. Cat. Liz. Brit. Mus. 1845 p. 266, Spicil. Zool. 1830 p. 2. Taf. 3. Fig. 5 und Proc. Zool. Soc. 1864 p. 172 (*dilepis* part.; Duméril & Bibron, Erp. gén. Tome 3 p. 225 (*dilepis* part.); Gray. Proc. Zool. Soc. London 1864 p. 470 (*Petersi*). Bocage. Jorn. Sc. Math. Lisboa No. 1, 1866 p. 59 (*dilepis* und *Capellii*). No. 3, 1867. S. A. p. 3. No. 4. 1872 p. 73 und No. 14. 1887. S. A. p. 2; Peters. Mon. Ber. Berlin. Akad. 1877 p. 612 und Reise nach Mossambique Bd. 3. 1882 p. 21; Boulenger, l. c. p. 150, Taf. 39, Fig. 6.

Drei Exemplare. 1 ♂ und 2 ♀ von Landana (P. Hesse).

Diese Art weicht ausser in den bekannten und von Boulenger scharf hervorgehobenen Kennzeichen von ihren Verwandten
Ch. gracilis Hall. und *Ch. Senegalensis* Daud. noch ab in der
feiner zugespitzten Schnauze, den feineren, vorn mehr zugespitzten Fingern und den kurzen, wenig gebogenen Krallen.
Die Frenalgegend ist mehr ausgehöhlt und eingesenkt.

Maasse:

	♂	♀	♀	
Schnauzenspitze bis Helmspitze	35	34½	35	mm
Grösste Helmbreite in der Augenmitte	13	12½	12	
Grösste Helmbreite am Hinterkopf	15	16	17	
Grösste Länge des Occipitallappens	7½	7½	8	„
Grösste Höhe desselben	17	17	16	„
Länge von Schnauze bis After	92	103	92	„

Das Verhältnis von Helmbreite zwischen den Augen zu
Helmbreite hinter den Augen zu Gesamtkopflänge beträgt somit
beim ♂ von *Ch. dilepis* Leach 1 : 1,15 : 2,69, beim ♀ im Durchschnitt 1 : 1,35 : 2,84.

Was die Färbung der vorliegenden Stücke anlangt, so ist
die gelbe Längsbinde, die im unteren Körperdrittel von der
Insertion der Vordergliedmaassen nach hinten zieht, immer,
der gelbe Fleck über der Arminsertion, der oft noch vom
Occipitallappen überdeckt werden kann, meistens vorhanden.

Beim ♀ eines *Ch. parcilobus* Blgr., der nächstverwandten
Art, aus Natal im Senckenberg'schen Museum sind die Hinter-
hauptslappen wesentlich kleiner, etwa nur halb so gross als
bei *Ch. dilepis* Leach von Landana, der Schnauzenteil des
Helmes ist oberseits flacher und der ganze Helm relativ
schmäler. Er zeigt ein Verhältnis von Breite in der Augenmitte zu Breite hinter den Augen zu Länge wie 1 : 1,22 : 3,00.

Ch. dilepis Leach lebt im ganzen tropischen Afrika. Ich
finde ihn verzeichnet vom Senegal (Duméril & Bibron), von
Aschantiland (Bowdich), Porto Novo an der Sklavenküste (Bttgr.),
Alt-Calabar und Kamerun (F. Müller). Eloby (Boulenger) und
Gabun (Hallowell, A. Duméril. Gray, Blgr., Dollo). Majumba
(Bocage), Tschintschoscho (Peters), Landana (Hesse), San
Salvador in Congo (Bocage), Novo Redondo, Catumbella und
Dombe in Angola (Bocage), Caconda, Benguella und Quissange
in Benguella (Bocage) und von Mossamedes (Bocage, Blgr.),
sowie in Ostafrika vom Tanganjika (Dollo), Mombas (Peters),

Sansibar (Pts., Blgr., Dollo), von Cap Delgado bis Inhambane
an der Küste und von Tette und Macanga im Innern (Peters)
von Mossambique (Bianconi, Blgr.).

IV. Ordnung. Ophidia.

Fam. 1. Typhlopidae.

22. *Typhlops (Aspidorhynchus) Eschrichti* Schleg. 1841.

Schlegel, Abbild. Amphib. 1837–1844 p. 37, Taf. 32, Fig. 13–16;
Jan. Eleuco sist. d. Ofidi, Milano 1863 p. 13, Iconogr. d. Ophid. Lief. 5, 1864
Taf. 5, Fig. 2 (*Liberiensis* var. *intermedia*) und Typhlopiens, Milan 1864
p. 25; **Peters**, Mon. Ber. Berlin. Akad. 1877 p. 614 (var. *intermedia* und
lineolata Jan) und Sitz. Ber. Ges. Nat. Fr. Berlin 1881 p. 147; **Boettger**, Aufzählung der von Erhn. v. Maltzan am Cap Verde in Senegambien gesammelten
Kriechthiere in: Abh. Senckenberg. Gesellsch. Bd. 12, 1881, S. A. p. 26 (*Liberiensis* var. *intermedia*; **Bocage**, Jorn. Sc. Math. Lisboa No. 44, 1887, S. A.
p. 4 (*Kraussi*).

Fünf in Pholidose und Färbung nahezu übereinstimmende
Exemplare von Povo Nemlao und Povo Netonna bei
Banana, gesammelt im November 1885 und September 1886
von Herrn P. Hesse; ein erwachsenes Stück vom Congo, ge-
funden von Herrn Dr. Büttner (Mus. Berlin); ein Stück vom
Gabun, gesammelt ebenfalls von Herrn Dr. Büttner (Mus.
Berlin No. 10573).

Sehr ähnlich der oben citierten Abbildung Jan's von
T. Liberiensis var. *intermedia*, das Stück vom Gabun mit 24,
die übrigen fünf aber mit 26 statt 24 Schuppenreihen in der
Rumpfmitte und somit identisch mit dem von Bocage l. c. beschriebenen Stücke, auf dessen genaue Beschreibung ich deshalb verweisen kann. Das Auge ist deutlich, der Nasenschlitz
nicht über das Nasenloch hinaus verlängert.

Unsere fünf Stücke von Banana stehen somit grade in
der Mitte zwischen der Jan'schen *T. Liberiensis* var. *intermedia*,
die ich schon der Färbung wegen unbedenklich zu *Eschrichti*
ziehe, und zwischen der var. *Kraussi* Jan.

Das besonders grosse und starke Büttner'sche Stück vom
Congo hat 26 Schuppenreihen wie die übrigen von Banana,
weicht aber darin von den anderen ab, dass die Rückenfärbung
fast uniform schwarz ist, dass also die gelben Quersäume am
Vorderrande der Schuppen gegen die dunkle Farbe der Oberseite fast gar nicht zur Geltung kommen. An den Körper-

seiten ist das Schwarz und Gelb querstreifig. aber scharf abgesetzt von einander geschieden: die Körperunterseite zeigt nur hie und da eine schwarze Makel. In der Grösse stimmt dies Stück fast mit *T. Kraussi* Jan, zu dem man das Stück unbedingt stellen müsste. wenn man diese Form als Art gelten lassen wollte, in der Färbung und Zeichnung etwa mit *T. Schlegeli* Bianc. überein. Da ich auch bei diesem Stück keine wesentlichen Unterschiede in der Pholidose von *T. Eschrichti* Schleg. finde. muss ich es als die erwachsene Form dieser Art betrachten.

Das Stück vom Gabun zeigt auf der Unterseite in der letzten Körperhälfte hie und da feine, gegen den After hin in undeutliche Längsreihen geordnete, schwarze Pünktchen.

Schuppenquerreihen zähle ich bei unseren Stücken vom Congo 318. 324, 331. 338 und 350, bei dem Büttner'schen Exemplar vom Congo 357, bei dem vom Gabun 365.

Unter den zahlreichen. nächstverwandten Formen der afrikanischen Westküste. die als *Typhlops. Onychocephalus* und *Onychophis Eschrichti* Schleg.. *congestus* Dum. & Bibr., *Barrowi* Gray. *punctatus* Gray. *Liberiensis* Hall.. *lineolatus* Jan. *intermedius* Jan und *Kraussi* Jan beschrieben worden sind, erkenne ich nur die beiden erstgenannten als gute Arten an. indem ich *T. Barrowi* und *Liberiensis* zu *T. congestus* D. & B.. die sämtlichen übrigen angeführten Formen aber zu *T. Eschrichti* Schleg. ziehe. Beide von mir anerkannte Spezies scheinen sich gut durch die Färbung. auf die ich besonderen Wert zu legen allen Grund habe. unterscheiden zu lassen. Beide zeigen nämlich auf dem Rücken auf schwarzem Grunde Längsreihen von gelben Punkten; während aber diese bei *T. Eschrichti* ganz regelmässig längs des Rückens verlaufen. zeigt *T. congestus* stets zahlreiche, rein gelbe, überall die dunkle Rückenfärbung durchsetzende Quermakeln. Auch ist bei *T. congestus* nach einem mir von der Goldküste vorliegenden. gut mit Jan's Fig. 1 auf Taf. 5 der Iconogr. d. Ophid. Lief. 5 übereinstimmenden Exemplar der Schnauzenrand etwas schneidiger, die Art also, wie Bibron es ja auch gethan hat. den typischen Onychocephalen näher zu stellen. als *T. Eschrichti* mit seiner gewölbteren Schnauze. Die Schuppenzahl schwankt bei beiden von mir angenommenen Arten in fast gleichen Gränzen. die Längsreihen bei *T. congestus* von 26 zu 34. bei *T. Eschrichti* von 24 zu 32. die Querreihen bei ersterem von 342 bis 380. bei letzterem von 324 bis 365, und wenn wir Bibron Glauben schenken dürfen, sogar bis 416. Erwähnt wird die Art u. a. von Joal im Senegal (Boettger), als *intermedius*, von den Bissagos-Inseln (Bocage), von Sierra Leone (Jan. als *lineolatus*), von Liberia (Jan, als *intermedius*), von der Goldküste (Jan, F. Müller, als *Kraussi*), von Ashanti und Fanti (Gray, als *punctatus*), von Ajuda in Dahome (Bocage), von Alt-Calabar (F. Müller), vom Gabun (Büttner), von Tschintschoscho (Peters, als *lineolatus* und *intermedius*), vom Congo (Büttner), aus der Umgebung von Banana (Hesse), von San Salvador u. a. Orten in Angola (Bocage, als *Kraussi*) und von Malansche und dem Quango im Inneren Angolas (Peters).

23. *Typhlops (Onychocephalus) Congicus* Bttg. 1887.

Boettger. Zool. Anzeiger, 10. Jahrg. p. 650.

(Taf. I., Fig. 5 a—c.

Char. Affinis *T. Hallowelli* Jan, sed multo major et magis elongatus, supralabialibus quaternis nec ternis, supraoculari minus angusto: colore et habitu similis *T. unicroso* Pts., sed rostro minus acute marginato, oculis nullo modo perspicuis. — Species magna et crassa, caput collumque distincte minus crassa quam abdomen caudaque; truncus subcompressus; longitudo corporis pro latitudine modica (1/28). Caput depressum, rostro valde protracto, turgidulo, subtruncato, margine rotundato-acuto. Rostrale supra magnum, late ovatum, postice subtruncatum; scuta verticis 7 duplo majora quam squamae corporis. Nares magni, inferi, sulcus nasalis nares non transgrediens, prope basin rostralis in initio supralabialis primi acute terminatus. Nasofrontale, praeoculare, oculare fere aequilata, praeoculari solum parum angustiore. Oculi nulli. Supralabialia quaterna. Series longitudinales squamarum in medio trunco 26, squamae mediae seriei tergi distincte latiores quam caeterae; series transversae 341. Squamae praeanales caeteris vix majores. Cauda brevissima, teres, obtusissime conica, distincte involuta, basi solum 5 seriebus transversis squamarum tecta, apice mucrone brevi, corneo terminata. — Supra flavido-griseus, suturis scutorum capitis albidis, subtus luteo-flavescens, undique strigis longitudinalibus parum distinctis griseis, subtus vix conspicuis strigatus.

Long. tota 450; caudae ab ano usque ad apicem 5 mm.
Lat. occipitis 10½, trunci 16. baseos caudae 12½ mm.

Hab. Von dieser Art fand Herr P. Hesse nur ein Stück
bei Povo Netonna nächst Banana am 14. Juni 1886.

Der leicht von der Seite zusammengedrückte Körper ist
in seinem hinteren Teile deutlich dicker als vorn: die Schuppen
nehmen nach hinten mässig an Grösse zu. Am Halse zähle ich
28, in der Rumpfmitte 26, vor der Afteröffnung 24 Längsreihen
von Körperschuppen. Die mittelste Reihe des Rückens zeigt
(wie bei vielen Dipsadiden) merklich breitere Schuppen als die
übrigen Reihen. Die Unterseite des Schwanzes bis zum Schwanz-
stachel decken nur 5 Schuppenreihen. Ich zähle 341 Schuppenquerreihen vom Parietale bis zum Schwanzende. Der Kopf ist
weder merklich niedriger. noch auch viel schmäler als die
Halsgegend und zeigt eine stark vorgezogene. sehr. stumpfe
Schnauze. Das Rostrale ist gross. oben oval. vorn und hinten
abgestutzt. 5 mm lang und 4¾ mm breit, unten auf den dritten
Teil der oberen Breite verschmälert und hier 3 mm lang. in
der Mitte 1½ mm breit, an den Seiten concav und am Lippen-
rande weniger als halb so schmal als das erste Supralabiale.
am Vorderrande verrundet scharfrandig, auf der Unterseite
plan. Das Nasale liegt unten, ist weit schmäler als der untere
Teil des Nasorostrale. von dem es vor dem grossen Nasenloch
nicht getrennt ist. Der untere Zipfel der Nasale ist bemerkenswert spitz und legt sich auf dem ersten Supralabiale dicht an
die Seite des Rostrale an. Der Nasalsulcus zieht somit noch
vor der Mitte des ersten Supralabiale gegen letzteres. Das
Praeoculare ist wenig schmäler. aber niedriger als das Nasofrontale. und gleich hoch wie das Oculare: es ist vorn an der
Schnauzenkante der hinteren Einbuchtung des Nasofrontale
wegen etwas winklig vorgezogen. hinten leicht convex. Das
Oculare ist nur etwa so breit wie das Nasorostrale und zeigt
keine Spur des unter ihm verborgenen Auges. Von den sieben
grösseren Schuppen des Scheitels ist das Praefrontale fast
dreimal. das Frontale aber und das Postfrontale, die Supraocularen und die Parietalen sind doppelt so gross wie die
übrigen Körperschuppen. Das erste der vier Supralabialen
stösst an das Rostrale. das Nasale und das Nasofrontale. das
zweite an das Nasofrontale und das Praeoculare. das dritte

an das Praeoculare und das Oculare, das vierte nur an das Oculare.

Die Färbung ist oben ein schmutziges helles Gelbgrau, unten ein wenig davon verschiedenes Graugelb, und man würde die Art einfarbig nennen können, wenn nicht alle seitlichen Schuppenränder eine mehr graue Färbung zeigten, so dass zahlreiche, auf der Oberseite mehr, auf der Unterseite weniger deutliche dunklere Längslinien entstehen. Die Kopfschilder sind olivenbräunlich mit weisslichen Rändern, die Schwanzspitze ist dunkel lehmgelb gefärbt.

Von *T. (Onychocephalus) Hallowelli* Jan (Iconogr. d. Ophid. Lief. 4, Taf. 4, Fig. 6) von der Goldküste unterscheidet sich die vorliegende Art durch die länger ausgezogene Schnauze mit etwas schärferer Schneide, durch vier statt drei Supralabialen, durch das mit einem zugespitzten Zipfel dicht an der Basis des Rostrale (ähnlich wie bei *T. caecus* Jan) an das erste Supralabiale sich anschmiegende Nasale und durch die abweichende Färbung. Während die Jan'sche Species als einfarbig olivengelb bezeichnet wird, besitzt unsere Art zahlreiche, wenn auch schwach markierte, grauliche Längsstreifen. Auch dürfte die Verbreiterung der mittelsten Rückenschuppenreihe für unsere Art ein besonders wichtiges Kennzeichen sein. *T. (Onychocephalus) Anchietae* Boc. (Jorn. Sc. Math. Lisboa No. 43, 1886, S. A. p. 2) aus Angola mag ebenfalls nahe verwandt sein, hat aber 30 Schuppenreihen und ist hellgelb mit braungrauen Flecken. Auch dieser Species fehlt die deutliche Vergrösserung der Schuppen der mittelsten Dorsalreihe, und die Lage der Supralabialen ist eine wesentlich verschiedene. *T. (Onychocephalus) crassatus* Peters (Sitz. Ber. Ges. Nat. Fr. Berlin 1881 p. 50) von Tschintschoscho in Loango ist ebenfalls ähnlich, aber trotz der Peters'schen ungenügenden Beschreibung spricht doch das Auftreten von deutlichen Augen und die Färbung gegen eine Vereinigung beider Arten. Trotzdem dass derselbe nach Herrn Dr. A. Reichenow's gütiger Mitteilung am Halse 34, im hinteren Teile des Rumpfes aber 32 Schuppenreihen besitzt und auch in der Färbung mit *T. Anchietae* Boc. übereinstimmt, dürften diese beiden letztgenannten doch nicht identisch sein, da bei letzterem äussere Augen gänzlich fehlen, bei *T. crassatus* Pts. aber recht deutlich sind.

47

Bekannt ist unsere Art bis jetzt nur von Povo Netonna bei Banana.

Fam. II. **Calamariidae.**

24. *Xenocalamus Mechowi* Pts. 1881.

Peters. Sitz. Ber. Ges. Nat. Fr. Berlin p. 117.

Ein schönes Exemplar von Kinshassa am Stanley Pool (P. Hesse).

Das vorliegende Stück stimmt bis auf den Umstand, dass jederseits nur ein Postocular (statt zwei) vorhanden ist, und dass die drei (nicht zwei) untersten Schuppenreihen weiss gefärbt sind wie der Bauch, so vollständig mit Peters' Beschreibung überein, dass ich beide Unterschiede als in den Grenzen der individuellen Variabilität liegend aufzufassen geneigt bin. Von *X. bicolor* Günther (Ann. Mag. Nat. Hist. (4) Vol. 1, 1868 p. 415, Taf. 19, Fig. B), mit dem Peters die westafrikanische Art sehr treffend vergleicht, unterscheidet sie sich übrigens auch noch durch kürzeren, weniger in die Länge gezogenen Kopf und dadurch, dass alle Schilder des Scheitels verhältnissmässig weniger in die Länge gezogen sind. Das Rostrale hat eine nach hinten, das Frontale eine nach vorn convex gerundete Sutur, die Praefrontalen zeigen in der Mittellinie eine etwas längere Naht. Internasalen und Supraocularen fehlen. Das Nasenloch liegt zwischen zwei Schildern: das Postnasale ist doppelt so lang als das Praenasale. Ein langgestrecktes Praeoculare, ein überaus kleines Postoculare. Sechs Supralabialen, von denen das dritte und vierte ans Auge treten. Die Bildung der Supralabialen, des einzigen grossen Temporale, der Infralabialen und der Kinngegend ist nahezu ganz wie bei *X. bicolor*, aber das grosse dritte Infralabiale zeigt sich kürzer und breiter, nur etwa doppelt so lang wie in der Mitte breit. Der kurze Schwanz ist am Ende stumpf abgerundet.

Schuppenformel: Squ. 17: G. $\frac{4}{4}$. V. 229. A. $\frac{1}{1}$, Sc. $\frac{36}{36}$.

Die Art variiert somit in der Formel von Squ. 17: G. $\frac{3}{4}$. V. 229—231, A. $\frac{1}{1}$, Sc. $\frac{31}{31}$—$\frac{36}{36}$.

Kopfrumpflänge 249, Schwanzlänge 21, Totallänge 270 mm.

Kopf oben bleigrau. Hals, Rücken und Schwanz mit zwei Reihen grosser quadratischer, bleigrauer, bald zu Querbinden zusammenfliessender, bald alternierend stehender Makeln, etwa

48 auf dem Rumpfe und 7 auf dem Schwanze. Die meisten Schuppen, namentlich aber die der am meisten seitlich stehenden von den elf mittelsten Reihen mit bleigranem Mittelfleck. Die drei untersten Schuppenreihen jederseits und die ganze Körperunterseite rein weiss.

Cope stellt in Proc. Amer. Phil. Soc. 1886 p. 485 die Gattung *Xenocalamus* Gthr. zu *Rhynchonyx* Peters (Mon. Ber. Berlin. Akad. 1869 p. 437), die auf eine Art aus Paraguay begründet ist. Abgesehen davon, dass der Name *Xenocalamus* älter ist, glaube ich auch nicht an die Identität beider Genera, da u. a. *Xenocalamus* doppeltes, *Rhynchonyx* aber einfaches Nasale besitzt.

Die einzigen bekannten Fundorte der Art sind Kinshassa am Stanley Pool, Congo (Hesse) und Malansche am mittleren Quanza in Angola (Peters).

Fam. III. Colubridae.

a. Coronellinae.

25. *Coronella (Mizodon) olivacea* Pts. 1854.

Peters, Mon. Ber. Berlin. Akad. p. 622 und Reise nach Mossambique. Zool. III. Amph. 1882 p. 111. Taf. 17. Fig. 1; **Günther**, Cat. Colubr. Sn. Brit. Mus. 1858 p. 39; **Peters**. Mon. Ber. Berlin. Akad. 1877 p. 614. Taf. —. Fig. 1 (*Neusterophis atratus*); **Mocquard**, Bull. Soc. Philomath. Paris (7. Tome 11, 1887 p. 66.

Ein am Schwanze verletztes Stück von Boma, 20. Dezember 1885; drei Stücke von Banana auf dem Terrain der Holländischen Faktorei im Mai, Juni und Oktober gefangen. Mageninhalt eines Stückes von Banana ein kleiner Frosch (P. Hesse).

Pholidose und Färbung typisch. Auch Peters' *Neusterophis atratus* gehört als oberseits uniform blauschwarze Farbenspielart hierher: sie stimmt mit Günther's Beschreibung vollkommen überein. Die Ungenauigkeiten von Peters' Diagnose dieser Form in Bezug auf die Zahl der Temporalen und die relative Länge der Submentalen kommen auf dessen Abbildung nicht zum Ausdruck, die eine evidente, abnorm mit geteiltem Praeoculare ausgestattete *Coronella olivacea* darstellt.

Frenale quadratisch, so hoch oder höher als breit: Praeoculare jederseits nur eins, hoch und schmal, das Frontale nicht

erreichend. Postocularen 3—3, in Ausnahmefällen 3—2, 2—3
oder 2—2. Temporalen $1 + \frac{1}{1+2}$ oder $1 + \frac{1}{2}$. Die hinteren
Submentalen so lang oder (meist) länger als die vorderen.
Pupille rund.

Schuppenformel:

Boma   Squ. 19: G. $^1/_1$, V. 144. A. $^1/_1$, Sc. ?
Banana   „ 19: „ $^1/_1$. „ 146, „ $^1/_1$; r $^{63}/_{65}$
   „ 19; r $^1/_1$, „ 144. r $^1/_1$. r ?
   „ „ 19: r $^2/_2$. r 143. „ $^1/_1$: „ ?

Die Schuppenformel schwankt bei den bis jetzt in der
Litteratur verzeichneten acht Stücken von Squ. 17—19: G.
$^1/_1$—$^2/_2$, V. 131—146. A. $^1/_1$, Sc. $^{57}/_{57}$...$^{74}/_{74}$ und beträgt im
Mittel Squ. 19: G. $^1/_1$. V. 138, A. $^1/_1$, Sc. $^{66}/_{66}$.

Oberseits blauschwarz, die vier mittelsten Schuppenreihen
des Rückens etwas dunkler und ein von überaus feinen weissen
Linien oder Punkten eingefasstes Dorsalband bildend. Diese
weissen Längslinien verlaufen auf der siebenten Schuppenreihe
von unten, und ähnliche Linien oder Punkte stehen jederseits
oft auch auf der vierten Schuppenreihe von unten. Kopfunterseite, Kehle, der mittlere Teil der Ventralen und die Mittelzone
der Schwanzunterseite rötlichweiss mit lebhaft violett irisieren-
dem Schimmer, alle Ränder schwärzlich gesäumt. Auch alle
Lippenschilder sind am Rande schwärzlich eingefasst.

Auffallend erscheint allerdings, dass Peters seinen *Neusterophis atratus* neben *Coronella olivacea* als bei Tschintschoscho
vorkommend anführt; bei der namentlich von Mocquard betonten
Variabilität dieser Schlange aber in der Anzahl der Praeocularen und in der Färbung und Zeichnung glaube ich in der
Zusammenziehung beider Formen — namentlich auf die sehr
deutlichen Peters'schen Abbildungen hin — keinen Fehler zu
begehen. Die geringe Zahl der von Peters angegebenen Subcaudalen (37) erkläre ich mir aus einer grade bei dieser Species
häufigen Schwanzverletzung und nachträglichen Verheilung.

Bekannt ist die Art sowol aus dem tropischen Teil von
Westafrika als aus Central- und Ostafrika. Einerseits erhielt
ich sie oder finde ich sie in der Litteratur verzeichnet von
Lagos und Abadafi (F. Müller), Brass an der Nigermündung
(Hartert), Tschintschoscho (Peters), Brazzaville (Mocquard),

4

Boma und Banana (Hesse) am Congo und von Malansche (Peters)
in Angola, andererseits vom Weissen Nil zwischen Gondokoro
und Khartum im Sudan (Mocq.), von Arusha im Massai-Gebiet
(J. G. Fischer), Sansibar (Pts.), Madimula in Usaramo (Bttgr.),
Tette (Pts.) und Angôche (Bocage) in Mossambique.

b. Colubrinae.

26. Bothrophthalmus lineatus (Pts.) 1863.

Lichtenstein, Nomencl. Rept. et Amph. Mus. Berolin. 1856 p. 27 (nomen);
Peters, Mon. Ber. Berlin. Akad. 1863 p. 287 (Elaphis); Jan, Iconogr. d. Ophid.
Lief. 20, 1867, Taf. 5 (melanoxostus); Peters & Buchholz, Mon. Ber. Berlin.
Akad. 1875 p. 198 (var. infuscata).

Ein schönes Stück vom Congo, gesammelt von Herrn
Dr. Büttner (Mus. Berlin).

Von Peters' ausführlicher Beschreibung dieser schönen
Schlange weicht das vorliegende Exemplar in folgenden Punkten
ab: Schwanz scharf dreikantig. Das von Peters als Anteorbitale
superius bezeichnete Schild bildet vorn deutliche Sutur mit dem
Frenale, unten solche mit dem Anteorbitale inferius, doch ist
es wegen der Tiefe der Praeoculargrube schwierig zu sehen,
welche dieser Schilder im Verein mit den vorderen Supralabialen
zur Bildung dieser Grube beitragen. Die unvollkommene Zeichnung Jan's ist daher in gewissem Sinne ebenfalls als korrekt
zu bezeichnen. Temporalen $2 + 3$: nur das obere der ersten
Reihe in Contact mit den beiden Postocularen. Mit Jan zähle
ich 8 Supralabialen jederseits, indem die Stellung der Temporalen darauf hinweist, dass ein kleines Schild hinter dem
grossen siebenten Supralabiale, das Peters als letztes auffasst,
noch zur Begrenzung der Mundspalte herbeigezogen werden muss.
Schuppenformel: Squ. 23: G. $^2/_2$, V. 202, A. 1, Sc. $^{67}/_{67}$ + ?
Kopf schmutzig fleischrot mit sieben schwarzen, unregelmässigen Längslinien, indem ausser den von Peters erwähnten
fünf Linien noch je eine weitere längs der Oberkante der
Supralabialen unter dem Auge der gleichfalls schwärzlichen
Mundspalte parallel läuft. Mit demselben Rechte wie von vier
schwarzen Längsbinden auf gelbbraunem Grunde kann man auf
dem Rumpfe von fünf rötlich weissen, schmalen Längsstreifen auf
schwarzem Grunde reden, von denen der äusserste $1^1/_2$, der
folgende 1, der innerste $^1/_2$ Schuppenreihe breit ist. An der

Schwanzbasis verschwindet die äusserste helle Linie, im ersten
Drittel des Schwanzes die Mittellinie, im zweiten die noch
übrigen beiden seitlichen Linien, so dass das Schwanzende oben
schwarz, unten braunrot gefärbt ist.

Jan's Figur seines *B. melanoxostus* stimmt ebenso bis ins
kleinste, nur sind bei unserem Stück die Parietalen etwas mehr
in die Länge gezogen, und die weissen Längsstreifen des Rückens
sind deutlich schmäler. Da somit weitere Unterschiede ausser
der Breite der weissen Längslinien zwischen der Congoform
und dem typischen *B. liuratus - melanoxostus* nicht vorhanden
sind, ziehe ich es vor, der Form als augenscheinlich blosser
Farbenvarietät keinen besonderen Namen zu geben.

Bekannt ist diese schöne und seltene Schlange nur von
der Goldküste (Mus. Berlin, Jan, F. Müller), von Kamerun
(Peters) und vom unteren Congo (Büttner).

c. Natricinae.

27. *Grayia triangularis* (Hall.) 1857.

Hallowell, Proc. Acad. Nat. Sc. Philadelphia Vol. 2, 1844 p. 118
(*Coronella lucris*, non Laur.), Vol. 7, 1854 p. 100 (*C. triangularis*) und Vol. 9,
1857 p. 68 (*Heteronotus*, non Lap.); **Günther**, Cat. Colubr. Sn. Brit. Mus. 1858
p. 51 (*silurophaga*); **Bocage**, Jorn. Sc. Math. Lisboa No. 1. 1866 p. 47 und
No. 44, 1887 p. 19; **F. Müller**, Kat. Herp. Samml. Basel. Mus., IV. Nachtr.
1885 p. 683 und V. Nachtr. 1887 p. 266 (*silurophaga*).

Ein ganz junges Exemplar von Boma, 27. April 1886;
ein ziemlich erwachsenes, leider mit verletztem Schwanz, vom
Terrain der Holländischen Faktorei in Banama, März 1886
(P. Hesse).

In der Pholidose ist das jugendliche Stück von Boma mit
Günther's Diagnose vollkommen übereinstimmend. Das Frontale
ist doppelt so lang als breit, mit parallelen Seiten. Das Nasenloch befindet sich vor der Mitte der Sutur der doppelten Nasalen.
Jederseits 7 Supralabialen; nur das vierte in Contact mit dem
Auge. 5 grosse Temporalen in der Stellung 2 + 3. Links 5,
rechts 6 Infralabialen in Contact mit den Submentalen.

Schuppenformel: Squ. 17; G. 1 + 1/1, V. 156, A. 1/1.
Sc. 94/94.

Färbung und Zeichnung ganz wie sie F. Müller l. c. p. 683
bei einem gleichfalls jungen Exemplare beschrieben hat. Kopf

4*

dunkel olivenbraun, Rücken und Schwanzoberseite mit breiten, schwarzen, rhombischen, nach den Ventralen hin dreieckig verschmälerten Halbbinden, die in der zweiten Hälfte des Rumpfes und auf dem Schwanze zusammenfliessen und hier eine vollkommen einfarbige, schwarze Oberseite erzeugen. Die feinen, eine Schuppenreihe breiten Zwischenräume zwischen diesen schwarzen Querbinden (etwa 26) verbreitern sich nach den Ventralen hin dreieckig und sind wie die ganze Körperunterseite weiss gefärbt. Die Kopfschilder zeigen schwärzliche Säume; namentlich sind die Suturen zwischen zweitem, drittem, viertem und fünftem Supralabiale und einige Suturen der Infralabialen und Submentalen schwarz gefärbt. — Kehl- und Halsgegend unterseits mit einigen schwarzen Rundflecken, Hinterrand der Ventralen im letzten Rumpfdrittel graulich gesäumt, Schwanzmitte unterseits mit schwärzlicher Zickzacklinie.

Recht erhebliche Abweichungen von diesem Stücke in Pholidose und Färbung zeigt das ältere Exemplar von Banana. Hier ist das Frontale nur etwa anderthalbmal so lang als breit und das linke Praefrontale teilt sich in zwei Schilder, so dass linkerseits zwei Frenalen über einander zu liegen kommen. Links 8 — das siebente Supralabiale ist in zwei Schilder geteilt —, rechts 7 Supralabialen. Links 6, rechts 7 Temporalen, indem links das mittelste, rechts ausser diesem auch noch das oberste grosse Temporalschild der zweiten Reihe in zwei hinter einander gelegene kleinere Schilder gespalten ist. Links 5, rechts 6 Infralabialen in Contact mit den Submentalen.

Schuppenformel: Squ. 17; G. 2. V. 153, A. $\frac{1}{1}$, Sc. ?

Oberseits dunkel olivenbraun, in der ersten Rumpfhälfte mit wenig deutlichen, schmalen, eine Schuppenreihe breiten, aus schwarzen und gelbrötlichen Schuppen bestehenden Querbinden (etwa 18), die sich auf den drei äussersten Schuppenreihen dreieckig erweitern und hier an den Seiten anfänglich weisse (2), dann weiss und schwarzgrau gefleckte (5), schwärzlich eingefasste Dreiecke bilden, um allmählich einer uniform grauen, wenig scharf von der braunen Oberseite abstechenden Seitenbinde Platz zu machen. Unterseits uniform gelbweiss; Ventralen des letzten Rumpfdrittels und Subcaudalen mit grauen Hinterrändern; Zickzacklinie auf der Schwanzunterseite wie bei dem vorhin beschriebenen Stück.

Während also das junge Exemplar in der Pholidose mit
Günther's Beschreibung ganz übereinstimmt, passt das ältere
Exemplar in Färbung und Zeichnung genau mit dessen Angaben.
Trotz der etwas abweichend gestellten Temporalen des Stückes
von Banana ist für mich kein Zweifel, dass beide zu einer und derselben Art gehören, die *Gr. triangularis* Hall. genannt werden muss,
da Hallowell's kenntliche Diagnose schon am 24. Februar 1857
der Akademie von Philadelphia vorgelegt worden ist, während
Günther's allerdings weit klarere Beschreibung vom 1. März 1858
datiert. Auch Hallowell's Exemplar besitzt die 8 ihm zuge-
schriebenen Supralabialen nur einseitig; auf der rechten Kopfseite zeigt dasselbe die normale Zahl 7. *Gr. furcata* Mocq.
(Bull. Soc. Philomath. Paris (7) Vol. 11, 1887 p. 71) von
Brazzaville scheint dagegen auch mir eine gute zweite Species
dieser interessanten Gattung zu sein.

Die Art ist bis jetzt gefunden in Liberia (Hallowell,
F. Müller), bei Ajuda in Dahome (Bocage), bei Mungo und
Kamerun (Peters), am Congo (Bocage) und hier speziell bei
Boma und Banana (Hesse).

Fam. IV. **Psammophidae.**

28. *Psammophis sibilans* (L.) 1758.

Linné, Syst. nat. ed. 10, Vol. 1 p. 222 *(Coluber)*; Günther, Cat. Colubr.
Sn. Brit. Mus. 1858 p. 136; Jan, Iconogr. d. Ophid. Lief. 34, Taf. 3, Fig. 3;
Peters, Mon. Ber. Berlin. Akad. 1876 p. 118 und 1877 p. 615; Boettger, Abh.
Senckenberg. Nat. Ges. Bd. 12, 1881. Aufz. Senegamb. Kriechth., S. A. p. 27;
F. Müller, Kat. Herp. Samml. Basel. Mus., IV. Nachtr. 1885 p. 686; Mocquard,
Bull. Soc. Philomath. Paris (7) Tome 11, 1887 p. 78.

Sehr zahlreich von Herrn P. Hesse in den Monaten
November bis Mai beobachtet und vom Terrain der Hollän-
dischen Faktorei in Banana in 5, von Povo Nemlao in 7,
von Povo Netonna in einem, von San Antonio am linken
Congoufer in einem Exemplar eingeschickt. Das Stück von
Povo Netonna hatte als Mageninhalt eine Ratte.

Habitus robust; Kopf verlängert, hinten schwach abgesetzt,
vorn nicht abgestutzt; Stirngegend platt; Frenalgegend concav.
Supralabialen constant 8—8, das vierte und fünfte ans Auge
tretend. Frenale doppelt so lang wie hoch; oberes Ende des
Praeoculare nicht ans Frontale tretend. Nasenloch zwischen

zwei und bei älteren Stücken namentlich oft auch zwischen drei Schildern. Im letzteren Fall ist das hintere Nasale als quergeteilt zu betrachten. Praeoculare ohne oder seltener mit querem Einschnitt, so dass zwei übereinander gestellte Praeocularen vorhanden sein können. Einmal 3 2, einmal 3—3 Postocularen. 5—5 bis 6—6 Infralabialen (die Zahl 5—5 ist häufiger) treten an die Submentalen. Temporalen in der Formel $\frac{1}{1+1} + 3$ oder $2 + 2 + 3$, beide Stellungen gleich häufig.

Schuppenformel:

		Squ.	G.	V.	A.	Sc.
Banana		17;	$^2/_2$,	162,	$^1/_1$,	?
"	"	17;	$^3/_3$,	167,	$^1/_1$,	?
"	"	17;	$^3/_3$,	167,	$^1/_1$,	?
"	"	17;	$^2/_2$,	168,	$^1/_1$,	$^{99}/_{99}$.
"	"	17;	$^3/_2$,	172,	$^1/_1$,	$^{105}/_{105}$.
Povo Nemlao	"	17;	$^2/_2$ (Kopf).			
"	"	17;	$^3/_3$,	167,	$^1/_1$,	$^{96}/_{96}$.
"	"	17;	$^3/_2$,	169,	$^1/_1$,	$^{102}/_{102}$.
"	"	17;	$^2/_2$,	170,	$^1/_1$,	?
"	"	17;	$^3/_3$,	171,	$^1/_1$,	$^{98}/_{98}$.
"	"	17;	$^2/_2$,	172,	$^1/_1$,	$^{98}/_{98}$.
"	"	17;	$^3/_3$,	172,	$^1/_1$,	$^{99}/_{99}$.
Povo Netonna .	"	17;	$^3/_4$,	164,	$^1/_1$,	$^{94}/_{94}$.
San Antonio .	"	17;	$^3/_3$,	169,	$^1/_1$,	$^{94}/_{94}$.

Nach den 14 vorliegenden Stücken schwankt die Pholidose der Sibilans-Form des unteren Congogebietes von Squ. 17; G. $^2/_2$—$^3/_4$, V. 162—172, A. $^1/_1$, Sc. $^{91}/_{91}$—$^{105}/_{105}$ und die Durchschnittsformel stellt sich auf Squ. 17; G. $^3/_3$, V. 168, A. $^1/_1$, Sc. $^{98}/_{98}$.

Oberseits nahezu einfarbig braungrau oder olivenbraun mit etwas dunklerem Centrum der Kopfschilder und im Alter meist undeutlicher Kopfzeichnung. Junge Stücke besitzen braune, unregelmässig gestellte, schwarz umsäumte, ziemlich kleine Makeln auf den Kopfschildern. Schuppen stets mit deutlichen schwarzen Rändern, wodurch den Schuppenreihen folgend zahlreiche, aber wenig markierte schwarze Längslinien entstehen. Die schmale, gelbgraue Dorsallinie wird durch breitere, dunkle Schuppenränder am deutlichsten abgehoben, ist aber im Alter häufig kaum mehr erkennbar. Labialen und Halsseiten lebhaft schwarz punktfleckig; Praeoculare gelb. Unterseite rötlichgelb, an jeder Seite des Bauches zwei oft etwas verwaschene und dann undeutliche, grauliche, nach hinten verschwindende Punktreihen. Ein Stück von Povo Nemlao zeigt jederseits an den Seiten der Ventralen eine durchlaufende, feine, schwarze Längslinie, die gegen den After hin undeutlich wird und auf der Schwanzunterseite verschwunden ist.

Nach Pholidose und Färbung dürfte diese Form des unteren Congo somit wohl der var. *irregularis* Fisch. zuzurechnen sein. Nach J. G. Fischer, der diese Form auch vom Gabun erwähnt, zieht sich ihr Verbreitungsgebiet quer durch das ganze aequatoriale Afrika bis ins Massai-Gebiet Ostafrikas (= var. *Mossambica* Pts. des Ostens). Ich kenne sie auch aus dem Senegal.

Diese in Vorderasien, Arabien und ganz Afrika verbreitete, überall häufige Schlange, die bis jetzt höchstens in Marocco vermisst wird, wohnt in Westafrika vom Senegal abwärts bis zum Capland. Speziell ist sie u. a. gefunden an der Mündung des Senegal bis Bakel (Steindachner) und bei Dakar, Nianing und Rufisque (Boettger) im Senegal (A. Duméril), am Gambia (Günther), auf der Insel Tumbo (F. Müller), Grand Bassam an der Zahnküste (A. Dum.), bei Akropong (F. Müller) und Peki (J. G. Fischer) an der Goldküste, in Kamerun (Peters), am Gabun (J. G. Fischer), am Cap Lopez (Peters), bei Tschintschoscho (Pts.), bei Diélé am Alima-Fluss und Brazzaville (Mocquard), am Congo (Sauvage), bei Povo Nemlao, Povo Netonna, San Antonio und Banana am unteren Congo (Hesse), in Angola (Günther), bei Catumbella in Benguella und aus dem Innern von Mossamedes (Bocage), bei Otjimbingue in Hereroland (Pts.), in Damara- und ganz Namaland (Bttgr.). Im Capland ist sie weit verbreitet (Gthr., Jan, Boulenger, Bttgr.) und fehlt auch nicht in Natal, Kaffraria und am Orange-Fluss (Blgr.). Weiter geht sie quer durch ganz Centralafrika und die Tanganjika-Gegend (Dollo) bis Aruscha im Massai-Gebiet (J. G. Fischer), Sansibar (Gthr., Dollo), die Sambesi- und Nyassa-Region (Gthr.) und ganz Mossambique (Pts.) und fehlt auch nicht bei Taita an der Ostküste (Pts.).

29. *Dromophis Angolensis* (Boc.) 1872.

Bocage, Jorn. Sc. Math. Lisboa No. 13, 1872 p. 82 *(Amphiophis)*; **Peters**, Mon. Ber. Berlin. Akad. 1877 p. 620 *(Ablabes Homeyeri)* und Sitz. Ber. Ges. Nat. Fr. Berlin 1881 p. 149 *(Amphiophis)*.

Ein Stück von **Ambrizette** im portugiesischen Congogebiet, gesammelt im August 1886 (P. Hesse).

Die prachtvoll gefärbte kleine Schlange stimmt in der
Beschuppung ganz mit Peters' kurzer Beschreibung von *Ablabes
Homeyeri* überein, und auch in der Färbung und Zeichnung
weicht sie nur unwesentlich von ihr ab. Körper schlank, Schwanz
von fast Drittel-Totallänge. Ventralen nicht kantig umgebogen.
Kopf doppelt so lang wie breit. Schnauze fast anderthalbmal
so lang wie der Augendurchmesser. Rostrale oben zugespitzt.
nicht zwischen die Internasalen tretend; diese fast doppelt so
breit als lang; Praefrontalen doppelt so gross wie die Internasalen, so lang wie breit. Frontale mehr als doppelt so lang
wie breit, mit parallelen Seitenrändern. Supraorbitalen und
Parietalen in die Länge gezogen, letztere hinten einzeln abgerundet. Nasale in der Mitte senkrecht geteilt, Praenasale etwas
höher als Postnasale. Nasenloch genau auf der Nasalsutur
stehend, ein wagrechtes Oval bildend. Frenale länger als hoch.
durch eine schiefe Furche der Länge nach ausgehöhlt, hinten
mit verrundetem Rande in das ausgerandete Praeoculare ein-
passend. Ein hohes, unten stark verschmächtigtes Praeoculare,
das auf dem Scheitel das Frontale nicht erreicht. Auge gross;
Pupille rund. Postocularen links 3, rechts 2. Temporalen jederseits 1 + 2. Supralabialen 8—8, niedrig, das vierte und fünfte
ans Auge tretend, das fünfte, sechste und siebente von ziemlich
gleicher Breite. Infralabialen ebenfalls 8—8, das erste Paar
hinter dem Mentale eine lange Sutur bildend; 5 Infralabialen
in Contact mit den Submentalen, die drei letzten schmal.
Hintere Submentalen länger als die vorderen. Schuppen glatt,
mit einer Pore.

Schuppenformel: Squ. 11; G. $^2/_2$; V. 144, A. $^1/_1$, Sc. $^{11}/_{81}$.

Färbung vorn graulich, nach hinten allmählich rotgrau
und gelbrötlich werdend. Kopf dunkelbraun mit drei schmalen,
gelben Querbinden ganz wie in Peters' Beschreibung. Längs
der Rückenmitte ein scharf markierter, dunkelbrauner Dorsal-
streif, der sich auf dem Nacken kreuzförmig zu drei braunen
Querbinden — zwei vorderen breiteren und einer hinteren,
etwas weiter entfernten, schmäleren — aussackt. Alle diese
dunklen Zeichnungen, namentlich auf Kopf und Hals sind durch
einen feinen, weisslichen Saum von der hellen Grundfarbe

abgehoben. Die von Peters erwähnten feinen Längslinien der Körperseiten und der Ventralen fehlen bei dem vorliegenden Stücke.

Kopfrumpflänge 263, Schwanzlänge 116, Totallänge 379 mm.

An *Ablabes*, zu welcher Gattung Peters die Art anfangs stellen wollte, ist des Gebisses wegen, das, wie auch der ganze Habitus, Färbung und Zeichnung der Schlange, an *Dromophis* erinnert, nicht wohl zu denken. Der Oberkiefer ist ziemlich kurz und relativ sehr kräftig. Von den nur etwa 8 Zähnen desselben stehen die 3 vordersten nahe bei einander in gleichen Zwischenräumen, der vierte ist vom dritten und der fünfte vom vierten ebenfalls durch einen gleichen, aber grösseren Zwischenraum getrennt. Der fünfte Zahn ist der grösste und steht gerade unter der mittleren Verbreiterung des Maxillare. Der sechste Zahn ist weit entfernt, ebenso der siebente; beide sind kleiner als der fünfte Zahn und nehmen allmählich an Grösse ab. Der hinterste, achte Zahn ist der Ansatzstelle nach, die allein erhalten ist, gross und kräftig gewesen; ob er ein Furchenzahn war, lässt sich nicht mehr entscheiden. Wir haben somit ein nahezu typisches Psammophidengebiss vor uns, wie es Peters für *Dromophis* beschreibt, und wie es auch Barboza du Bocage für seine unsere Art enthaltende Gattung *Amphiophis* verlangt. Die Zuteilung der Art zu *Dromophis* ist somit durchaus wahrscheinlich, und *Dromophis Angolensis* (Boc.) neben *Dr. prae-ornatus* (Schleg.) die zweite Species dieser schönen, auf das tropische Afrika beschränkten Gattung. Von einer Ähnlichkeit des Gebisses mit *Ablabes* oder *Chrysopelea* kann gar nicht die Rede sein; unsere beiden Arten sind vielmehr, trotz ihrer äusseren Ähnlichkeit mit gewissen Dendrophiden, zur Familie der Psammophiden zu stellen.

Nach den beiden mir zu Gebote stehenden Schuppenformeln schwankt die Art zwischen Squ. 11: G. $^2/_2$, V. 144—149, A. $^1/_1$, Sc. $^{81}/_{81}$.

Bekannt ist sie bis jetzt nur von Malansche und Pungo Andongo im mittleren Quanzagebiet (Peters) und Ambrizette (Hesse) in Angola. Das British Museum besitzt die Art überdies noch nach einer gütigen brieflichen Mitteilung des Herrn G. A. Boulenger vom Nyassa-See, wo sie von Herrn A. A. Simons gesammelt worden ist.

— 58 —

Fam. V. Dendrophidae.

30. *Philothamnus dorsalis* (Boc.) 1866.

Bocage, Jorn. Sc. Math. Lisboa No. 1, 1866 p. 69 und No. 3, 1867 p. 10 (*Leptophis*), No. 33, 1882, S. A. p. 9, Fig. 3 und No. 44, 1887, S. A. p. 9; Peters, Mon. Ber. Berlin. Akad. 1876 p. 119 und 1877 p. 620; Sauvage, Bull. Soc. Zool. France Tome 9, 1884 p. 201.

Von dieser am unteren Congo häufigen Art liegen vier Exemplare vom Terrain der Holländischen Faktorei in Banana, vier von Povo Nemlao bei Banana, eins von Vista vor, sämtlich durch Herrn P. Hesse gesammelt; ein Stück brachte Herr Dr. Büttner vom unteren Congo mit. Die Art wurde im März, Mai, Juli, Oktober und Dezember gefangen, scheint also zu allen Zeiten des Jahres anzutreffen zu sein.

Supralabialen 9—9, Temporalen jederseits 1 + 1 + 1; 6—6 Infralabialen in Contact mit den Submentalen. Überhaupt in der Beschilderung vollständig mit Bocage's Beschreibung und Abbildung übereinstimmend und in der Kopfpholidose auffallend constant.

Schuppenformel:

Banana	Squ. 15;	G. $^2/_2$,	V. 171,	A. $^1/_1$,	Sc. $^{121}/_{121}$.
„	„ 15;	„ $^2/_2$,	„ 171,	„ $^1/_1$,	„ $^{135}/_{135}$.
„	„ 15;	„ $^3/_3$,	„ 173,	„ $^1/_1$,	„ $^{125}/_{125}$.
„	„ 15;	„ $^3/_3$,	„ 174,	„ $^1/_1$,	„ $^{136}/_{136}$.
Povo Nemlao	„ 15;	„ $^2/_2$,	„ 172,	„ $^1/_1$,	„ $^{124}/_{124}$.
„	„ 15;	„ $^2/_2$,	„ 175,	„ $^1/_1$,	„ $^{118}/_{118}$.
„	„ 15;	„ $^2/_2$,	„ 180,	„ $^1/_1$,	„ $^{127}/_{127}$.
„	„ 15;	„ $^2/_2$,	„ 180,	„ $^1/_1$,	„ ?
Vista	„ 15;	„ $^2/_2$,	„ 180,	„ $^1/_1$,	„ $^{131}/_{131}$.
Congo	„ 15;	„ $^2/_3$,	„ 178,	„ $^1/_1$,	„ $^{136}/_{136}$.

Die Formel der 16 mir der Pholidose nach bekannten Stücke dieser Art schwankt von Squ. 15; G. $^2/_2$—$^3/_3$, V. 170—180, A. $^1/_1$, Sc. $^{118}/_{118}$—$^{136}/_{136}$ und beträgt im Mittel Squ. 15; G. $^2/_2$, V. 175, A. $^1/_1$, Sc. $^{129}/_{129}$.

Heller oder dunkler erzfarbig, der dunkelbraune Rückenstreif drei Schuppenreihen breit. Schnauze und Vorderkopf kupferrot. Bei jüngeren Stücken ist die dunkle Dorsallinie auf dem Halse in eng an einander gerückte, dunkle Querbinden aufgelöst, bei älteren der ganze Rücken in der vorderen Rumpfhälfte oft mit himmelblauen oder weissen Strichelchen, die durch

— 59 —

die Schuppenränder erzeugt werden, geziert. Die Bauchkante ist durch eine feine, bräunliche oder schwärzliche Linie markiert.

Bekannt ist die Art bis jetzt vom Gabun (Sauvage), Ogowe (Peters), von Molembo in Loango (Bocage), Vista (Hesse), vom unteren Congo (Sauv., Büttner) und hier speciell von Povo Nemlao und Banana (Hesse), von San Salvador in Congo, von Dombe, vom Rio Dande, von Loanda (Boc.) und Pungo Andongo (Pts.) in Angola (Günther, Sauv.), sowie von Catumbella und Benguella in Benguella (Bocage).

31. *Philothamnus heterodermus* (Hall.) 1857.

Hallowell, Proc. Acad. Nat. Sc. Philadelphia Vol. 9, 1857 p. 54 *(Chlorophis)*; Cope, ibid. Vol. 12, 1860 p. 559 *(Chlorophis)*; Günther, Ann. Mag. Nat. Hist. (3) Vol. 9, 1863 p. 282 *(Ahaetulla)*; Bocage, Jorn. Sc. Math. Lisboa No. 33, 1882 p. 19.

Von dieser Art liegt ein junges, bei Povo Nemlao nächst Banana von Herrn P. Hesse am 11. September 1886 gesammeltes Exemplar vor.

Die Art ist ausgezeichnet durch ungeteiltes Anale, sehr geringe Anzahl der Ventralen (157—161), kurzen Schwanz, weiter durch 9 Supralabialen, von denen das fünfte und sechste und meist auch das vierte mit dem Auge in Berührung kommt, und durch die Temporalenstellung $\frac{1+1}{1+1+1}$ oder $\frac{1+1+1}{1+1+1}$. Das Frenale ist kaum mehr als halbmal länger als hoch, also nicht durch besondere Länge ausgezeichnet. Der Kopf ist anscheinend kürzer und breiter als bei den meisten übrigen Arten der Gattung, die Schnauze nur $1\frac{1}{4}$ mal länger als der Augendurchmesser. Links zähle ich 9 Supralabialen, von denen das vierte, fünfte und sechste mit dem Auge in Contact stehen, rechts 8, von denen das vierte und fünfte allein ans Auge treten. Ventralen an den Seiten schwach, aber deutlich gekielt.

Schuppenformel: Squ. 15; G. $\frac{1}{1}$, V. 161, A. 1, Sc. $\frac{67}{67}$ + ?

Nasenloch abweichend von Hallowell's und übereinstimmend mit Cope's Schilderung normal, zwischen zwei Schildern. Der Schwanz ist leider an seiner Spitze verletzt, dürfte aber seiner ganzen Form nach nicht „sehr" viel länger gewesen sein.

Das vorliegende Stück ist jung. Seine Färbung ist dunkel olivenbraun, und Hals und erstes Rumpfdrittel zeigen zahlreiche, schmale, schwärzliche Querbinden und weisse Schuppenränder.

Die Zeichnung ist also sehr ähnlich der von *Ph. alborariatus* Smith, aber ohne jedes Grün. Die Unterseite ist weissgrau, orangerot und grün irisierend.

Eine Vergleichung mit dem Schlüssel der Gattung *Philothumnus*, welche Bocage l. c. p. 3 gibt, zeigt, dass die uns vorliegende Art mit *Ph. Smithi* identisch sein müsste, was aber schon wegen der geringen Anzahl der Ventralen unmöglich ist. Dagegen dürfte *Ph. alborariatus* Smith in Pholidose und Färbung (vergl. Smith's Taf. 65) sehr mit der mir vorliegenden Schlange übereinstimmen, und nur die Angabe Smith's, dass das Auge seiner Art relativ klein sei (die Schnauze ist bei ihr anderthalbmal länger als der grösste Augendurchmesser), und die grössere Anzahl der Subcaudalen ($^{122}/_{122}$ bei *Ph. alborariatus* gegen $^{83}/_{83}$ bei *heterodermus*) verhindern mich, *Ph. heterodermus* (Hall.) für ein Synonym der Smith'schen Art zu halten.

Diese Species ist meines Wissens bis jetzt nur von der Goldküste (F. Müller), von Kamerun (Peters, F. Müller), vom Gabun (Hallowell) und von Povo Nemlao bei Banana (Hesse) bekannt geworden.

32. *Philothumnus heterolepidotus* (Gthr.) 1863.

Günther, Ann. Mag. Nat. Hist. (3) Vol. 9 p. 283 *(Ahaetulla)* und 1872 p. 26 *(Leptophis)*: **Bocage**, Jorn. Sc. Math. Lisboa No. 1, 1866 p. 69 *(Leptophis)*, No. 33, 1882 p. 8, Fig. 2 und No. 44, 1887, S. A. p. 9: **Sauvage**, Bull. Soc. Zool. France Tome 9, 1884 p. 201 *(heterodonta)*.

Ein schönes Exemplar von B o m a, 6. Februar 1886 (P. Hesse).

Die Art ist ausgezeichnet durch die grosse Anzahl der Gularschilder, durch 9—9 Supralabialen und die Temporalenstellung 1 + 1. Das vierte, fünfte und sechste Supralabiale stehen in Contact mit dem Auge. Das vorliegende Stück ist ganz übereinstimmend mit Bocage's Beschreibung und Abbildung, aber die Ventralen sind nur leicht umgebogen, nicht gekielt.

Schuppenformel: Squ. 15; G. $^{6}/_{5}$, V. 180, A. $^{1}/_{1}$, Sc. $^{134}/_{134}$.

Oben prachtvoll grünblau, auf Kopf und Mittelrücken mit bräunlichem Anflug. Temporalgegend viel dunkler blau als die Frenalgegend.

Die Schuppenformel dieser sehr distincten Species schwankt zwischen Squ. 15; G. $^{6}/_{5}$, V. 175—190. A. $^{1}/_{1}$, Sc. $^{115}/_{115}$—$^{135}/_{135}$

und beträgt im Mittel von 8 Messungen Squ. 15: G. $^6/_5$. V. 182,
A. $^1/_1$, Sc. $^{125}/_{125}$.

Sie ist nachgewiesen von Porto Novo (Boettger) und Lagos
(Günther), von Boma (Hesse) am Congo (Sauvage), von San
Salvador in Congo, dem Quango, von Dondo und Duque de
Braganza in Angola (Bocage), von Caconda in Bengnella und
vom Weissen Nil (Bocage).

33. Philothamnus irregularis (Leach) 1819.

Leach, in Bowdich's Ashautee, App. p. 494 *(Coluber)*; **Peters,** Mon. Ber.
Berlin. Akad. 1877 p. 615 und 620 und Sitz. Ber. Ges. Nat. Fr. Berlin 1881
p. 149; **Boettger**, Abh. Senckenberg. Nat. Ges. Bd. 12, 1881, S. A. p. 28;
Bocage, Jorn. Sc. Math. Lisboa No. 33, 1882 p. 4, Fig. 1.

Zwei stattliche Stücke von Povo Netonua bei Banana.
von Herrn P. Hesse im Juni und September 1886 gesammelt.

Ganz typisch in Pholidose und Färbung. Supralabialen
9—9, das vierte, fünfte und sechste in den Augenkreis tretend;
Temporalen jederseits $1 + \frac{1}{1}$. Schwanzlänge höchstens ein
Drittel der Gesamtkörperlänge ausmachend. Überhaupt bis ins
Einzelne mit Bocage's Abbildung und Beschreibung überein-
stimmend.

Schuppenformel: Squ. 15; G. $^2/_2$, V. 152, A. $^1/_1$. Sc. $^{110}/_{110}$.

„ 15; „ $^2/_2$, „ 158, „ $^1/_1$, „ $^{100}/_{100}$.

Kopfrumpflänge 645, Schwanzlänge 292, Totallänge
937 mm. — Schwanzlänge zu Totallänge also wie 1 : 3.21 (bei
Bocage wie 1 : 3.5).

Oberseits einfarbig grün, die Kopf- und Rückenmitte mit
einem Stich ins Braune, die schwarzen Schuppenränder des
Vorderrumpfes meist deutlicher als die übrigens niemals fehlen-
den weissen Schuppenfleckchen.

Die Schuppenformel dieser Art schwankt zwischen Squ. 15;
G. $^2/_2$, V. 151—177, A. $^1/_1$. Sc. $^{96}/_{96}$—$^{119}/_{119}$ und beträgt im
Mittel von 11 Messungen Squ. 15; G. $^2/_2$, V. 162, A. $^1/_1$, S. $^{101}/_{101}$.

Sichere Fundorte derselben sind Rufisque im Senegal
(Boettger), Gambia (Günther), Bissao, Bissagos-Inseln (Bocage),
Akropong (F. Müller) an der Goldküste, Aschantiland (Leach),
Porto Novo (Boettger) an der Sklavenküste (Gthr.), Brass an
der Nigermündung (Hartert), Kamerun (Peters), Tschintschoscho

(Peters), Povo Netonna bei Banana (Hesse), Bolama, Duque de Braganza (Bocage), Pungo Andongo, Malansche und Cuango (Peters) in Angola und Capangombe u. a. O. im Innern von Mossamedes (Bocage).

34. *Hapsidophrys smaragdina* (Boje) 1827.

Boje, Isis p. 547 *(Dendrophis)*; Schlegel, Essai s. l. phys. d. Serp. Tome 2, 1837 p. 237 *(Dendrophis)*; Duméril & Bibron, Erp. gén. Tome 7 p. 537 *(Leptophis)*; Hallowell, Proc. Acad. Nat. Sc. Philadelphia Vol. 9, 1857 p. 52 *(Leptophis)*; Günther, Cat. Colubr. Sn. Brit. Mus. 1858 p. 151; Jan, Elenco sist. d. Ofidi 1863 p. 84 und Icon. d. Ophid. Lief. 49, Taf. 6, Fig. 1a und c *(Leptophis)*; Peters, Mon. Ber. Berlin. Akad. 1877 p. 615; F. Müller, Kat. Herp. Samml. Basel. Mus. 1878 p. 607 und IV. Nachtr. 1885 p. 683; Sauvage, Bull. Soc. Zool. France Tome 9, 1884 p. 201 *(Leptophis)*; Bocage, Jorn. Sc. Math. Lisboa No. 41, 1887, S. A. p. 10.

Je ein Stück von Cabinda, 22. April 1885, und Vista, September 1886; zwei Stücke von Banana, März und Juli 1886 (P. Hesse).

Die Exemplare stimmen genau mit Duméril & Bibron's ausführlicher Beschreibung und mit Jan's oben citierten Figuren überein und zeigen meist 9—9 Supralabialen, 1 + 2, seltener 1 + 1 Temporalen, und das fünfte und sechste Supralabiale allein in Contact mit dem Auge. Ein Stück von Banana besitzt dagegen 8—9, das andere 8—8 Supralabialen, von denen in diesem Falle das vierte und fünfte an das Auge treten. 6—6 und bei dem letztgenannten Stücke von Banana 5—5 Infralabialen in Berührung mit den Submentalen.

Schuppenformel:

Cabinda Squ. 15; G. $^2{}_2$, V. 156, A. $^1{}_1$, Sc. $^{116}{}_{116}$.
Vista   „ 15; „ $^2{}_2$, „ 155, „ $^1{}_1$, „ ?
Banana „ 15; „ $^1{}_1$, „ 159, „ $^1{}_1$, „ $^{111}{}_{111}$.
    „   15; „ $^1{}_1$, „ 162, „ $^1{}_1$, „ $^{114}{}_{114}$.

Die Form des unteren Congo variiert somit von Squ. 15; G. $^1{}_1$—$^2{}_2$, V. 155—162, A. $^1{}_1$, Sc. $^{111}{}_{111}$—$^{116}{}_{116}$ und beträgt im Mittel von 4 Zählungen Squ. 15; G. $^1{}_1$, V. 158, A. $^1{}_1$, Sc. $^{115}{}_{115}$.

Längs der Supralabialen zieht ein schmaler, schwarzer Frenalstreif, der, über das Auge hinaus fortsetzend, an allen Schildercommissuren gleichsam ausfliessend, sich nach hinten etwas verbreitert. Mässig hellere Schuppenkiele und die bleichere (aber noch nicht weisse) Basis der Seitenschuppen lassen, namentlich am Halse, die von Schlegel erwähnten hellen, in Längsreihen gestellten Flecke auch bei unseren Stücken erkennen. Meines Wissens ist diese Schlange aus Westafrika bekannt von der Tumbo-Insel (F. Müller), von Sierra Leone (Mus. Senckenberg.), Liberia (Hallowell), Elima in Assini, Zahnküste (Vaillant), von der Goldküste (Schlegel, Jan, F. Müller, Sauvage), von Aschantiland (Günther), von der Niger- (Günther) und Brass-Mündung (Mus. Senckenberg.), von Kamerun (Peters, F. Müller), Insel do Principe (Boc.), Gabun (Dum. & Bibr., Hallowell, A. Dum., Sauvage). Tschintschoscho in Loango (Peters), Vista, Cabinda und Banana (Hesse) am Congo (Sauvage, Bocage), dem anscheinend südlichsten Punkte ihrer weiten geographischen Verbreitung.

35. *Thrasops flavigularis* (Hall.) 1852 typ. und var. *pustulata* Buchh. & Pts. 1875.

Hallowell, Proc. Acad. Nat. Sc. Philadelphia Vol. 6, 1852 p. 205 *(Dendrophis)* und Vol. 9, 1857 p. 67; Buchholz & Peters, Mon. Ber. Berlin. Akad. 1875 p. 199 und 1876 p. 119 *(pustulatus)*; Peters, ibid. 1877 p. 615.

Von dieser schönen Baumschlange liegen vier z. T. gut erhaltene Exemplare von Povo Nemlao bei Banana vor, gesammelt von December bis Mai, sowie ein schwarzes Stück von Vista. Im Magen eines dieser Stücke fand Herr P. Hesse ein *Chamaeleon gracilis* Hall. Sie heisst auf fiote „m'duma".

Zu Hallowell's guter Beschreibung von 1857 ist kaum etwas nachzutragen, doch finde ich häufiger 15 als 13 Schuppenreihen. Rostrale übergebogen, oben wenig schmäler als unten; Internasalen fast so gross wie die Praefrontalen; Frontale vorn so breit wie lang; Parietalen kaum länger als breit. Nasenloch zwischen zwei Schildern; Frenale rechteckig oder rhombisch; 1—1, seltner (zweimal) 2—2 Praeoculoren, 3—3 Postoculoren; 8—8 Supralabialen, viertes und fünftes ans Auge tretend. Temporalen 1 + 1. 6-6 bis 7-7 Infralabialen in Contact mit den Submentalen. Pupille rund. Alle Rückenschuppen mit Ausnahme der äussersten Reihe schwach gekielt.

Schuppenformel:

Povo Nemlao Squ. 13: G. $\frac{2}{2}$, V. 212, A. $\frac{1}{1}$, Sc. $\frac{137}{137}$.

„   „   15: „ $\frac{2}{2}$, „ 211, „ $\frac{1}{1}$, „ $\frac{132}{132}$.

„   „   15; „ $\frac{2}{2}$, „ 205, „ $\frac{1}{1}$, „ ?

Povo Nemlao (var. *pustulata*):

> Squ. 15: G. ¹/₂. V. 201, A. ¹₁, Sc. ¹³³/₁₃₃.

Vista „ 15: „ ²/₂, „ 199, „ ¹/₁, „ ¹²⁵/₁₂₅ + ?

Die Form des unteren Congo variiert somit von Squ. 13—15; G. ¹/₂—²/₂, V. 199—212, A. ¹/₁, Sc. ¹³²/₁₃₂—¹³⁷/₁₃₇ und beträgt im Mittel von 5 Messungen Squ. 15; G. ²/₂, V. 206, A. ¹/₁, Sc. ¹³⁴/₁₃₄.

Farbe meist tiefschwarz, sammtglänzend, Kopf dunkel schwarzbraun glänzend, ein Halbring um das Auge und die Frenalgegend braungelb, Kopfunterseite und Kehle braungelb, fein schwärzlich gepudert. Doch kommt auch die von Buchholz & Peters beschriebene var. *pustulata* (? ♂) mit hellerer und etwas bunterer Färbung an derselben Lokalität Povo Nemlao vor. Beide Formen zeigen, wie gesagt, häufiger 15 als 13 Schuppenreihen im vorderen Rumpfdrittel.

Meines Wissens ist die Art bis jetzt nur bekannt von Liberia (Hallowell), Mungo und Kamerun (Peters), Gabun (Hall.), Tschintschoscho in Loango (Pts.) und von Vista und Banana (Hesse).

36. *Crypsidomus aethiops* Gthr. 1862.

Günther, Ann. Mag. Nat. Hist. Vol. 9, 1862 p. 129 *(Rhamnophis)* und Proc. Zool. Soc. London 1864 p. 309; **Peters,** Mon. Ber. Berlin. Akad. 1875 p. 199 und 1876 p. 119 *(Rhamnophis).*

Ein von Herrn Dr. Büttner am Gabun gesammeltes Stück (Mus. Berlin No. 10578).

Ein stattliches Exemplar, ausgezeichnet durch nur ein einziges Temporale und die beiden auffallend grossen Postparietalen. 1—1 Prae-, 2—2 Postocularen, 8—8 Supralabialen, von denen das vierte und fünfte das Auge berühren.

Schuppenformel: Squ. 17; G. ¹/₁, V. 174, A. ¹/₁, Sc. ¹⁵⁷/₁₅₇.

Oberseits blauviolett, alle Kopfschilder und Rückenschuppen mit breiten, schwarzen Säumen. Jedes Parietale in der Mitte mit einem grossen, schwarzen Fleck. Schwanz mit fünf schwarzen Längsstreifen. Unterseite gelblich, die Ventralkiele rein weiss, die umgebogenen Seitenteile der Ventralen mit violettem Anflug.

Der Verbreitungsbezirk dieser Art scheint verhältnismässig beschränkt zu sein, da man sie u. a. nur von Kamerun (Peters), Gabun (Büttner) und dem Ogowe (Pts.) kennt.

37. *Bucephalus Capensis* Smith 1849.

Smith. Illustr. Zool. S. Africa, Rept. Taf. 11 (var. *Belli*); **Duméril & Bibron.**
Erp. gén. Tome 7, 1854 p. 878 *(typus)*; **Günther.** Cat. Colubr. Sn. Brit. Mus.
1858 p. 143; **Jan.** Icon. d. Ophid. Lief. 32, 1869, Taf. 4, Fig. 1; **Peters.** Sitz.
Ber. Ges. Nat. Fr. Berlin 1881 p. 149 *(typus)*: **Boettger**, Abh. Senckenberg.
Nat. Ges. Bd. 12, 1881, S. A. p. 29 (var.) und Ber. Senckenberg. Nat. Ges.
1887 p. 160.

Ein Stück vom Congo, gesammelt von Herrn Dr. Büttner
(Mus. Berlin).

In Bezahnung. Pholidose. Färbung und Zeichnung normal
und namentlich gut übereinstimmend mit Jan's oben citierter
Abbildung eines Stückes vom Cap. Oben schwarz mit gelben,
unten gelb mit schwarzen Zeichnungen.

Schuppenformel: Squ. 19: 6, 2. V. 180, A. 1 1. Sc. ^{101}int.

Verbreitet ist die Art im ganzen tropischen und südlichen
Afrika von Rufisque (Boettger) im Senegal, von der Goldküste
(F. Müller). dem Congo (Büttner). Malansche am Quango (Peters)
in Angola (Bocage), Caconda (Bocage) bis Humbe am Cunene
(Bocage) und Ondonga (Bttgr.) in Ovamboland auf der Westküste,
dann von Mauroi am Pangani in Massailand (J. G. Fischer),
dem Tanganjika (Dollo). Angöche (Bocage), Sena. Matundo.
Tette und Cabaceira (Peters) in Mossambique auf der Ostküste,
sowie in Alt-Lattaku nördlich von Griqualand-West (Smith) bis
Natal (Boulenger) und Capland (Smith. Jan. F. Müller. Blgr.).

Fam. VI. Dryiophidae.

38. *Dryiophis Kirtlandi* (Hall.) 1844.

Hallowell. Proc. Acad. Nat. Sc. Philadelphia Vol. 2, 1844 p. 62 *(Lepto-
phis)*, Vol. 7, 1854 p. 100 *(Dryiophis)* und Vol. 9, 1857 p. 59 *(Oxybelis)*;
Duméril & Bibron. Erp. gén. Tome 7 p. 821 *(Oxybelis Levontei)*; **Günther.**
Cat. Col. Sn. Brit. Mus. 1858 p. 156 und Ann. Mag. Nat. Hist. (3) Vol. 11.
1863 p. 22; **Jan.** Iconogr. d. Ophid. Lief. 32, Taf. 6, Fig. 2; **Peters.** Reise nach
Mossambique, Zool. III, Amphib. 1882 p. 131, Taf. 19, Fig. 2 *(Thelotornis)*.

Ein in der Mitte zerbrochenes, erwachsenes ♀, das etwa
sieben grosse, reife Eier enthält, stammt von Povo Nemlao,
28. November 1885. Je ein weiteres Stück erhielt Herr P. Hesse
ausserdem von Povo Netonna, September 1886, und von
Banana. Ein Exemplar sammelte Herr Dr. Büttner in Gabun,
(Mus. Berlin).

5

Die vorliegenden Stücke stimmen sämtlich so genau mit
Jan's Abbildung überein, dass ich mich auf diese beziehen
kann. Rostrale gewöhnlich etwas mehr nach oben aufgestülpt
als in Jan's Zeichnung; 2—2 Frenalen. 3—2 oder 3—3 Postocularen; 6—5, 6—6 oder 7—7 Infralabialen in Contact mit
den Submentalen.

Schuppenformel.

Povo Nemlao Squ. 19; G. ^{2}₂. V. 167. A. ^{1}₁. Sc. ?
Banana   – 19; – ^{3}₁. – 178. – ^{1}₁. – ^{162}₁₆₂.
Povo Netonna – 19. – ^{2}₂. – 171. – ^{1}₁. – ^{155}₁₅₅.
Gabun   – 19; – ^{2}₂. – 169. – ^{1}₁. – ^{161}₁₆₁.

Die Stücke variieren somit von Squ. 19; G. ^{1}₁—^{2}₂.
V. 167—178. A. ^{1}₁. Sc. ^{155}₁₅₅—^{162}₁₆₂ und die Durch-
schnittsformel beträgt für sie Squ. 19; G. ^{2}₂. V. 171. A. ^{1}₁.
Sc. ^{161}₁₆₁.

Die Färbung dieser Art ist überaus merkwürdig und
schwer zu beschreiben. Kopf oben sammtartig dunkelgrün, das
Grün gegen die rosa gefärbten Labialen scharf abgeschnitten.
Diese Rosafärbung gegen die Mundspalte hin und die gleichfalls
rosa gefärkte Kopfunterseite und Kehle oft aufs Feinste mit
Grün bestäubt. Rücken und Schwanzfärbung ein schwer zu
beschreibendes Gemisch von metallischem Blaugrün oder Grau-
grün mit Kupferrot, in der Art, dass das Grün auf dem Rücken,
das Rot mehr auf dem Bauche zur Geltung kommt. Auf den
Schuppen der Oberseite ist das Kupferrot mehr auf die
Schuppenspitzen concentriert. Die schwärzlichen Querbinden
des Vorderrückens sind deutlich erkennbar; auch weisse
Schuppenränder sind auf dem ersten Rumpfdrittel mehrfach zu
beobachten.

Diese schöne Art scheint durch das ganze tropische Afrika
verbreitet zu sein. Auf der Westküste wird sie angegeben von
Edina J. G. Fischer in Liberia Hallowell, Fanti- und Aschantiland Günther, der Goldküste Jan, F. Müller, dem Niger
Günther, von Kamerun Peters, F. Müller, Gabun Hall.,
Dum. & Bibr, Gthr., Mus. Senckenberg., Büttner und von Povo
Netonna, Povo Nemlao und Banana Hesse. Auf der Ostseite
von Afrika lebt sie bei Aruscha im Massai-Gebiet J. G. Fischer,
sowie auf Cabaceira, den Querimba-Inseln, bei Sena und Tette
in Mossambique Pts.

Fam. VII. **Lycodontidae.**

39. *Lycophidium Capense* Smith 1849 mut. *nulle nocutat.* m 1887

Char. Intermedium inter mut. *nigromaculatam* Jan et mut. *semiannulem* Pts. — Differt a mut. *nigromaculata* Jan Elenco sist. Ofidi. Milano 1863 p. 96 und Icon. d. Of bid Lief. 36. 1870. Taf. 3. Fig. 5 taeniis postocularibus nullis. striga media dorsi nigra distinctiore nec non serie macularum cretrarum 40—50 rotundatarum nigrarum ad dextrum et ad sinistrum hojus lineae. ant liberarum ant eacum confluentium

Herr P. Hesse fand zwei Stücke dieser Form. das eine am 23. December 1885 bei Povo Nemlao. das andere am 5. Oktober 1886 bei Povo Netonna nächst Banana

Die in der Färbung anscheinend recht constante Form stimmt in der Pholidose mit dem typischen *L. Capense* Smith überein. in Farbe und Zeichnung aber erinnert sie am meisten an Jan's *L. nigromaculatum*. das ich ebenfalls nur für eine Farbenspielart dieser in der Anzahl der Ventralen. wie in der Färbung und Zeichnung so überaus variablen Schlange halten kann. Zwei Nasalia. Nasenloch ganz im Praenasale gelegen. ein grosses Postnasale. 8—8 Supralabialen: 5—5 Infralabialen in Contact mit den Submentalen.

Schuppenformel:

Povo Nemlao Squ. 17: G. 2 z. V. 164. A. 1. Sc. 37 z.
Povo Netonna . 17: . 2 z. . 174. . 1. . 63 z.

Oben bläulichgrau. alle Schuppen mit schwarzen Rändern. die eine Schuppenreihe breite Rückenlinie schwarz. Links und rechts von ihr in Abständen von je drei zu drei Schuppen steht eine Längsreihe von zahlreichen 40—50 bis zur Aftergegend schwarzen Rundfleckchen. die wenigstens auf dem vorderen Rumpfdrittel mit der Mittellinie zusammenzufliessen pflegen Kopf oben uniform schwarz. an der Schnauze und an den Seiten mit blaugrauer oder weisser Bestäubung. Kopfunterseite weiss. nur die Kinngegend vorn breit schwarz bestäubt: die ganze übrige Unterseite schwarz. alle Ventralen und Subcandalen aber mit helleren. an den Seiten breiteren. weissen Hinterrändern.

Die Übereinstimmung dieser Form in der Pholidose mit *L. capense* Smith = *Horstoki* Schleg. ist so gross. dass trotz der etwas abweichenden Färbung an eine Abtrennung von

5*

demselben nicht gedacht werden kann. Bekanntlich variiert die Anzahl der Ventralen dieser Art nach Günther von 153 (Westafrika) bis 209 (Ostafrika). Herr Dr. J. G. Fischer teilt mir überdies noch folgende Schuppenformeln der im Hamburger Museum liegenden Stücke von *L. Capense* (Smith) typ. mit

S. Thomé (No. 153)	Squ. 17; V. 153, A. 1, Sc. $^{21}/_{24}$.						
Aruscha (No. 1194 b)	„ 17; „ 162, „ 1, „ $^{34}/_{31}$.						
Aruscha (No. 1194 a)	„ 17; „ 163, „ 1, „ $^{26}/_{26}$.						
Ogowe (No. 1154)	„ 17; „ 176, „ 1, „ $^{47}/_{17}$.						
Lagos (No. 605)	„ 17; „ 190, „ 1, „ $^{51}/_{51}$.						
Rio Pongo (No. 1234)	17; „ 197, „ 1, „ $^{37}/_{37}$.						

und von *L. semiannulis* Pts.:

Ssibange (Gabun)	Squ. 17; V. 172, A. 1, Sc. $^{44}/_{14}$.
Westafrika	„ 17; „ 185, „ 1, „ $^{17}/_{17}$.

Ich kann für die typische Form noch hinzufügen:

Madimula (Usaramo)	Squ. 17; G. $^{2}/_{2}$, V. 199, A. 1, Sc. $^{51}/_{51}$.
„ „	„ 17; „ $^{3}/_{3}$, „ 209, „ 1. „ $^{44}/_{14}$.

Herr Dr. Fischer ist ebenfalls der Ansicht, dass *L. nigromaculatum* Jan nur eine Farbenvarietät von *L. Capense* (Smith) darstellt, die in *L. semiannulis* Pts. übergeht, wenn die Punkte an jeder Seite des Rückens sich zu Querflecken vergrössern. So gehe eine auch von Günther (Ann. Mag. Nat. Hist. (4) Vol. 1, 1868 p. 428) erwähnte Varietät (No. 1234 des Hamburger Museums) mit viereckigen weissen Flecken in der dorsalen Mittellinie in eine andere (No. 605 d. Hamb. Mus.) über, bei der diese Flecke sich zu fetten Querbinden erweitern. Er glaube daher kaum, dass sich eine scharfe Gränze zwischen all' diesen verschieden gefärbten Formen ziehen lasse.

mut. *lateralis* Hall. 1857.

Hallowell, Proc. Acad. Nat. Sc. Philadelphia Vol. 9, 1857 p. 58 (spec.).

Drei Exemplare verschiedenen Alters sammelte Herr Dr. Büttner am Gabun (Berlin. Mus. No. 10580).

Auch diese Stücke stimmen in der Beschilderung mit dem Typus der Art vollkommen überein. Das Nasenloch befindet sich ganz im Praenasale; Schuppenreihen constant 17.

Schuppenformel z. B. Squ. 17; G. 1 + $^{1}/_{1}$, V. 188, A. 1, Sc. $^{34}/_{34}$.

Allen drei Stücken gemeinsam ist das breite gelbe oder weisse Band, welches an der Kiefercommissur beginnend sich vorn an der Schnauze vereinigt und jederseits durch einen dunklen Temporalstreifen nach hinten in zwei parallele Äste gespalten ist. Die Grundfarbe des Rückens variiert von einem fleischfarbenen Braun bei jungen Stücken bis zu Schwarzbraun bei alten Exemplaren. Ebenso ist die Zeichnung variabel. Während junge Stücke eine Doppelreihe von je 28 kleinen, dunkelbraunen Rundflecken längs der Rückenmitte tragen, zeigen halberwachsene Exemplare diese dunklen Flecke als grosse, quere, alternierende, dreieckige Makeln, und den erwachsenen fehlt (wie dem Hallowell'schen Original) überhaupt jede Spur von Rückenfleckung. Kehle dunkler als beim Typus; Körperunterseite ähnlich wie beim Typus, dunkler als die Oberseite.

Die im ganzen tropischen und südlichen Afrika weit verbreitete Stammart findet sich am Rio Pongo im Senegal (J. G. Fischer), auf Bissao, Bissagos-Inseln (A. Duméril), in Lagos (J. G. Fischer), in Kamerun (Peters), auf S. Thomé und am Ogowe (J. G. Fischer), bei Tschintschoscho (Pts.). Ambrizette (Günther), Malansche am mittleren Quanza (Pts.) und sonst in Angola (Gthr.), sodann in Ostafrika bei Aruscha in Massailand (J. G. Fischer), Sansibar (F. Müller). Madimula in Usaramo (Boettger), Tette in Mossambique (Pts.) und in Südafrika bei Kurichane in 25° S. Br., in Natal, bei Port Elizabeth und Capstadt (Boulenger), sowie angeblich (wahrscheinlich irrtümlich) auch in der Bayana Bai auf Madagaskar (Gthr.). Die Farbenspielart *albomaculata* Gthr. wird überdies angegeben von Dakar im Senegal (Steindachner), *nigromaculata* Jan von der Goldküste (Jan) und von Guinea (Jan, Pts.), *lateralis* Hall. vom Gabun (Hall., Büttner), *multimaculata* Bttg. von Povo Nemlao und Povo Netonna bei Banana (Hesse) und *semiannulis* Pts. sowohl aus Ssibange im Gabun (J. G. Fischer) als aus Tette in Mossambique (Pts.).

40. Boodon lineatus D. & B. 1854 typ.

Duméril & Bibron, Erp. gén. Tome 7, 1854 p. 363; A. Duméril, Rev. Mag. Zool. 1856 p. 164; Günther, Cat. Colubr. Sn. Brit. Mus. 1858 p. 200; Bocage, Jorn. Sc. Math. Lisboa No. 3, 1867 p. 11; Peters, Reise nach Mossambique, Zool. III. Amphib., 1882 p. 133 (quadrilineatus).

Von dieser am unteren Congo selteneren Form liegen nur zwei Stücke vor, die Herr P. Hesse im Februar und März 1886 auf dem Terrain der Holländischen Faktorei in Banana fing.

Beide zeigen normale Beschilderung; das eine besitzt ausser
den beiden hellen Streifen auf jeder Kopfseite noch zwei helle,
erst in der Mitte des Rumpfes sich verlierende Zickzacklinien
auf jeder Körperseite, die eine auf der zweiten, die andere auf
der vierten Schuppenreihe von unten. Das zweite Stück bildet
einen augenscheinlichen Übergang von *B. lineatus* D. & B. zur
var. congicus D. & B. indem die beiden hellen Kopflinien zwar
noch auf die Halsseiten fortsetzen, aber schon vor dem ersten
Rumpfdrittel verschwinden.

Schuppenformel

Banana Sq. 27. ... V 230. A 1. Sc ...
- . 27 . . . . 231 . 1. . ...

var. *congicus* D. & B. 1854

Boettger ... Ber. Offenbach. Ver. ... Naturk. 1883 p. 134. **Hallowell**
Proc. Acad. Nat. Sc. Philadelphia Vol. ... 1857 p. 54 *confervarius*. **Peters**
M. ... Ber. Berlin. Akad. 1877 p. 615 und 620 *confervarius* und Reise nach
Mossambique ... p. 132 **Bocage** Jorn. Sc. Math. Lisboa N. 42 1886
... p. 2 *igneus*.

Von dieser Form liegen weitere 5 Exemplare vor, die auf
dem Terrain der Holländischen Faktorei oder in unmittelbarer
Nähe von Banana gefunden wurden, sowie 5 Stücke von
P. v. Nemlao bei Banana. Alle Stücke wurden mit Ausnahme eines im April gesammelten Exemplars in den Monaten
September bis Dezember erbeutet. Ein Stück endlich stammt
von Kinshassa am Stanley Pool P. Hesse. Der Mageninhalt eines grösseren Exemplars bestand nach Herrn Hesse
aus einer Ratte.

Fast immer 2—2 und nur bei dem Stücke von Kinshassa
1—1 Postocularen. 8—8 Supralabialen, jederseits meist 1 — 2
Temporalen. Zweimal finde ich links 1 — 3, einmal links
2 — 2 Temporalen.

Färbung die typische *congensis*-Färbung ohne das gelbe
Seitenband am Rumpfe. Schwanzunterseite bei grösseren Stücken
mit graubraun angedunkelter Mittellinie.

Schuppenformel

Banana Sq. 25 ... V 199. A 1. Sc ...
- . 25 . . . . 199 . 1 . ...
- . 25 . . . . 199 . 1 . ...
- . 27 . . . . 200. . 1. . ...

Banana . . Squ 29. G ^{3} $_2$. V 231 A 1 Sc ^{54} $_{59}$
Poro Nemlao . 25 . ^{3} $_2$. . 208. . 1 . ^{55}
. . 27 . ^{3} $_2$. . 202. . 1. . ^{57} $_{57}$
. . 27 . $^{-}$ $_2$. . 214. . 1 . ^{56} $_{54}$
. . 27 . ^{4} $_2$. . 221 . 1 . ^{59} $_{53}$
. . 27 . ^{3} $_2$. . 221 . 1 . ^{59} $_{52}$
Kinshassa . 27 . . ^{4} $_2$. . 225. . 1 . ^{62} $_{53}$

Nach den 15 aus dem unteren Congogebiet vorliegenden
Exemplaren beider in einander übergehender Varietäten schwankt
die Art in der Schuppenformel von Squ 25—29 G ^{3} $_2$—^{4}.
V 199—231. A. 1. Sc ^{54} $_{55}$—^{57}. und zeigt die Durchschnittsformel Squ. 27. G ^{3} $_2$. V 213. A 1. Sc ^{58}.

var. *nigra* Fisch 1856

J G. Fischer Abh. a. d. Geb. d. Naturwiss Hamburg p 91 spec.
Hallowell. Proc. Acad. Nat. Sc. Philadelphia V. 9 1857 p 56 ... nigra
Cope. ibid. V. 12 1860 p 261 nigra ... Jan Icon. d. Ophid. Livr 36 1870
Taf 2 Fig 5 spec.

Von dieser Form sammelte Herr Dr. Büttner ein Exemplar
am Gabun Mus. Berlin No. 10573

Diese Varietät unterscheidet sich vom Typus der Art durch
nur 23 Schuppenreihen. ^{3} $_2$ und nicht ^{3} $_2$—^{4}. Gularschuppen
und durch einfarbig dunkle oder dunkel gefleckte Schwanzunterseite. Jederseits zwei helle Streifen am Kopfe. die Ventralen an den Seiten braun. diese dunkle Färbung scharf gegen
die gelbe oder weisse Körperunterseite absetzend

Während die typische Form *irregularis* D. & B. in Bissao
auf den Bissagos-Inseln A. Duméril. in Aschantiland Günther.
bei Akkra Boettger an der Goldküste D. & B. Jan F Müller
bei Banana Hesse und von Angola bis Bihé Bocage als
im Wesentlichen in Ober- und in Niederguinea vorkommt. lebt
die var. *capensis* D. & B auf den Los-Inseln Hallowell auf
der Tumbo-Insel F. Müller. in Liberia A. Dum an der
Goldküste F. Müller. auf den Inseln S. Thomé und Rolas
Greeff. Bocage. am Gabun A. Dum . bei Tschintschoscho
Peters. Poro Nemlao. Banana und Kinshassa am Congo Hesse.
am Quango und bei Pungo Andongo am Quanza Peters in
Angola. alles Orten in Westafrika. sowie in Damaraland am
Orange-Fluss Boulenger . am Cap D. & B. Gray. F Müller. der
Algoabai F. Müller. Kingwilliamstown Bigr . Kaffraria D. & B

und Natal (Mus. Senckenberg., Blgr.) in Südafrika und in
Mossambique (Pts.). Sansibar (Gthr.) und bei Aruscha im Massai-
Gebiet (J. G. Fischer) in Ostafrika. Die var. *nigra* Fisch. endlich
findet sich in Liberia (Cope), an der Goldküste (Jan, F. Müller,
Boettger), in Kamerun (Peters, F. Müller), Gabun (Hallowell,
A. Dum., Jan, Büttner) und auf den Inseln do Principe (Bocage,
als *geometricus*) und S. Thomé (Fischer, Jan), von welch' letzterer
Insel Bocage übrigens nur die var. *Capensis* D. & B. kennt,
obgleich Fischer's Originalstück der var. *nigra* grade von hier
stammt. Die var. *variegata* Jan kenne ich von Madimula in
Usaramo, Ostafrika.

Fam. VIII. Dipsadidae.

11. *Leptodira rufescens* (Gmel.) 1788.

Gmelin, Syst. nat. Vol. 1 p. 1094 *(Coluber)*; Duméril & Bibron, Erp.
gén. Tome 7 p. 1170 *(Heterurus)*; Günther, Cat. Colubr. Sn. Brit. Mus. 1858
p. 165; Jan, Icon. d. Ophid. Lief. 39, 1872 Tal. 2, Fig. 1 *(Crotaphopeltis)*;
Peters, Mon. Ber. Berlin. Akad. 1877 p. 615 und 620 und Sitz. Ber. Ges.
Nat. Fr. Berlin 1881 p. 149 *(Crotaphopeltis)*; Boettger, Abh. Senckenberg.
Nat. Ges. Bd. 12, 1881, S. A. p. 30 *(Crotaphopeltis)* und Ber. Senck. Nat.
Ges. 1887 p. 162.

6 Exemplare von Boma, 2 von Povo Nemlao, 2 von
Povo Netonna bei Banana, von Herrn P. Hesse in den
Monaten September, Oktober, Dezember, Februar, März und
April gesammelt. Das grössere Stück von Povo Nemlao wurde
überrascht, als es im Begriff war, einen *Bufo regularis* Reuss
zu verschlingen. Der Bericht meines Freundes Hesse über den
Fang dieses Stückes ist zu interessant, als dass ich ihn dem
Leser vorenthalten dürfte. Hesse schreibt: „Gestern brachte
mir mein Mussurungo-Neger ein merkwürdiges Objekt, nämlich
eine Schlange, die eine Kröte im Maule hatte und so von ihm
gefangen und getötet worden war. Der Mann spricht ein nach
seiner Meinung sehr gutes Englisch, und sein Bericht lautete:
Yesterday me go for bush, me look njoka (Schlange) catch
tjula (Kröte) for chop (chop ist im Negerenglisch Essen), me
say, me catch you for master; me catch him, me bring him,
and (mit dem vergnügtesten Grinsen, dessen ein Negerantlitz
fähig ist) — master give plenty rum. Natürlich musste ich doch
seiner Erwartung bezüglich des plenty rum einigermassen

entsprechen und werde nun wohl auf die nächste Ablieferung
etwas länger warten müssen, da der Kerl auf alle Fälle erst
mehrere Tage besoffen ist und nicht auf den Fang gehen kann."
Pupille elliptisch; Nasenloch zwischen zwei Schildern:
8—8 Supralabialen, von denen das dritte, vierte und fünfte in
den Augenkreis treten. Einmal rechtsseitig 9 Supralabialen,
das vierte, fünfte und sechste das Auge berührend. 2—2 und
nur einmal 3—2 Postocularen. Temporalen constant 1+2.
Hinter den hinteren Submentalen ein oder seltener zwei Paare
von denselben in der Form ähnlichen Gularschildern, 5—5,
6—6 oder 7—7 Infralabialen jederseits in Contact mit den
Submentalen. Die Schuppen des hinteren Rumpfdrittels zeigen
bis zur Schwanzbasis deutliche, wenn auch schwache Kiele.

Junge Stücke stimmen in der Färbung gut mit Jan's
Abbildung überein; älteren fehlen die weissen, in Querzonen
angeordneten Schaftstriche an den Rückenschuppen meist ganz,
Auch die alten Exemplare von Povo Nemlao sind oberseits ganz
einfarbig schwarzgrau oder grauschwarz, unterseits weissgelb.
Das Grau der Oberseite greift noch ein Stück auf die Ventral-
seiten über; die Mittellinie der Schwanzunterseite ist etwas
angedunkelt. Kopfunterseite weissgelb, nur die drei letzten
Infralabialen dunkel.

Schuppenformel:

Boma	Squ. 19;	G. $^1/_1$,	V. 163,	A. 1,	Sc. $^{18}/_{18}$.		
"	" 19;	" $^1/_1$,	" 165,	" 1,	" $^{39}/_{39}$.		
"	" 19;	" $^1/_1$,	" 170,	" 1,	" $^{17}/_{17}$.		
"	" 19;	" $^1/_1$,	" 171,	" 1,	" $^{42}/_{42}$.		
Povo Nemlao	" 19;	" $^1/_1$,	" 163,	" 1,	" $^{42}/_{42}$.		
"	" 19;	" $^2/_2$,	" 164,	" 1,	" $^{18}/_{18}$.		
Povo Netonna	" 19;	" $^1/_1$,	" 166,	" 1,	" $^{13}/_{13}$.		
"	" 19;	" $^1/_1$,	" 168,	" 1,	" $^{51}/_{51}$.		

Nach Schlegel's, Duméril & Bibron's und meinen Be-
obachtungen besitzt die Art Squ. 19; G. $^1/_1$—$^2/_2$, V. 156—180,
A. 1, Sc. $^{37}/_{47}$—$^{51}/_{51}$, variiert also namentlich in der Anzahl der
Bauchschilder recht erheblich. Die Schuppenformel der an der
Congomündung gesammelten Exemplare schwankt zwischen
Squ. 19; G. $^1/_1$—$^2/_2$, V. 163—171, A. 1, Sc. $^{39}/_{39}$—$^{51}/_{51}$ und
beträgt im Mittel von 8 Beobachtungen Squ. 19; G. $^1/_1$, V. 166,
A. 1, Sc. $^{45}/_{45}$. Sie stimmt somit mit der Schuppenformel der

capländischen Form (Squ. 19: G. $\frac{1}{1}$, V. 162, A. 1, Sc. $^{47}/_{47}$) recht befriedigend überein.

Es würde zu weit führen, alle Fundorte dieser in der ganzen festländischen afrikanischen Provinz und nordöstlich bis Oberägypten, Senaar und Abessynien (Peters), im Osten bis zur Sansibarküste (Pts.), Madimula in Usaramo (Boettger) und Angôche in Mossambique (Bocage), südlich bis zum Cap vorkommenden Schlange aufzuzählen. Erwähnt seien hier nur einige westafrikanische Lokalitäten, so Nianing und Ruflsque im Senegal (Bttgr.). Gambia (Günther), Akkra (Bttgr.) an der Goldküste (F. Müller), Brass an der Nigermündung und Loko am Binue (Bttgr.), Tschintschoscho in Loango (Peters), Boma, Povo Nemlao und Povo Netonna bei Banana (Hesse), Fluss Quango, Pungo Andongo (Pts.) und Cassange in Angola (Boc.).

42. *Dipsas Blandingi* Hall. 1845.

Hallowell, Proc. Acad. Nat. Sc. Philadelphia Vol. 2, 1845 p. 170, Vol. 7, 1854 p. 100 und Vol. 9, 1857 p. 60 *(Toxicodryas)*; **Duméril & Bibron**, Erp. gén. Tome 7, 1854 p. 1101 *(Triglyphodon fuscum)*; **J. G. Fischer**, Abh. a. d. Geb. d. Naturw. Hamburg Bd. 3, 1856 p. 87, Taf. 3, Fig. 4 *(calida)*; **Günther**, Cat. Colubr. Sn. Brit. Mus. 1858 p. 172 *(calida)*; **Peters**, Mon. Ber. Berlin. Akad. 1877 p. 615; **F. Müller**, Kat. Herp. Samml. Basel. Mus. 1878 p. 613 und IV. Nachtr. 1885 p. 687 *(regalis)*; **Mocquard**, Bull. Soc. Philomath. Paris (7) Vol. 11, 1887 p. 80 *(Triglyphodon fuscum)*.

Ein prachtvolles, grosses, mit Zecken besetztes Stück von Povo Nemlao bei Banana, durch Herrn P. Hesse am 18. December 1885 gesammelt.

Hinterecken der Parietalen einzeln abgerundet; Supralabialen 9—9, von denen das vierte, fünfte und sechste ans Auge treten. 2—2 Prae- und 2—2 Postocularen. Temporalen jederseits 2 + 2. Infralabialen 13—13, von denen je 6 mit den Submentalen Sutur bilden. Hintere Submentalen so breit wie die vorderen.

Schuppenformel: Squ. 23: G. $^{1}/_{1}$, V. 264, A. $^{1}/_{1}$, Sc. $^{127}/_{127}$.

Ganz uniform braun, die Unterseite heller. Supralabialen und mittlere Infralabialen mit grauschwarzen Hinterrändern. Die Übereinstimmung mit Duméril & Bibron's Beschreibung ist somit eine vollkommene.

Bekannt ist die Art von Liberia (Hallowell), Gross-Bassam an der Zahnküste (Dum. & Bibr.), Fanti (Günther), Akkra

(Peters) u. a. O. an der Goldküste (A. Dum., F. Müller), Ajuda in Dahome (Bocage). Kamerun (Pts.), Gabun (Hallowell, A. Dum.), Franceville am oberen Ogowe (Mocquard), Tschintschoscho (Pts.) und Povo Nemlao bei Banana (Hesse).

43. *Dipsas pulverulenta* Fisch. 1856.

J. G. Fischer, Abh. a. d. Geb. d. Naturw. Hamburg p. 81, Taf. 3, Fig. 1; Günther, Cat. Colubr. Sn. Brit. Mus. 1858 p. 173; Jan, Icon. d. Ophid. Lief. 38, 1871 Taf. 4, Fig. 1: Peters, Mon. Ber. Berlin. Akad. 1877 p. 615; Bocage, Jorn. Sc. Math. Lisboa No. 44. 1887, S. A. p. 10.

Ein Stück vom Gabun, durch Herrn Dr. Büttner gesammelt (Mus. Berlin).

Die Schuppen im ersten Rumpfdrittel in 21 und 23, in der Bauchmitte in 19 Längsreihen. Abweichend von Jan's Zeichnung durch 2—2 Postocularen und durch 8–8 Supralabialen, sowie durch das Auftreten von zahlreichen Quermakeln an den Rumpfseiten, und überhaupt ganz übereinstimmend mit Günther's Beschreibung der Art.

Schuppenformel: Squ. 19; G. ¹₁, V. 260, A. 1, Sc. ¹²¹ ₁₂₄.

Auch Färbung und Zeichnung sind vollkommen typisch. Supralabialen ohne dunkle Ränder.

Diese Art ist gefunden in Sierra Leone (Jan), bei Edina (J. G. Fischer) in Liberia (Cope), bei Butri (Jan), Aburi (F. Müller) und Akkra (Peters) an der Goldküste, bei Alt-Kalabar (Günther), in Kamerun (Pts.), auf Fernando Po (Pts., Bocage), am Gabun (Büttner), bei Tschintschoscho (Pts.), am Congo und in Angola (Bocage).

Fam. IX. **Rhachiodontidae.**

44. *Dasypeltis scabra* (L.) 1754.

Linné, Mus. Ad. Frid. Taf. 10, Fig. 1 und Syst. nat. Vol. 1 p. 384 *(Coluber)*; A. Smith, Ill. S. Afr. App. p. 20; Günther, Cat. Colubr. Sn. Brit. Mus. 1858 p. 142; Bocage, Jorn. Sc. Math. Lisboa No. 3, 1867 p. 11 *(Rhachiodon)*; Jan, Icon. d. Ophid. Lief. 39, Taf. 2, Fig. 4 *(Rhachiodon)*; Peters, Reise nach Mossambique, Zool. III. Amph. 1882 p. 120 (var. *Mossambica*); Boettger, Ber. Senckenberg. Nat. Ges. 1887 p. 163.

Von der typischen, besonders in Südafrika verbreiteten Form dieser Art, die sich durch eine geringere Anzahl von Subcaudalen auszeichnet, liegt nur ein Exemplar vor, das Herr

P. Hesse von Kinshassa am Stanley Pool erhielt. Nach Hesse
ist der Fiote-Name „vibecke" für *Dasypeltis* verdächtig: ecke
ist nämlich englisch und soll egg heissen. Vermutlich wird
vibecke Eierfresser bedeuten, was mit dem holländischen Namen
eijervreter, der nach Peschuël-Lösche auch an der Loangoküste
(wie nach A. Smith im Capland) gelten soll, übereinstimmen
würde. Supralabialen 7—7: Praeocularen 1—1, Postocularen
2—2: Temporalen erster Reihe 2 2.

Schuppenformel: Squ. 25; G. O. V. 211, A. 1. Sc. ⁵⁶/₅₆.
Rücken mit 52. Schwanz mit etwa 18 dunklen, hell eingefassten Rautenflecken.

var. fasciata A. Smith 1849.

A. Smith, l. c. sub Taf. 73, Anm.; Hallowell, Proc. Acad. Nat. Sc. Philadelphia Vol. 2, 1845 p. 119 und Vol. 9, 1857 p. 69 (Dipsas carinata); Peters,
Mon. Ber. Berlin. Akad. 1868 p. 451 (scabra var. fasciolata), 1877 p. 615
(fasciolata) und Reise nach Mossamblque, l. c. p. 121 (var. Medicii); Boettger,
24./25. Ber. Offenbach. Ver. f. Naturk. 1885 p. 182 (fasciolata); Mocquard,
Bull. Soc. Philomath. Paris (7) Vol. 11, 1887 p. 81.

Von dieser durch eine grössere Anzahl von Subcaudalen
ausgezeichneten, mit mehr oder weniger deutlicher Flecken-
zeichnung versehenen Varietät liegen 7 Stücke von Banana.
4 Stücke von Povo Nemlao und ein Stück von Povo
Netonna vor (P. Hesse). Sie wurden in den Monaten von
November bis Juni gesammelt. Ein von Herrn Dr. Büttner
gefundenes Exemplar (Mus. Berlin) trägt nur die allgemeine
Fundortangabe Congo.

Supralabialen zähle ich bei dieser Form neunmal 7—7,
einmal 7—6 (d. h. rechtsseitig das sechste mit dem siebenten
verschmolzen), einmal 6—7, zweimal 6—6. Praeocularen zwölfmal 1—1, einmal 2—2. Postocularen zwölfmal 2—2, einmal 1—1
(wobei rechterseits das einzige Postoculare sogar noch mit dem
Supraoculare verschmolzen ist). Temporalen erster Reihe glatt,
elfmal 2—2, einmal 2—3, einmal 3—2; dahinter eine zweite
Reihe von gewöhnlich 2 oder 3 und eine dritte Reihe von vier
Kielschuppen.

Schuppenformel:
Banana   . Squ. 23; G. O. V. 231, A, 1, Sc. ⁸⁰/₈₀.
„   „ 24: O, „ 225, „ 1, „ ⁷⁵/₇₅.
„   „ 25; „ O, „ 228, „ 1, „ ⁶⁶/₆₆.

Banana	. Squ. 25;	G. 0,	V. 228,	A. 1,	Sc. $68/68$.
„	„ 25;	„ 0,	„ 229,	„ 1,	„ $73/73$.
„	„ 25;	„ 0,	„ 229,	„ 1,	„ $81/81$.
„	„ 26;	„ 0,	„ 242,	„ 1,	„ $70/70$.
Povo Nemlao	„ 24;	„ 0,	„ 223,	„ 1,	„ $80/80$.
„	„ 25;	„ 0,	„ 227,	„ 1,	„ $83/83$.
„	„ 26;	„ 0,	„ 240,	„ 1,	„ $60/66$.
Povo Netonna	„ 23;	„ 0,	„ 237,	„ 1,	„ $73/73$.
Congo . . .	„ 25;	„ 0,	„ 227,	„ 1,	„ $65/65$.

In der Färbung bald mit den l. c. p. 182 von mir beschriebenen Stücken von Banana mehr oder weniger vollkommen
übereinstimmend, bald durch tiefbraunen Längsstreif längs des
Rückens ausgezeichnet, auf dem zahlreiche noch dunklere Rundflecken stehen. Schuppen hie und da mit weissen Rändern.
Unterseite fleischrot, manchmal jedes Ventrale seitlich am Hinter-
rande mit einem schwarzen Punktfleck. Besonders mittelgrosse
Stücke dieser Varietät blassen in der Zeichnung etwas ab, ihre
Grundfarbe wird heller grau, der Rückenstreif braungrau, und
die Querbinden verlöschen schliesslich ganz. Die Form geht
unmerklich in die folgende Varietät über.

var. *palmarum* Leach 1818.

Leach, in Tuukey's Narr. Explor. River Zaire, App. p. 408 *(Coluber)*:
Günther, Cat. Colubr. Sn. Brit. Mus. 1858 p. 142 *(spec.)*; **Peters**, Mon. Ber.
Berlin. Akad. 1877 p. 615 *(spec.)*.

Von dieser einfarbigen und sonst in Nichts von der vorigen
Varietät verschiedenen Form liegt je ein Stück von Banana,
Povo Nemlao, Povo Netonna und Massabe in Loango
vor, die im Mai, Juni und November von Herrn P. Hesse gesammelt wurden. Da das letztgenannte Stück noch sehr jung,
das Exemplar von Povo Nemlao halbwüchsig, das von Banana
aber sehr alt ist, erscheint es ausgeschlossen, die vorliegende
Form etwa als einen Alterszustand der vorigen zu betrachten.

Alle Stücke zeigen normale Pholidose, d. h. 7—7 Supralabialen, 1—1 Prae- und 2--2 Postocularen und 2—2 glatte
Temporalen erster Reihe. Nur einmal finde ich 3--2 Temporalen.

Schuppenformel:

Banana . .	Squ. 27;	G. 0,	V. 239,	A. 1,	Sc. $72/72$.
Povo Nemlao	„ 25;	„ 0,	„ 233,	„ 1,	„ $81/81$.

Povo Netonna Squ. 25: G. O, V. 230, A. 1, Sc. ^{76}/₇₆.

Massabe . . „ 25; „ O. „ 235, „ 1, „ ^{75}/₇₅.

Maasse: Kopfrumpflänge 689, Schwanzlänge 123, Totallänge 812 mm.

Die Färbung dieser vier Stücke ist oberseits „ganz uniform rötlich graugelb, ohne jede Spur von Flecken und Zeichnungen", wie bei den Leach'schen Originalen von Boma. Die Unterseite ist ebenfalls einfarbig, hell graugelb.

Diese Exemplare, die in der Beschilderung so vollständig mit den an der Congomündung gefangenen Stücken der var. *fasciata* A. Smith übereinstimmen, beweisen uns, dass *D. palmarum* Leach nichts Anderes ist, als eine unicolore Farbenspielart, gleichsam ein Blendling derselben. Mit dieser Beobachtung, dass nämlich die Färbung und Zeichnung, wie auch die Anzahl der Schuppenreihen so wesentlich bei dieser Schlange verschieden sein können, wird die bis jetzt sehr schwierige Unterscheidung der westafrikanischen Rhachiodontiden sehr vereinfacht, indem es damit wahrscheinlich gemacht ist, dass in Niederguinea überhaupt nur eine einzige *Dasypeltis*-Art lebt.

Das wichtigste Unterscheidungsmerkmal von *D. scabra* (L.) und ihren Varietäten läge somit nicht in der äusserst variabeln Anzahl der Schuppenlängsreihen, sondern in der Zahl der Subcaudalen und vielleicht auch der Ventralen. Die Schuppenformel schwankt nämlich nach 18 von mir geprüften Exemplaren der *fasciata-palmarum* von der Congomündung zwischen Squ. 23—27: G. O, V. 223—242, A. 1. Sc. ^{65}/₆₅—^{86}/₈₆ und beträgt im Mittel Squ. 25: G. O, V. 232, A. 1. Sc. ^{71}/₇₁, während *D. scabra* (L.) typ. nur 183—218 Ventralen und ^{40}/₄₀—^{56}/₅₆ Subcaudalen besitzt.

Ob die ostafrikanische *D. palmarum* Peters (Mon. Ber. Berlin. Akad. 1878 p. 206) ebenfalls hierher gehört, muss ich unentschieden lassen. Die südafrikanische *D. inornata* Smith von Natal soll nach ihrem Autor und nach Duméril & Bibron gewöhnlich 3—3 Postocularen, sodann 8—8 Supralabialen und nur 211—218 Ventralen, dagegen ^{92}/₉₂ Subcaudalen besitzen. Danach scheint sie mir, entgegen Günther's und Boulenger's Ansicht, doch als selbständige Varietät aufrecht erhalten werden zu können.

Während die typische Art im Capland (Smith, Boulenger) und speziell bei Malmesbury (Boettger) vorkommt und zum

mindesten in ihrer Verbreitung nördlich bis zum mittleren Congo
bei Kinshassa am Stanley Pool (Hesse) und bis Mossambique
(Peters, als var. *Mossambica*) und Sansibar (Günther) reicht,
lebt die var. *fasciata* A. Smith, mit der ich *D. palmarum* Leach
als blosse Farbenspielart vereinige, bei Bissau, Bissagos-Inseln
(Bocage), in Sierra Leone (Smith), Liberia (Hallowell), bei Elima
in Assini, Zahnküste (Vaillant), bei Akkra (Pts., Boettger) und
Akropong (F. Müller) an der Goldküste (Jan), in Alt-Kalabar
(Günther), Kamerun (Peters) und bei Ssibange in Gabun
(J. G. Fischer), bei Massabe (Hesse) und Tschintschoscho (Pts.)
in Loango, bei Diélé am Alima (Mocquard) u. a. a. O. im Congogebiet (Büttner) und endlich bei Banana. Povo Nemlao und
Povo Netonna (Hesse) und bei Boma (Leach). Zu welcher Form
die Stücke von Dombe und Catumbella in Angola (Bocage) und
von Angôche in Mossambique (Bocage) gehören, ist noch nicht
entschieden. Sicher aber kommt die Varietät bei Aruscha im
Massailand (J. G. Fischer) und bei Sansibar (Peters, als var.
Medicii Bianc.) und Inhambane (Bianconi) vor.

Fam. X. Pythonidae.

45. *Python Sebae* (Gmel.) 1788.

Gmelin, Syst. nat. Vol. 3 p. 1118 *(Coluber)*; Duméril & Bibron, Erp.
gén. Tome 6 p. 400; Jan, Elenco sist. d. Ofidi, Milano 1863 p. 26 und Icon.
d. Ophid. Lief. 8, 1864 Taf. 3: Bocage, Jorn. Sc. Math. Lisboa No. 3, 1867
p. 8; Peters, Mon. Ber. Berlin. Akad. 1876 p. 118 und 1877 p. 614; Mocquard,
Bull. Soc. Philomath. Paris (7) Tome 11, 1887 p. 64.

Ein junges Stück aus der Umgebung von Banana,
April 1886 (P. Hesse).

Rostrale jederseits und erstes und zweites Supralabiale
mit tiefer Grube; Auge von einem Schuppenring ganz umgeben:
Supraoculare in drei Schilder zerspalten. Nasale nicht mit dem
zweiten Supralabiale in Contact. — Färbung typisch.

Schuppenformel: Squ. 83; G. $^{19}/_{19}$. V. 280. A. 1, Sc. $^{67}/_{67}$ + 4.

Bekannt ist diese Riesenschlange aus dem ganzen tropischen
Afrika; in Westafrika vom Senegal bis zum Cunene. Spezielle
Fundorte sind u. a. Taoué, See von Merinaghen (Steindachner)
und Rufisque (Boettger) im Senegal (Dum. & Bibr., Günther),
Rio Nuñez in Sierra Leone (F. Müller), Liberia (Hallowell),
Elima in Assini, Zahnküste (Vaillant), Akkra (Boettger) an der

Goldküste (Schlegel, D. & B., Jan, F. Müller), Kamerun (F. Müller),
Gabun (A. Dum.), Cap Lopez (Peters), Tschintschoscho (Pts.).
Banana (Hesse), Nganchou und Franceville im französischen
Congogebiet (Mocquard). Angola (Bocage) und Ombandja in
Ovamboland (Bttgr.).

Fam. XI. Elapidae.

46. *Naja haje* (L.) 1754 var. *melanoleuca* Hall. 1857.

Linné, Mus. Ad. Frid. Vol. 2 p. 46 (*Coluber*); Schlegel, Essai s. l. Phys.
d. serp. Tome 2 p. 471; Duméril & Bibron. Erp. gén. Tome 7. 1854 p. 1298;
Hallowell, Proc. Acad. Nat. Sc. Philadelphia Vol. 9, 1857 p. 61 var.); Günther,
Cat. Colubr. Sn. Brit. Mus. 1858 p. 225; Jan, Elenco sist. d. Ofidi 1863 p. 119
und Icon. d. Ophid. Lief. 45, Taf. 1. Fig. 2; Peters, Mon. Ber. Berlin. Akad.
1877 p. 618; F. Müller, Kat. Herp. Samml. Basel. Mus., IV. Nachtr. 1885
p. 689; J. G. Fischer, Jahrb. Wiss. Anst. Hamburgs Bd. 2, 1885 p. 115, Taf. 4.
Fig. 11 (var. *leucosticta*): Bocage. Jorn. Sc. Math. Lisboa No. 42, 1886, S. A. p. 5.

Von dieser Giftschlange liegt je ein Stück von Banana.
Povo Netonna. Cabinda und Massabe in Loango vor,
die Herr P. Hesse in den Monaten November, Februar und
Mai erhielt.

In Pholidose und Färbung kommen die vorliegenden Exemplare so ziemlich auf die var. *melanoleuca* Hall. heraus, die sich
von der Günther'schen var. C vom Niger wesentlich nur durch
das Fehlen der Brillenzeichnung unterscheidet. Sehr ähnlich
sind auch die von Müller beschriebenen jungen Stücke von
Kamerun; ganz übereinstimmend aber, wenigstens mit den
jüngeren der vorliegenden Exemplare, ist J. G. Fischer's Diagnose
und Abbildung seiner var. *leucosticta* von Kamerun, Gabun und
Ogowe, die übrigens ohne alle Frage mit der Jugendform von
Hallowell's *melanoleuca* zusammenfällt.

Schuppenformel:

Banana . . Squ. 19; G. 3,	V. 217,	A. 1,	Sc. $^{71}/_{71}$.
Povo Netonna „ 19; „ 3.	„ 217,	„ 1.	„ $^{65}/_{65}$.
Cabinda „ 21; „ 3,	„ 220.	„ 1.	„ $^{63}/_{63}$.
Massabe . „ 21; „ $^1/_1 - 3$,	„ 212,	„ 1,	„ $^{71}/_{71}$.

Kopf dunkel olivenbraun, nach vorn und nach den Seiten
hin allmählich heller, oft hell fleischrot; Rücken schwarz mit
zwei rötlichen, von schwarzen Chevronzeichnungen durchsetzten
Querbinden (undeutliche Brillenzeichnungen), über den Nacken
und weiter nach hinten mit sehr feinen, gedrängten, undeutlichen,

aus milchweissen Schuppenrändern gebildeten Querbinden, die
infolge ihrer Feinheit nur an den convex gekrümmten Stellen
des Körpers auffallender werden. Kopf- und Halsseiten und
vorderes Drittel des Bauches rein weiss und hier mit drei.
seltener mit vier oder fünf. nach hinten breiter werdenden.
schwarzen Querbinden: die zwei letzten Bauchdrittel und die
Schwanzunterseite schwarz. Schwanzspitze mit schmalem. weissem
Ring und schwarzer Endspitze. Hinterrand des zweiten bis
siebenten Supralabiale und des vierten bis achten Infralabiale
lebhaft schwarz gesäumt.

Die Schuppenformel dieser Varietät schwankt nach den
Angaben von Fischer und mir von Squ. 19—21 : G. 3—^1_t + 3.
V. 212—229. A. 1. Sc. ^{63}/₆₃—^{72}/₇₂ und beträgt im Mittel meiner
vier Messungen für die Form nördlich der Congomündung
Squ. 21; G. 3. V. 217. A. 1. Sc. ^{68}/₆₈.

Obige im tropischen und subtropischen Afrika überall
verbreitete und gefürchtete Giftschlange lebt auch in ganz
Westafrika von Südmarokko an bis ins Capland. Speziell kennt
man die var. *melanoleuca* Hall. vom Gambia (Günther), von
Aburi an der Goldküste (Peters). von Kamerun (Pts.. Fischer,
F. Müller). vom Gabun (Hallowell, Fischer) und Ogowe (Fischer).
von Massabe (Hesse) und Tschintschoscho (Pts.) in Loango, von
Cabinda. Banana und Povo Netonna (Hesse) und überhaupt vom
Congo (Sauvage. als var. *Capensis* Jan). die mit ihr verwandte
var. C. Günthers vom Niger. Ganz schwarze Varietäten finden
sich überdies in Südmarokko (Dum. & Bibr.) und bei Dagana.
St. Louis und Dakar (Steindachner) im Senegal, in Kamerun
(F. Müller). auf S. Thomé (Bocage. Greeff) u. a. a. O. der
afrikanischen Westküste. sowie am Weissen Nil (Dum. & Bibr.).
Wieder andere Varietäten leben bei Caconda in Benguella
(Bocage, als *N. Anchietae*) und bei Ondonga im Ovamboland
(Boettger).

47. *Naja nigricollis* Reinh. 1843.

Reinhardt, Beskrivelse of nogle nye slangearter p. 37, Taf. 3. Fig. 5—7;
Peters. Mon. Ber. Berlin. Akad. 1854 p. 625, Sitz.-Ber. Ges. Nat. Fr. Berlin
1881 p. 149 und Reise nach Mossambique, Zool. III.. Amph. 1882 p. 138;
Jan, Elenco sist. d. Ofidi, Milano 1863 p. 119 und Icon. d. Ophid. Lief. 45.
1874, Taf. 1, Fig. 1; **Bocage.** Jorn. Sc. Math. Lisboa No. 3. 1867 p. 12; **Mocquard.**
Bull. Soc. Philomath. Paris 7) Tome 11, 1887 p. 83.

6

Von dieser sehr distincten Art liegt nur der Kopf eines
jungen Stückes aus Ambrizette in Angola, August 1886, vor
(P. Hesse).

Nur das dritte Supralabiale steht in Contact mit dem Auge.
Sechs Supralabialen, das fünfte und sechste sehr niedrig und
lang gestreckt.

Kopf oben graubraun, unten schwarz: auf der Halsunterseite weisse Halbbinden.

Bekannt ist die Art aus Westafrika von Taoué im Senegal
(Steindachner), von Bissao, Bissagos-Inseln (Mocquard), von
Tumbo-Insel und der grossen Los-Insel (F. Müller), von Sierra
Leone (Jan), der Goldküste (Jan, F. Müller), von Brass an der
Nigermündung (Boettger), Kamerun (Peters), Brazzaville am
Congo (Mocquard), Ambrizette (Hesse), Malausche (Pts.) und
Catumbella (Bocage) in Angola und Benguella (Bocage), und aus
Ostafrika von Aruscha in Massailand (J. G. Fischer), Sansibar
und Kondoa (Mocquard) und von Rios de Sena und Ukamba (Pts.),
sowie von Angôche (Bocage) in Mossambique.

48. *Elapsoidea Guentheri* Boc. 1866.

Bocage, Jorn. Sc. Math., Phys. e. Nat. Lisboa No. 1 p. 70, Taf. 1, Fig. 3 und
No. 15, 1873, S. A. p. 16; Sauvage, Bull. Soc. Zool. France Tome 9, 1884 p. 201.

Von dieser seltenen Giftnatter liegen zwei tadellose Exemplare vor, die Herr P. Hesse im Februar 1886 von Povo
Nemlao bei Banana erhielt.

Eines der Stücke zeigt zwischen Frontale und Parietalen
ein kleines, accessorisches, unpaares, eiförmiges Postfrontal-
schüppchen: das Praefrontale steht jederseits in Contact mit dem
hohen dritten Supralabiale. 7—7 Supralabialen, von denen das
dritte und vierte in den Augenkreis treten: 1 + 2 Temporalen jederseits. Ein Frenale fehlt. 2—2 Postocularen. Erstes Infralabiale
hinter dem Mentale mit dem der anderen Seite Sutur bildend:
vier Infralabialen jederseits in Contact mit den Submentalen.

Schuppenformel: Squ. 13; G. 1. V. 145. A. 1, Sc. ^{17}/$_{17}$.
„   13: „ 3. „ 147, „ 1. „ ^{22}/$_{22}$.

Oberseits glänzend grauschwarz mit einfarbigem Kopfe
und 41—44 äusserst schmalen, milchweissen Halbringen quer
über den Rücken und 6 dergl. über den Schwanz. Diese Ringe
werden durch die weissen Ränder einer einzigen Schuppenreihe

gebildet und sind daher nur in Spiritus deutlicher zu sehen.
Die untere Hälfte der Supralabialen ist weisslich, das Weiss
aber nach oben nicht scharf abgegränzt; die Suturen aller
Labialen und Gularen sind graulich. Kopfunterseite im übrigen
gelbweiss; Bauch und Schwanzunterseite grau, violett irisierend,
die Ventralen mit etwas dunkleren Rändern, die Schwanzmitte
mit einer schwarzgrau angedunkelten Zickzacklinie in der Mitte.

Ich hielt die vorliegende Art anfangs für neu, da dieselbe
in der Pholidose mehr mit *E. semiannulata* Boc. (l. c. No. 32.
1882 p. 19) von Caconda übereinstimmt, welche Squ. 13; G. ?,
V. 143. A. 1. Sc. [19] [19] zeigt, während *E. Guentheri* Boc. von
Bissau und Cabinda nach Bocage Squ. 13; G. ?, V. 153—155,
A. 1, Sc. [23] [23]—[25] [25] haben soll. Aber Herr G. A. Boulenger
vom British Museum, den ich um Rat fragte, da mir die Arbeit
Bocage's vom Jahr 1866 nicht zugänglich ist, belehrte mich,
dass die Färbung der Stücke von Povo Nemlao vollkommen mit
der typischen *E. Guentheri* übereinstimme, und dass sie nach
allem, was ich ihm über unsere Stücke mitgeteilt hätte, sicher
mit dieser Species identisch sei.

Nach den vier mir vorliegenden Schuppenformeln schwanken
die Zahlen von Squ. 13; G. 1—3, V. 145—155, A. 1. Sc. [17] [17]—[25] [25]
und betragen im Mittel Squ. 13; G. 2, V. 150, A. 1, Sc. [22] [22].

Bekannt ist die schöne Art bis jetzt nur von Bissau,
Bissagos-Inseln (Bocage), vom Gabun (Sauvage), von Cabinda
(Bocage), dem Congo (Sauvage), von Povo Nemlao bei Banana
(Hesse) und von Huilla und Gambos (Bocage) im Innern von
Mossamedes (Sauvage).

49. *Elapsoidea Hessei* Bttg. 1887.

Boettger, Zool. Anzeiger. 10. Jahrg. p. 651.

Taf. II., Fig. 6 a—c.

Char. Differt ab omnibus (3) speciebus generis primo
pari infralabialium inter se haud contiguo, semiannulis nigris
distincte angustioribus quam interstitia grisea. Superne grisea,
fasciis transversis ad ventralia interruptis nigris, leviter albido
marginatis, 22 in trunco, 3 in cauda dispositis ornata. Sutura
communis parietalium nec non macula singula media inter fascias
dorsales ad latera ventralium sita nigra.

6*

Squ. 13; G. 1, V. 147, A. 1, Sc. $^{22}/_{22}$.

Long. tota 160 mm, capitis 10, trunci 138, caudae 12 mm.
Lat. capitis 6$^1/_2$, trunci 5$^1/_2$, basis caudae 4 mm.
Hab. Von dieser Art fand Herr P. Hesse nur ein Stück
am 6. August 1886 bei Povo Netonna nächst Banana.

Wie alle *Elapsoidea*-Arten stimmt auch die vorliegende
in der Pholidose sehr nahe mit den übrigen überein. Verglichen
mit *E. Guentheri* Boc. sind folgende Abweichungen zu verzeichnen: Körper (vielleicht nur in Folge grösserer Jugend)
kürzer und gedrungener bei gleicher Anzahl der Ventralen und
Subcaudalen. Die Internasalen sind bei der neuen Art verhältnismässig kürzer, also schmäler quer bandförmig; das
Frontale ist regelmässiger sechseckig, sein hinterer Winkel
weniger spitz ausgezogen. Das Mentale ist nicht dreieckig,
sondern glockenförmig fünfseitig, fast so lang wie breit: das
erste Paar Infralabialen steht in der Kinnmitte nicht mit
einander in Berührung, sondern stösst an die vorderen Submentalen; links 4. rechts 3 Infralabialen in Contact mit den
Submentalen.

Mehr noch verschieden ist sie von allen bekannten Arten
in der Färbung. Diese ist weissgrau mit 22 schwarzen, weisslich
gesäumten Halbringen auf dem Rumpfe und 3 auf dem Schwanze.
Diese Halbringe sind schmäler als ihre hellen Zwischenräume,
indem sie drei Schuppenreihen breit sind, während die grauen
Intervalle fünf Reihen einnehmen. Das Halsband ist am breitesten
und spitzt sich nach vorn dreieckig zu, indem es zugleich einen
schwarzen, der Parietalsutur folgenden Streifen bis zum Hinterrand des Frontale nach vorn aussendet. Die Suturen des Frontale,
die oberen Suturen des fünften Supralabiale und eine vom
siebenten Supralabiale zum Seitenrand des Parietale aufsteigende
I- oder T-förmige Makelzeichnung ist ebenfalls schwarz. Ebenso
sind einfache oder doppelte, in den Intervallen zwischen den
Halbbinden am Rande der Ventralen sehr regelmässig gestellte
Rundmakeln schwarz gefärbt. Die Unterseite ist einfarbig weiss,
die Ventralen der beiden letzten Rumpfdrittel am Vorderrande
etwas graulich angedunkelt.

In der Färbung besteht also mit *E. Guentheri* Boc. keine
Verwandtschaft, und auch bei *E. Sundevalli* (Smith) sind die
dunklen Bänder weit breiter als die hellen. Ähnlicher in Färbung

und Zeichnung ist *E. semiannulata* Boc. (Jorn. Sc. Math. Lisboa
No. 32, 1882 p. 19), doch auch hier ist die Breite der dunklen
Halbbinden deutlich grösser als die ihrer Zwischenräume.

Bekannt ist die Art bis jetzt nur aus der nächsten Umgebung von Banana an der Mündung des Congo.

Fam. XII. Dendraspididae.

50. *Dendraspis Jamesoni* (Traill) 1843.

Traill, Transl. of Schlegel's Essai p. 179, Taf. 2, Fig. 19—20 *(Elaps)*;
J. G. **Fischer**, Neue Schlangen d. Nat. Mus. Hamburg 1855, Taf. 1 (Typus)
und Jahrb. d. Wiss. Anst. Hamburgs Bd. 2, 1885 p. 114 *(Dinophis fasciolatus)*;
Günther, Cat. Colubr. Su. Brit. Mus. 1858 p. 238; A. **Duméril**, Arch. Mus. Hist.
Nat. Paris Tome 10, 1861 p. 215, Taf. 17, Fig. 11; F. **Müller**, Kat. Herp.
Samml. Basel. Mus., IV. Nachtr. 1885 p. 692; **Boettger**, Ber. Senckenberg.
Ges. 1887 p. 63.

Es liegen zwei erwachsene Stücke dieser giftigen Baum-
schlange vor, das eine von Povo Netonna bei Banana,
Januar 1887, das andere von Massabe in Loango, Juni 1886.
Ausserdem ein Kopf von Cabinda. Januar 1887 (P. Hesse).

Alle vorliegenden Stücke zeigen die von Fischer für seinen
D. fasciolatus geforderten Kennzeichen, insbesondere auch die
Temporalenstellung und die Zahl von „17" Schuppenreihen auf
dem Halse. Da aber schon „zwei" Kopflängen hinter dem
beschilderten Teile des Kopfes nur 15 Reihen auftreten, die
dann volle zwei Drittel des Rumpfes bekleiden, so dürfte die
Zahl 15 als Normalzahl für die Loango- und Congoform anzunehmen und so der Übergang zum typischen *D. Jamesoni* (Traill)
mit 13 Schuppenreihen zweifellos gefunden sein. Bei dem letzteren
finde ich zudem auf dem Halse 15 Schuppenlängsreihen. Was
die Färbung und Zeichnung mit schwarzen Querbinden anlangt,
so sehe ich entgegen Fischer's Mittheilungen keinen Unterschied
zwischen *D. Jamesoni* und *fasciolatus*: beide Formen sind grün
mit nach „vorn" absteigenden, schwarzen, schmalen Binden und
ohne Zwischenräume ungesäumter Schuppenreihen, der Schwanz
gelbgrün mit fein schwarz eingefassten Schuppenrändern.

Im Übrigen ist die Form nach direktem Vergleich absolut
identisch mit Fischer's Typus von *D. Jamesoni*. Ich finde nämlich
nur ein an die Postocularen stossendes grosses Temporale
jederseits; hinter den Parietalen drei grosse, schildähnliche

Schuppen; das vorletzte der 8—8 Supralabialen sehr gross, an das zweitunterste Postoculare anstossend. Das Exemplar von Cabinda hat übrigens nur 7—7 Supralabialen, indem das vierte und fünfte zu einem Schilde verschmolzen ist; bei ihm tritt das vierte Supralabiale ans Auge. 3—3 Praeocularen: einmal 3—4, zweimal 4—4 Postocularen. Der linke Oberkiefer zeigt ausnahmsweise einmal zwei in ziemlichem Intervall hinter einander stehende, durchbohrte Giftzähne.

Schuppenformel:

Povo Netonna Squ. 15: G. $^3/_2$. V. 216, A. $^1/_1$. Sc. $^{110}/_{110}$.
Cabinda „ 15: „ $^3/_2$ (Kopf).
Massabe „ 15: „ $^4/_3$, V. 223. A. $^1/_1$, Sc. $^{109}/_{109}$.

Maasse:	Povo Netonna.	Massabe.
Kopfrumpflänge .	1440	1455 mm.
Schwanzlänge	435	450 „
Totallänge .	. 1875	1905 „

Während die Stammform dieser Art Squ. 13: G. $^3/_2$. V. 220—221, A. $^1/_1$, Sc. $^{112}/_{112}$—$^{115}/_{115}$ zeigt, variieren unsere Stücke von Squ. 15; G. $^3/_2$—$^4/_3$, V. 216—223, A. $^1/_1$, Sc. $^{109}/_{109}$—$^{110}/_{110}$. Fischer's D. fasciolatus, der zweifellos in die Varietätenreihe der vorliegenden Form gehört, zeigt Squ. 17: G. $^3/_2$. V. 219, A. $^1/_1$. Sc. $^{121}/_{121}$.

Der beachtenswerteste Unterschied, den ich zwischen D. Jamesoni (Traill) und D. angusticeps Smith finden kann, liegt übrigens nicht in der Pholidose und namentlich nicht in der Form und Stellung der Temporalen, sondern — wenn Smith's Abbildung und Peters' Beschreibung der letztgenannten Art korrekt sind — in der wesentlich verschiedenen Färbung und Zeichnung des Schwanzes.

Bekannt ist die Stammart mit 13 Schuppenreihen meines Wissens von der Tumbo-Insel (F. Müller), von Liberia (Hallowell), von Akkra (Boettger) an der Goldküste (F. Müller), von Victoria und Kamerun (Peters, F. Müller) und von der Insel S. Thomé (Fischer, Jan). Die Form mit 15 Schuppenreihen lebt bei Massabe, Cabinda und Banana (Hesse), also von der Loangoküste bis zur Congomündung; die Form mit 17 Schuppenreihen (var. fasciolata Fisch.) stammt von Westafrika ohne nähere Fundortsangabe (J. G. Fischer).

Fam. XIII. **Atractaspididae.**

51. *Atractaspis irregularis* (Reinh.) 1843 typ.

und var. *Congica* Pts. 1877.

Reinhardt. Beskrivelse of nogle nye slangearter. Kopenhagen p. 11, Taf. 78, Fig. 2 *(Elaps)*; **Peters**, Mon. Ber. Berlin. Akad. 1877 p. 616 (Typus) und p. 616, Taf. —., Fig. 2 (var. *Congica*), sowie Sitz. Ber. Ges. Nat. Fr. Berlin 1881 p. 150 *(Congica)*; **Bocage**. Jorn. Sc. Math. Lisboa No. 14. 1887. S. A. p. 11 *(Congica)*.

Ein leider hinter der Körpermitte zerschlagenes Exemplar der Varietät, dem der hintere Teil des Körpers und der Schwanz fehlt, von Povo Netonna bei Banana, Dezember 1886 (P. Hesse). Ein Stück der typischen Art vom Congo, gesammelt von Herrn Dr. Büttner (Mus. Berlin No. 3056).

Das typische Stück vom Congo zeigt überall 25 Schuppen-längsreihen; links 5, rechts 6 Supralabialen: das dritte Infralabiale beiderseits sehr lange gestreckt, länger als die beiden Submentalpaare zusammen.

Schuppenformel:

Congo Squ. 25; G. $^{10}/_{10}$, V. 233, A. $^1/_1$, Sc. $^{21}/_{21}$.

Ganz schwarz mit blauem Schiller; die Unterseite grau-schwarz, die Hinterränder der Ventralen mit grauen Säumen.

Das Stück der var. *Congica* Pts. von Povo Netonna zeigt in der Halsgegend 19, in der Körpermitte 21 Schuppenreihen. 5—5 Supralabialen; drittes Infralabiale wie bei dem vorigen Stück. — Färbung wie beim Typus der Art.

Schuppenformel: Squ. 19; G. $^6/_6$.

Die Stammform zeigt nach Peters' und meinen Beobachtungen Squ. 23—29; G. $^{10}/_{10}$, V. 228—243, A. $^1/_1$ oder 1, Sc. $^{23}/_{23}$—$^{26}/_{26}$ (oft z. Teil ungeteilt) und die var. *Congica* Pts. Squ. 19: G. $^6/_6$. V. 206—237, A. $^1/_1$, Sc. 20—22 ($^1/_1$, 5, $^{14}/_{14}$ und 6, $^{16}/_{16}$).

Der Typus der Art findet sich an der Goldküste (Jan, F. Müller), bei Porto Novo zwischen Whydah und Lagos an der Sklavenküste (Boettger), bei Tschintschoscho in Loango (Peters) und am Congo (Büttner). Die var. *Congica* Pts. ist bis jetzt nur von Tschintschoscho (Pts.), von Povo Netonna bei Banana, vom Congo (Bocage) und vom Quango in Angola (Pts.) bekannt geworden. Andere Varietäten leben in ganz Tropisch-Afrika von Sierra Leone bis Sansibar und in dem ganzen Landstrich südlich davon von Gross-Namaland an bis zum östlichen Teile der Capcolonie.

Fam. XIV. Causidae.

52. *Causus rhombeatus* (Licht.) 1823.

Boettger, 24.,25. Ber. Offenbach. Ver. f. Naturk. 1885 p. 186 und Abh. Senckenberg. Nat. Ges. Bd. 12, 1881, S. A. p. 31 *(Aspidelaps)*; Peters, Sitz.-Ber. Ges. Nat. Fr. Berlin 1881 p. 150; Mocquard, Bull. Soc. Philomath. Paris 7. Vol. 11. 1887 p. 85 *(Aspidelaps)*: Bocage. Jorn. Sc. Math. Lisboa No. 44. 1887. S. A. p. 13.

Von dieser Art wurden weitere 3 Stücke bei B a n a n a, 3 bei P o v o N e m l a o nächst Banana, eins bei K i n s h a s s a am Stanley Pool gesammelt. Auf fiote heisst diese Giftschlange sanna-njoka. Als Nahrung konnte Herr P. Hesse in einem Falle *Bufo regularis* Reuss nachweisen, den er aus dem Magen herausschnitt: ein ziemlich ungewöhnliches Nahrungsmittel, wie mir scheint, für eine Giftschlange.

Alle vorliegenden Stücke zeigen 6 — 6 Supralabialen, 2—2 Prae-, 1—1 Infra- und 2—2 Postocularen, sowie die Temporalenstellung 2 + 3 jederseits. Nur einmal finde ich 2—1 Infraocularen.

S c h u p p e n f o r m e l :

Banana	Squ. 18;	G. 0. V. 134.	A. 1.	Sc. $^{20}/_{20}$ + 3.	
	„ 18:	„ 0. „ 135.	„ 1.	„ $^{16}/_{16}$ + 6.	
„	„ 18:	„ 0. „ 136.	„ 1.	„ $^{9}/_{9}$ + 4 + $^{8}/_{8}$.	
Povo Nemlao	„ 20:	„ 0. „ 135.	„ 1.	„ $^{17}/_{17}$ + 5.	
	„ 19:	„ 0. „ 138.	„ 1.	„ $^{17}/_{17}$ + 4.	
„	„ 19:	„ 0. „ 144.	„ 1.	„ $^{19}/_{19}$ + 2.	
Kinshassa	„ 20;	„ 0. . 141.	„ 1.	„ $^{15}/_{15}$ + 6.	

Färbung normal. Zeichnung mehr oder weniger lebhaft. Die vom unteren Congo stammenden Exemplare schwanken in der Schuppenformel von Squ. 18—20: G. 0. V. 134—144. A. 1, Sc. $^{21}/_{21}$—$^{23}/_{23}$. wobei zu beachten ist, dass eine kleine Anzahl von meist an der Schwanzspitze gelegenen Subcaudalschildern einfach ist. Die Durchschnittsformel für unsere Form stellt sich nach 8 Zählungen auf Squ. 19: G. 0. V. 138. A. 1. Sc. $^{22}/_{22}$ (z. Teil ungeteilt).

Man kennt die Art von Nianing und Rufisque (Boettger) im Senegal (Dollo), vom Gambia (Günther), von Liberia (Hallowell).

Aburi und Akkra (Bttgr.) an der Goldküste (Schlegel, Dum. & Bibr..
F. Müller), von Brass an der Nigermündung (Hartert) und Loko
am Binue (Staudinger), von Kamerun (Peters), von Franceville
u. a. O. am Ogowe (Mocquard), von Tschintschoscho (Pts.), von
Banana. Povo Nemlao und Kinshassa am unteren (Hesse), von
Ngantshu und Makoko am mittleren Congo (Mocquard), von
San Salvador in Congo (Bocage), von Malansche (Peters) u. a. O.
in Angola (Bocage) und aus dem Innern von Mossamedes (Boc.).
Ausserdem lebt sie auf der ganzen Ostküste Afrikas vom Sudan,
Abessynien (Mocquard) und Sansibar (Pts.) abwärts bis zum
Cap (Schlegel, F. Müller, Mocquard). Speziellere Fundorte im
Osten und Süden sind überdies die Tanganjika-Gegend (Dollo),
die Ungama-Bai in Wituland (Denhardt), Madimula in Usaramo
(Boettger), Inhambane in Mossambique (Fornasini), Port Natal
(Bttgr., Boulenger) und Port Elizabeth (Blgr.) und Clarkebury
im Capland (Bttgr.).

Fam. XV. **Viperidae.**

53. *Vipera arietans* Merr. 1820.

Merrem. Tent. Syst. Amph. p. 152; **Strauch**, Synops. d. Viperiden,
St. Petersburg 1869 p. 93; **Bocage**. Jorn. Sc. Math. Lisboa No 44. 1887, S. A.
p. 14 *(Bitis)*.

Drei Stücke von Banana, zum Teil auf dem Terrain der
Holländischen Faktorei im Januar und Februar von Herrn
P. Hesse erbeutet. Derselbe konstatierte als Nahrung dieser
Art Ratten, von denen er zwei — eine mittelgrosse und eine
kleinere — aus dem Magen eines grossen Stückes herausschnitt.

Supraorbitalregion mit einfachen Schuppen bekleidet:
Supranasalen ohne hornartige Fortsätze; Nasenlöcher oben auf
der Schnauze, nach oben geöffnet. Zahl der Supralabialen
schwankend, 14—14, 12—13 und — niedriger als gewöhnlich —
11—12; Infralabialen 17—17, 15—16 und 13—15.

Schuppenformel: Sqn. 29; G. $^6/_6$, V. 140, A. 1, Sc. $^{31}/_{31}$.

       ,, 29; $^6/_6$. ,, 140, ,, 1. ,, $^{32}/_{32}$.

       ,, 29; $^7/_7$. ,, 145, ,, 1. ,, $^{20}/_{20}$.

Färbung normal, ziemlich dunkel, die gelben Chevronzeichnungen schmal; Kopfzeichnung deutlich. Junge Exemplare
mit sehr lebhafter Zeichnung.

Diese gefürchtete Giftschlange ist im ganzen tropischen und subtropischen Afrika südlich vom 17⁰ N. Br. zu Hause. geht aber auf der Westküste noch bis nach Südmarokko (Boettger). Speziell aus Westafrika ist sie überdies bekannt von Dagana, Taoné und St. Louis (Steindachner) im Senegal (Dum. & Bibr.. A. Dum.), von Sierra Leone (A. Smith). St. Georges d'Elmina (Schlegel) u. a. O. der Goldküste (Strauch, F. Müller), Ajuda in Dahome (Bocage). Kamerun (Peters). Banana (Hesse), San Salvador in Congo (Bocage), vom Rio Calae, von einer Insel des Rio Cabidango. von Duque de Braganza, von Equimina und Quissange (Bocage), von Mossamedes und von anderen Punkten in Angola (Günther). Bihé und Benguella (Bocage). In Ostafrika lebt sie abwärts bis zum Cap (Schlegel). Speziellere Fundorte im Osten und Süden sind die Ungama-Bai in Wituland (Denhardt), der Naiwascha-See in Massailand (J. G. Fischer), die Tanganjika-Region (Dollo), Sansibar (Günther, Dollo), ganz Mossambique bis Lourenzo Marques im Süden (Peters). Natal (Boulenger), Port Elizabeth (Bttgr.), Ceres (F. Müller), Capstadt (Schlegel, Cope). Clarkebury und die Kalahari-Steppe (Bttgr.).

54. Atheris squamigera (Hall.) 1854.

Hallowell, Proc. Acad. Nat. Sc. Philadelphia Vol. 7, 1854 p. 193 (Echis); Cope, l. c. Vol. 11 p. 341 (Toxicoa) und Vol. 14 p. 337 (squamata); Peters. Mon. Ber. Berlin. Akad. 1864 p. 645 und Sitz. Ber. Ges. Nat. Fr. Berlin 1881 p. 150; Strauch. Synops. d. Viperiden 1869 p. 124; Bocage, Jorn. Sc. Math. Lisboa No. 44, 1887 p. 13; Günther, Ann. Mag. Nat. Hist. (3) Vol. 11 p. 25 (Poecilostolus Burtoni), Vol. 12 p. 239 (Burtoni) und Proc. Zool. Soc. London 1863 p. 16, Taf. 3 (Burtoni); Peters. Mon. Ber. Berlin. Akad. 1864 p. 645 (Burtoni); Strauch, l. c. p. 125 (Burtoni); Bocage, Jorn. Sc. Math. Lisboa No. 44, 1887, S. A. p. 13.

Drei junge Exemplare vom Gabun, gesammelt von Herrn Dr. Büttner, und mir vom Berliner Museum anvertraut.

A. squamigera (Hall.). die sich von den übrigen bekannten Atheris-Arten durch 7—8 gekielte Schuppen quer über den Scheitel. von Auge zu Auge gezählt, durch eine e i n z i g e Schuppenreihe zwischen Auge und Supralabialen und durch 18—23 Längsreihen von Schuppen in der Bauchmitte auszeichnet. ist original vom Gabun beschrieben, und trotz der Differenz in der Anzahl der Schuppenlängsreihen ist daher anzunehmen. dass unsere Stücke zu dieser Species gehören. In

der That ist auch die Pholidose bis auf die Beschreibung der
Form und Grösse der Seitenschuppen ganz übereinstimmend mit
Hallowell's Diagnose. Auf dem Scheitel sind auch die mittleren
Schuppen deutlich gekielt. Nasale mindestens nach oben hin
geteilt. Nasenloch daher zwischen zwei Schildern: stets drei
grosse Schuppen zwischen den Nasalen vorn quer über die
Schnauze. Auge vom vierten, fünften und sechsten Supralabiale
durch nur eine Schuppenreihe getrennt. Supralabialen einmal
11—10, zweimal 10—10; Infralabialen 12—13, 12—12 oder
12—11. Drei oder vier der seitlichen Schuppenreihen sind etwas
schiefer gestellt als die Dorsalreihen, und ihre Schuppen zeigen
sich deutlich kleiner; die Schuppen der letzten seitlichen Reihe
dagegen sind wie anscheinend bei allen *Atheris*-Arten —
meist etwas grösser als ihre Nachbarn. Schuppenlängsreihen
am Halse 19—21, in der Rumpfmitte 21—23.

Schuppenformel:

Squ. 21: G. ⁴₃, V. 159. A. 1. Sc. 62.

„ 22: - ⁴ ₁. - 167. „ 1. 56.

„ 23: - ⁴₄. - 160. „ 1. „ 51.

Färbung normal. Mehr grün als gelb: die abwechselnd
zweiten oder dritten Ventralen an den Seiten mit gelbem Fleck,
der sich gewöhnlich auch noch auf die anstossende Körper-
schuppe ausdehnt, und der gegen das hintere Rumpfdrittel hin
und auf der Schwanzbasis immer sehr deutlich zu sein pflegt.

Diese drei Exemplare schliessen sich ungezwungen in der
Pholidose an die typische *A. squamigera* (Hall.) mit 17 Schuppenreihen und 11 Supralabialen und an ihr Synonym *A. Burtoni*
Günther mit 19 Schuppenreihen und 9 Supralabialen, und beweisen mir, dass sie nur als eine leichte Abänderung der in
Rede stehenden Art mit etwas höherer Schuppenzahl zu betrachten sind.

Nach 8 mir vorliegenden Schuppenformeln dieser Schlange
schwankt dieselbe von Squ. 18—23: G. ⁴₃—⁴₁. V. 153—167.
A. 1, Sc. 51—62 und beträgt im Mittel Squ. 20: G. ⁴₄, V. 159.
A. 1, Sc. 56.

Gefunden ist sie bis jetzt nur in Kamerun (Günther,
Peters), in Limbareni (Peters) und anderenorts im Gabun
(Hallowell, Büttner), am Congo (Bocage) und am Quango (Pts.)
in Angola.

— 92 —

55. *Atheris laeviceps* Bttgr. 1887.

Boettger, Zool. Anzeiger, 10. Jahrg. p. 651.

(Taf. II., Fig. 7 a— d).

Char. Differt ab *A. squamigera* (Hall.) nasali simplice,
squamis ca. 10 medii verticis haud carinatis, seriebus binis
squamarum infraorbitalium inter oculum et supralabiala positis,
seriebus in medio trunco 23—25, scutis ventralibus 154—157,
subcaudalibus 49—54.

Hab. Povo Netonna bei Banana, zwei von Herrn
P. Hesse im Oktober und Dezember 1886 gesammelte Exemplare.

Auf dem Scheitel sind die etwa 10 grössten mittleren
Kopfschuppen glatt und ohne jede Spur von Kielen. 8 Schuppen
quer über den Scheitel von Auge zu Auge (wie bei *A. squamigera*).
Das Nasenloch liegt stets in einem einfachen Nasale (wie gewöhnlich bei *A. chlorochis*). Drei oder vier Schüppchen zwischen
den Nasalen vorn quer über die Schnauze. Auge vom fünften,
sechsten und siebenten, seltener vom vierten, fünften und
sechsten Supralabiale durch constant zwei Schuppenreihen getrennt (wie gewöhnlich bei *A. chlorochis*). Supralabialen 10—12
und 12—12; Infralabialen 12—12 und 13—14. Schuppenlängsreihen am Halse 21—23, in der Rumpfmitte 23—25. Drei oder
vier Seitenschuppenreihen etwas schiefer gestellt als die Rücken-
reihen und ihre Schuppen zugleich etwas kleiner, äusserste
Schuppenreihe dagegen deutlich grösser als die nächstliegende
Schuppe der zweituntersten Reihe (wie bei *A. chlorochis*).

Schuppenformel:

Squ. 23; G. ³/₁, V. 154, A. 1, Sc. 54.
„ 25; „ ⁴/₁, „ 157, „ 1, „ ¹/₁ + 48.

Kopfrumpflänge 495, Schwanzlänge 99. Totallänge 594 mm.

Das jüngere der vorliegenden Stücke ist rötlichgelb, auf
dem Rücken stark, auf den Rumpfseiten schwächer mit Olivengrün gewölkt, im letzten Rumpfdrittel und auf dem Schwanze
mit unregelmässigen, breiten, olivgrünen Querzeichnungen, die
gegen das schwärzliche Schwanzende dunkler und fast grüngrau
werden. Unterseite chromgelb, auf den Ventralen des letzten
Rumpfdrittels und auf der Schwanzbasis mit sparsamen, grossen,
grünlichen Querflecken. Das ältere Stück hat ganz die Färbung
und Zeichnung von *A. squamigera* (Hall.): das Grün herrscht

bei ihm vor. und die gelben Querbinden auf dem letzten Rumpfdrittel sind sehr verloschen. Da die Körperhaut schwarz ist,
zeigen sich an gekrümmten Stellen überall Andeutungen von
schwarzen Querbinden und in Reihen gestellten kleinen Strich-
flecken.

Nach gütigen Mitteilungen G. A. Boulenger's, die ich durch
das mir zu Gebote stehende Material ergänzen kann, sind die
Hauptmerkmale der drei uns näher bekannten Arten die folgenden:

1. *A. chloroechis* Schleg. (= *A. anisolepis* Mocquard teste
Boulenger). 10—11 gekielte Schuppen quer über den Scheitel
von Auge zu Auge. 1—2 Schuppenreihen zwischen Auge und
Supralabialen. 21—36 Schuppenreihen um die Rumpfmitte.

2. *A. laeviceps* Bttgr. 8 Schuppen quer über den Scheitel
von Auge zu Auge; die mittelsten 10 Schuppen des Scheitels
ohne Kiele. 2 Schuppenreihen zwischen Auge und Supralabialen.
23—25 Schuppenreihen um die Rumpfmitte.

3. *A. squamigera* Hall. (= *A. Burtoni* Gthr.). 7—8 gekielte
Schuppen quer über den Scheitel von Auge zu Auge. Eine Schuppenreihe zwischen Auge und Supralabialen. 18—23 Schuppenreihen
um die Rumpfmitte.

Die Anzahl der Infraorbitalschuppenreihen, auf die Strauch
bei Unterscheidung der *Atheris*-Arten Wert legen musste, scheint
zum mindesten bei *A. chloroechis* keine spezifische Bedeutung zu
besitzen, da sowohl Mocquard (Bull. Soc. Philomath. Paris (7)
Vol. 11, 1887 p. 90) bei einem Stücke seiner *anisolepis*, als
auch Boulenger bei einem Exemplar des British Museums auf
der einen Kopfseite eine, auf der anderen zwei Reihen beobachtet
haben. Weder die Zahl der Schuppenreihen, noch die Form der
Seitenschuppen scheint überdies einen besonderen spezifischen
Wert zu haben, da Formen mit wenig Schuppenreihen geringere
Unterschiede in der Schuppengrösse, solche mit mehr Schuppenreihen grössere Differenzen erkennen lassen, ohne dass sich bei
den zahlreichen Mittelformen strenge Gränzen ziehen liessen.
Ebenso scheint das Auftreten eines einfachen oder eines doppelten
Nasale nicht zur Speciestrennung benutzt werden zu können.

Nach alledem scheinen in der That nur die oben als Unter-
scheidungsmerkmale der drei *Atheris*-Arten angeführten Kennzeichen einigermassen stichhaltig zu sein. Vergleichen wir aber
die Charakteristik der neuen Form vom Congo mit der der beiden

anderen Arten. so unterliegt es keinem Zweifel. dass dieselbe
nicht wohl als Varietät zu einer der beiden altanerkannten
Arten gezogen werden kann, und dass sie als Species nur fällt,
wenn jene. was mir nicht ganz unmöglich zu sein scheint, künftig
als Variationen einer und derselben. überaus veränderlichen.
einzigen *Atheris*-Art erkannt werden sollten. Bei der unglaub-
lichen Variabilität zahlreicher afrikanischer Schlangen in der
Anzahl der Schuppenlängsreihen .vergl. *Boodon. Dasypeltis.
Dinophis. Atraetaspis, Causus*). die vielleicht auf einen infolge
lokaler und spezifisch afrikanischer. klimatischer Verhältnisse
periodisch eintretenden Nahrungsmangel zurückzuführen ist. zur
Abwendung dessen diese Schlangen gezwungen sind, möglichst
grosse oder zahlreiche Bissen. gleichsam als Reservefonds, ihrem
Magen einzuverleiben. ist obige Andeutung wohl gerechtfertigt.

Bis jetzt ist die Form nur bei Povo Netonna nächst Banana
an der Congomündung beobachtet worden. Am mittleren Congo
dagegen wird sie nach Mocquard durch *A. anisolepis* Mocq.
(= *chloroechis* Schleg.) ersetzt. Überdies kommt am Congo, wie
Bocage nachgewiesen hat. auch die ächte *A. squamigera* (Hall.)
vor, die Peters auch noch südlicher vom Quango in Angola
verzeichnet. so dass wir auf verhältnismässig beschränktem
Raume drei unstreitig nahe verwandte Formen. die in selt-
samer Weise gegenseitig ihr Wohngebiet durchsetzen. beobachten
können. Offenbar sind wir noch weit davon entfernt. in dieser
Gattung klar zu sehen. und die Aufklärung der Schwierigkeiten
in der spezifischen Abgränzung der Arten und der merkwürdigen
geographischen Verbreitung derselben muss vorläufig der Zeit
und neuen glücklichen Funden anheimgegeben werden.

Batrachia.

I. Ordnung. Batrachia Anura.

Fam. 1. **Ranidae.**

1. (56) *Rana albolabris* Hall. 1856.

Hallowell. Proc. Acad. Nat. Sc. Philadelphia Vol. 8, 1856 p. 153:
A. Duméril. Arch. Mus. Tome 10 p. 226, Taf. 18, Fig. 2 *(Limnodytes)*; **Günther,**
Cat. Batr. Sal. Brit. Mus. 1858 p. 73 *(Hylarana)*; **Peters.** Mon. Ber. Berlin.
Akad. 1876 p. 120 und 1877 p. 618 *(Limnodytes)*; **Boulenger,** Cat. Batr. Sal.
Brit. Mus. 2 ed. 1882 p. 59, Taf. 5. Fig. 2: **Sauvage.** Bull. Soc. Zool. France
Tome 9, 1884 p. 201: **Vaillant.** ibid. p. 353 *(Larve)*.

- 95

Von dieser Art liegen 11 Exemplare, sowie zahlreiche Larven aus einer Quelle bei Povo Netonna nächst Banana vor. Die Frösche erhielt Herr P. Hesse von Mitte Juni bis August 1886; die Larven wurden am 14. August 1886 gesammelt.

Abweichend von Boulenger's eingehender Beschreibung finde ich nur den Umstand, dass erster und zweiter Finger gewöhnlich nur wenig in der Länge von einander verschieden sind, und dass die Oberseite des Körpers immer mehr oder weniger fein granuliert, nicht glatt, erscheint. Beim ♂ ist der ganze Kopf und Rücken scharf körnig und rauh, beim ♀ dagegen zeigt sich diese Granulierung mehr weichkörnig oder lederartig, was sich auch an den Stücken No. 8270, 8843 und 9154 des Berliner Museums beobachten lässt.

Schnauze zugespitzt, 1¼—1½ mal länger als der Augendurchmesser; Zehen mit ³⁄₄-Schwimmhaut; innerer Metatarsaltuberkel klein, oval, doppelt so lang als breit, äusserer Metatarsaltuberkel sehr deutlich, aber noch kleiner, gerundet, an der Basis der vierten Zehe. Dorsolaterale Drüsenfalte ziemlich breit.

Die grössten vorliegenden ♂ haben nur 45, die ♀ 60 mm Kopfrumpflänge.

Oberseits grau oder braun, mitunter mit bronzegrünem Metallschimmer, auf dem Rücken mit kleinen, schwarzen Flecken und Marmorzeichnungen; Frenalstreif und Umgebung des Trommelfells schwarz. Eine weisse, seltener graulich angedunkelte Binde längs der Oberlippe, die von der Schulter an nach hinten auf den Rumpfseiten in Flecke aufgelöst erscheint. Gliedmaassen fein grau gefleckt und mit matten Querbinden. Hinterbacken gelbbraun, reichlich und ziemlich fein grau oder braun gefleckt und gepunktet. Unterseits weisslich oder gelblich, mehr oder weniger stark russbraun angeflogen, marmoriert oder gefleckt. Unterkieferrand stets einfarbig, ohne Würfelfleckung. ♂ mit einer flachen, ovalen, weisslichen, tiefbraun oder schwarz gefleckten Drüse an der Basis des Oberarms.

Die sämtlichen vorliegenden Larven zeigen bereits entwickelte Hinterbeine. Sie sind lehmgelb, auf dem Rücken grau angedunkelt und über und über mit kleinen schwarzgrauen Fleckchen gepunktet; die Schwanzseiten sind gröber, die hohen oberen und unteren Flossensäume feiner schwarzgrau gefleckt. Kopfrumpflänge bis zur Insertion der Hintergliedmaassen 19,

Länge des Schwanzes 35, der Hintergliedmaassen 21 mm. Grösste
Breite des Kopfrumpfteiles 12^1/$_2$ mm.

Bekannt ist diese, über einen grossen Teil von Westafrika
verbreitete Art von Effirn. Kuakra und Ulugulu in Assini.
Zahnküste (Vaillant), von Akkra an der Goldküste (Peters), von
Abo in Kamerun (Mus. Berlin No. 8270), von der Insel Fernando
Po (Boulenger. Sauvage), von Dongila (Mus. Berlin No. 8843)
im Gabun (Hallowell, A. Dum., Boulenger. Sauvage), von
Limbareni am Ogowe (Pts.). von Tschintschoscho in Loango
(Pts.), vom Congo (Sauvage) und von Povo Netonna bei Banana
(Hesse).

2. (57) *Rappia marmorata* (Rapp) 1842 var. *parallela* Gthr. 1858.

Rapp, Arch. f. Naturgesch. 1842 p. 289, Taf. 6 *(Hyperolius)*; **Günther**,
l. c. p. 86, Taf. 8. Fig. A *(Hyperolius parallelus)*; **Bocage**, Proc. Zool. Soc.
1867 p. 844, Fig. 2 und Jorn. Sc. Math. Lisboa No. 44, 1887, S. A. p. 15
(Hyperolius insignis); **Peters**, Mon. Ber. Berlin. Akad. 1877 p. 618 *(Hyp.
parallelus)* und Sitz. Ber. Ges. Nat. Fr. Berlin 1882 p. 8 *(Hyp. vermiculatus)*;
Boulenger, l. c. p. 121; **Sauvage**, Bull. Soc. Zool. France Vol. 9, 1884 p. 201.

Je zwei Exemplare von Vista. Mai 1886, und vom linken
Congoufer zwischen Ango-Ango und Lukungu. Mai und
Juni 1886 (P. Hesse).

Pupille horizontal; Trommelfell versteckt; Finger fast mit
halber, Zehen mit ganzer Schwimmhaut.

Färbung und Zeichnung ganz wie in Günther's Beschreibung
und Abbildung. Die Grundfarbe der Oberseite von Grau zu
Schwarz, die der Kopfseiten und Gliedmaassen von Rosa zu
bleichem Orange abändernd. Die drei weissen Binden längs
des Rückens und die schwarzen Fleckchen auf Oberlippe und
Gliedmaassen bei allen vorliegenden Stücken gleich deutlich.
Oberschenkel ohne Zeichnung.

Diese in der unteren Congogegend anscheinend recht
constante Varietät geht auf der Westküste vom Cap, von wo
Günther seine Exemplare erhielt. über Angola zum mindesten
bis Tschintschoscho in Loango. Die Art selbst ist in unzähligen
Farbenspielarten. die vielfach eigene Namen erhalten haben.
vom Senegal und Gambia einerseits bis Abessynien andererseits
über das ganze tropische Afrika verbreitet und scheint auch
noch einen Teil des subtropischen südlichen Afrikas in Natal
und Capland zu bewohnen. Spezielle Fundorte dieser Species

sind in Westafrika der Senegal (Günther) und Gambia (Blgr.), Liberia (F. Müller). Butri an der Goldküste und Yoruba in Lagos (Peters), Tschintschoscho (Pts.), Vista (Hesse) und Ango-Ango (Hesse) am Congo (Sauvage), San Salvador in Congo (Bocage), Duque de Braganza. Ambris, Rio Donda (Blgr.) und Malansche am Quanza (Pts.) in Angola. Benguella (Bocage. Blgr.). Bihé (Bocage) und Huilla in Mossamedes (Boc., Blgr.), in Ostafrika Abessynien (Blgr.), die Tanganjika-Gegend (Dollo), die Ungama-Bai in Wituland (Denhardt). Sambesi (Blgr., Pts.) und Shirefluss (Pts.). Mossambique. Makanga. Boror und Inhambane in Mossambique (Pts.), Natal (Blgr.) und Capland (Gthr.).

3. (58) *Rappia fascigula* (Boc.) 1866.

Bocage. Jorn. Sc. Math., Phys. e. Nat. Lisboa No. 1. 1866 p. 76 (*Hyperolius*); **Günther.** Proc. Zool. Soc. London 1868 p. 179; **Peters & Buchholz.** Mon. Ber. Berlin. Akad. 1876 p. 120 (*Hyperolius oliraceus*); **Boulenger.** l. c. p. 124; **Sauvage.** l. c. p. 201.

Ein Stück bekam Herr P. Hesse am 29. Mai 1886 von Vista.

Das vorliegende Exemplar stimmt ganz mit Boulenger's Beschreibung dieser Art überein, doch ist die Schwimmhaut zwischen den Fingern knapp eine Drittelschwimmhaut, und das Hinterbein reicht, nach vorn gelegt, bis zum Vorderrand des Auges.

Oberseits einfarbig blaugrün oder blaugrau; kein dunkler Frenalstreif; ein feiner schwarzer Längsstreif an der Körperseite zwischen den Insertionen der Gliedmaassen; obere Seite der Oberschenkel mit schmalem, weissgrünem, beiderseits von einer schwarzen Linie gesäumtem Längsstreif; in der Analgegend ein breiter, weissgrüner, schwarz umzogener Querfleck. Alles Grün der Gliedmaassen gegen die rötlichgelben oder fleischroten Teile der Unterseite durch feine, schwärzliche Säume abgegränzt. Unterseits einfarbig rötlichgelb oder fleischrot. Kinnränder und Analgegend bräunlich bestäubt.

Meines Wissens ist dieser Laubfrosch nur bekannt von Eloby im Gabun (Boulenger). Limbareni am Ogowe (Peters), Vista (Hesse) und vom Congo (Sauvage). scheint also nur einen kleinen Teil der Westküste des tropischen Afrikas zu bewohnen.

7

1. 59. *Rappia cinctiventris* (Cope) 1862.

Cope, Proc. Acad. Nat. Sc. Philadelphia 1862 p. 342 (*Hyperolius*):
Bocage, Jorn. Sc. Math. Lisboa No. 26. 1879, S. A. p. 5 (*Hyperolius citrinus*):
Boettger, Abh. Senckenberg. Nat. Ges. Bd. 12. 1881, S. A. p. 44; **Boulenger**,
l. c. p. 126: **Peters**, Reise nach Mossambique, Zool. III Amph. 1882 p. 161,
Taf. 22. Fig. 3 (*Hyp. granulosus*).

Ein ♀ von Kinshassa am Stanley Pool (P. Hesse).
Übereinstimmend mit Boulenger's Beschreibung, aber das
Hinterbein, nach vorn gelegt, mit dem Tibiotarsalgelenk bis
zur Schnauze reichend, und die Ringfalte des Bauches gänzlich
fehlend. Im Übrigen aber der Cope'schen Beschreibung noch
darin besonders ähnlich, dass eine feine braune Linie vom
Nasenloch bis etwas über das Auge hinaus zieht. Haftscheiben
relativ klein.

Totallänge von Schnauze bis After 22 mm: Hinterextremität 36 mm.

Oben einfarbig hell gelbbräunlich mit silberweissem Anflug; Kopf nach vorn etwas dunkler, braun; ein feiner brauner
Frenalstreif. Unten dunkler braun: Oberschenkel nicht gefärbt,
d. h. ohne den silberweissen Anflug: die Wärzchen der Analgegend weiss auf braunem Grunde.

Die kleine Art bewohnt das ganze tropische und südliche
Afrika vom Senegal bis zum Cap und findet sich u. a. bei Taoué
(Steindachner) und Nianing (Boettger) im Senegal (Boulenger),
bei Kinshassa am Congo (Hesse), in Bihé im Innern von
Benguella (Bocage), sowie in Mombassa (Peters) nördlich von
Sansibar (F. Müller) und bei Capanga in Mossambique (Pts.),
am Sambesi (Günther), bei Umvoti in Natal (Cope) und bei
Kingwilliamstown in Capland (Blgr.).

5. (60) *Rappia fimbriolata* (B. & Pts.) 1876.

Buchholz & Peters, Mon. Ber. Berlin. Akad. 1876 p. 121 (*Hyperolius*).

Ein schlecht gehaltenes, leider am Kopf gedrücktes Stück
von Massabe in Loango (P. Hesse).

Gut mit Peters' Beschreibung übereinstimmend. Schnauze
etwas länger als das Auge, vorn anscheinend merklich zugespitzt.
Trommelfell versteckt. Haut oben glatt: Bauch granuliert; Kehle
und Hinterschenkel glatt. Keine Querfalte auf der Brust. Finger
mit $1/3$-, Zehen mit $2/3$-Schwimmhaut. Hinterbein, nach vorn
gelegt, den Vorderrand des Auges erreichend.

Körperlänge von Schnauze bis After 21 mm: Hinterglied maassen 31 mm.

Dunkel graubraun mit jederseits einer weissen, auf der Schnauze im Winkel zusammenstossenden Dorsolateralbinde, die, über den Augen hinlaufend, bis zur Insertion der Hinterglied-maassen zieht. An den Körperseiten liegt unter derselben und parallel mit ihr eine zweite, schmälere, weniger deutliche, weisse Längsbinde, die aus zwei nach vorn offenen Schenkeln entspringt, auf der Oberlippe etwas vor dem Auge ansetzt und bis in die Mitte der Rumpfseiten zieht. Oberschenkel gefärbt, dunkel mit schmaler, heller Längslinie; Unterarm und Unterschenkel mit sehr deutlichen, weissen Punktfleckchen. Alle Aussenränder der oben gleichfalls dunkel gefärbten Gliedmaassen weisslich ein-gefasst. Kehle graulich; Bauch gelbbräunlich; Schenkelunterseite gelbrötlich mit mikroskopischen, schwarzen Pünktchen. Palma und Planta ziemlich dunkel braun. Analgegend grau, von einer dreieckigen, weisslichen Zone umgeben.

Boulenger stellt diese Art in seinem Cataloge p. 121 mit Reserve zu *R. fulcovittata* (Cope), was wegen der kürzeren Hinterextremität und der recht auffallend abweichenden Färbung und Zeichnung doch wohl nicht angeht.

Die Art ist bis jetzt nur bekannt von Limbareni am Ogowe (Peters) und von Massabe in Loango (Hesse).

6. (61) *Hylambates Aubryi* (A. Dum.) 1856.

Hallowell. Proc. Acad. Nat. Sc. Philadelphia Vol. 7, 1854 p. 193 und Vol. 9, 1857 p. 65 (*Hyla punctata*); **A Duméril**, Rev. et Mag. Hist. Nat. Zool. 1856 p. 561 (*Hyla*); **Peters**, Mon. Ber. Berlin. Akad. 1877 p. 618; **Boulenger**, l. c. p. 135; **Sauvage**, Bull. Soc. Zool. France Tome 9, 1884 p. 201.

Ein stark eingetrocknetes Stück von Massabe in Loango, gesammelt im Juni 1886 (P. Hesse).

Vomerzähne in zwei Gruppen zwischen den Choanen; Finger nur an der Basis mit Spannhaut. Zehen mit halber Schwimm-haut. In jeder Vomerzahngruppe vier deutliche Zähnchen; Trommelfell von etwas mehr als halber Augengrösse.

Bräunlich olivengrün, mikroskopisch fein schwarz gepunktet, mit dreieckigem, nach vorn deutlicher als nach hinten begränztem, dunkler grünem Fleck zwischen den Augen. Rumpfseiten hell kupferrot mit wenigen (etwa drei deutlicheren) schwärzlichen

7*

Quermakeln, darunter durch bräunliche Marmorierung in die
rötlichgelbe Bauchunterseite übergehend. Aftergegend schwärzlich, vor derselben die schon von Hallowell erwähnte weissgelbe
Querlinie. Eine helle Linie aussen längs des Unterarms und
Aussenfingers.

Bekannt ist diese Art von der Tumbo-Insel (F. Müller), von
Aschantiland (Boulenger), Kamerun (Peters), Gabun (A. Duméril,
Hallowell, Blgr.), von Massabe (Hesse) und Tschintschoscho (Pts.)
in Loango und vom Congo (Sauvage).

Fam. II. Bufonidae.

7. (62) *Bufo regularis* Rss. 1834 var. *spinosa* Boc. 1868.

Reuss. Mus. Senckenberg. Bd. 1 1834 p. 60 Typus ; Boulenger, Proc.
Zool. Soc. London 1880 p. 560. Taf. 52 und Cat. Batr. Sal. Brit. Mus. ed. 2,
1882 p. 298 (var. A); Bocage, Proc. Zool. Soc. London 1868 p. 845 *(spinosus)*
und Jorn. Sc. Math. Lisboa No. 44, 1887. S. A. p. 16: Peters. Mon. Ber. Berlin.
Akad. 1876 p. 120 und 1877 p. 618 und 620 *(Guineensis)* Boettger. Abh.
Senckenberg. Ges. Bd. 12, 1881. S. A. p. 43.

Von dieser in der ganzen unteren Congogegend häufigen
Kröte sandte Herr P. Hesse ein Stück von Kakamoëka am
Quilu und fünf Stück von Massabe in Loango, weiter sechs Stück
von Povo Nemlao und ein Stück von Povo Netonna bei
Banana, zwei Stück von Boma, ein Stück von der Insel
Sacre Embaco bei Boma und ein Stück von Bom Jesus
am Quanza. Die Exemplare wurden im Februar, April, Juni,
August bis October und im December gesammelt; die Art bindet
sich also in ihrem Erscheinen anscheinend an keine bestimmte
Jahreszeit. Auf fiote heisst sie „tjula“.

Schädel ohne Knochenleisten. Erster Finger viel länger
als der zweite. Parotiden deutlich, oft dreimal so lang wie
breit. Trommelfell so gross wie das Auge. Tarsalfalte deutlich.
Zehen mit einfachen Subarticulartuberkeln. Beim brünstigen ♂,
etwa im April, ist der innerste Finger auf der Aussenseite mit
einer fast bis zur Spitze reichenden, braunen Copulationsbürste
bedeckt.

Rückenfärbung sehr verschieden und oft sehr lebhaft (so
in den Stücken von Bom Jesus und Boma); mitunter eine helle
Vertebrallinie (Stücke von Massabe). Bauch ungefleckt; Rand des
Unterkiefers weisslich, der Kehlsack des ♂ tief schwarz gefärbt.

Da das Trommelfell bei der Guinea-Form, wie Boulenger
constatiert hat, constant fast in Berührung mit dem Auge ist,
da weiter, namentlich beim ♂, die Finger etwas schlanker sind,
und die Körpergrösse sich nur auf 55—70 mm stellt, glaube
ich, dass alle unsere Stücke zur var. A Boulenger's gehören
und erlaube mir daher, sie mit dem älteren Namen var. *spinosa*
Boc. zu bezeichnen, der zweifellos auf die vorliegende Form
bezogen werden muss.

Diese Kröte ist in ganz Afrika und Arabien zu Hause
und meist auch sehr häufig. Sie scheint selbst in solchen
Gegenden vorkommen zu können, in denen für gewöhnlich nur
brackisches Wasser anzutreffen ist. Die var. *spinosa* Boc. findet
sich bei St. Louis, Sor, Taoné, Bakel (Steindachner), Dakar
Stdchr., Boettger), Fundium, Rufisque und Nianing (Bttgr.) im
Senegal (Boulenger, Dollo), auf der Tumbo-Insel (F. Müller),
in Sierra Leone (Blgr.), Liberia (Hallowell), bei Efiru in Assini,
Zahnküste (Vaillant), bei Butri (Blgr.) und Aburi (F. Müller)
an der Goldküste, bei Porto Novo an der Sklavenküste (Bttgr.),
Loko am Binue (Staudinger) und Abo in Kamerun (Peters), am
Gabun (Bttgr., Dollo), am Ogöwe (Pts.), bei Kakamoëka am
Quilu und bei Massabe (Hesse), bei Tschintschoscho (Pts.), am
Congo (Sauvage), in Povo Nemlao und Povo Netonna bei Banana,
in Boma und Insel Sacre Embaco bei Boma (Hesse) am unteren
Congo, bei San Salvador in Congo (Bocage), bei Bom Jesus
(Hesse) und Pungo Andongo (Peters) am Quanza, in Bengnella
(Blgr.), Bihé und zwischen Mossamedes und Huilla (Bocage).

Die Boulenger'sche var. B dagegen ist über ganz Südafrika
verbreitet und geht von Capstadt (Boettger) bis Port Elizabeth
und Port Natal (Boulenger) und Ceres in der Capcolonie
(F. Müller. Als neuen Fundort in Ostafrika kann ich schliesslich
noch die Ungama-Bai in Witu (Denhardt) bezeichnen.

Geographische Schlussfolgerungen.

In den vorhergehenden Blättern haben wir 55 Reptilien
und 7 anure Batrachier aus Nieder-Guinea aufzählen können.
Unter den Schlangen sind 24 ungiftige und 10 giftige Arten;
das Verhältnis der giftigen zu den nicht giftigen Arten beträgt
also in Nieder-Guinea im weiteren Sinne etwa 30 : 100, während

Peters für Tschintschoscho an der Loangoküste 19 und **7** Arten
nachgewiesen hat. also das ähnliche Verhältnis 27 : 100 be-
rechnen lässt.

Als von Herrn P. Hesse constatierte Bewohner des unteren
Congogebietes. das wir uns nach Norden vom Tschiloango, nach
Süden vom Congofluss selbst begränzt denken. und im Westen
bis ans Meer. im Osten bis in die Nähe des Stanley Pools reichen
lassen. fassen wir folgende 48 Reptilien und 4 Batrachier auf:

Schildkröten (4).

1. *Cinyxis erosa*. 3. *Sternothaerus Derbyanus*. 4. *Chelone
viridis*. 5. *Thalassochelys olivacea*.

Crocodile 1.

6. *Crocodilus vulgaris*.

Eidechsen (12).

7. *Hemidactylus mabuia*. 8. *Agama colonorum*. 9. *Varanus
Niloticus*. 11. *Gerrhosaurus nigrolineatus*. 12. *Mabuia maculilabris*.
13. *M. Raddoni*. 15. *Ablepharus Cabindae*. 16. *Sepsina Hessei*.
17. *Feylinia Currori*. 19. *Chamaeleon gracilis*. 20. *Ch. parvilobus*.
21. *Ch. dilepis*.

Schlangen (31).

22. *Typhlops Eschrichti*. 23. *T. Congicus*. 25. *Coronella
olivacea*. 26. *Bothrophthalmus lineatus*. 27. *Grayia triangularis*.
28. *Psammophis sibilans*. 30. *Philothamnus dorsalis*. 31. *Ph.
heterodermus*. 32. *Ph. heterolepidotus*. 33. *Ph. irregularis*. 34. *Hapsidophrys smaragdina*. 35. *Thrasops flavigularis*. 37. *Bucephalus
Capensis*. 38. *Dryiophis Kirtlandi*. 39. *Lycophidium Capense*.
40. *Boodon lineatus*. 41. *Leptodira rufescens*. 42. *Dipsas Blandingi*.
43. *D. putreculenta*. 44. *Dasypeltis scabra*. 45. *Python Sebae*.
46. *Naja haje*. 47. *N. nigricollis*. 48. *Elapsoidea Guentheri*.
49. *El. Hessei*. 50. *Dendraspis Jamesoni*. 51. *Atractaspis irregularis*.
52. *Causus rhombeatus*. 53. *Vipera arietans*. 54. *Atheris squamigera*. 55. *A. laeviceps*.

Anuren (4).

56. *Rana albolabris*. 57. *Rappia marmorata*. 58. *R. fuscigula*. 62. *Bufo regularis*.

Danach stellt sich das Verhältnis der giftigen (10) zu den
nicht giftigen (21) Schlangenarten für das Untercongogebiet im
Sinne der oben von uns angenommenen Begränzung desselben

wie 48 : 100. ist also erheblich höher als das für Niederguinea im weiteren Sinne von uns berechnete Verhältnis 27—30 : 100.

Teilen wir nun die Westküste Afrikas in folgende sechs Abschnitte: I. Westafrika südlich bis Cap Palmas. II. Cap Palmas bis Kalabar incl.. III. Kamerun bis Tschiloango. IV. Tschiloango bis Congo. V. Congo bis Cunene und VI. Cunene bis Oranje. und fügen dazu als Vergleichsgebiete noch VII. Süd-Afrika und VIII. Ostafrika im weitesten Umfang, sowie IX. Madagascar und X. Comoren. so finden sich von den 52 eben aufgezählten, in Abschnitt IV. „Untercongogebiet vom Tschiloango bis Congo" gefundenen Arten in

I. Westafrika bis Cap Palmas:
1—4. 6—9. 13. 17. 19. 21. 22. 27. 28.
33—35. 37—48. 50—53. 57. 62 . . . .   36 oder 69.23 ⁰/₀.

II. Cap Palmas bis Kalabar incl.:
1. 3. 6. 8. 9. 12. 13. 19. 21. 22. 25—28.
31—34. 37—47. 50—53. 56. 57. 62 .   36   69.23 ⁰/₀.

III. Kamerun bis Tschiloango:
1. 3—9. 11—13. 15. 17. 19—22. 25—28.
30. 31. 33—35. 38—48. 50—54. 56—58. 62   46   88.46 ⁰/₀.

IV. Für diesen Abschnitt eigentümliche Arten: 16. 23. 49 und 55 . . .   4 _ 7.69 ⁰/₀.

V. Vom Congo bis zum Cunene:
2, 6—9. 11. 12. 15—17. 19. 21. 22, 25, 28,
30. 32. 33. 37. 39—41. 43—48. 51—54. 57. 62 ... 34 „ 65.38 ⁰/₀.

VI. Vom Cunene bis zum Oranje:
2. 20, 28. 37. 40, 45. 16. 51. 53 . . .   9   17.31 ⁰/₀.

VII. Südafrika: 2. 4. 5. 20. 28. 37.
39—41. 44. 46, 51—53, 57, 62 . . .   16 _ 30.77 ⁰/₀.

VIII. Ostafrika: 2. 4—9. 19. 21. 25.
28. 32. 37—41, 44—47. 51—53, 57. 62   26 „ 50,00 ⁰/₀.

IX. Madagascar: 2. 4. 7   3 „ 5,77 ⁰/₀.

X. Comoren: 4. 6. 12 . . . . . .   3 „ 5.77 ⁰/₀.

Von den nördlich des Congounterlaufes durch die Herren P. Hesse und Dr. Büttner im Gabun. bei Massabe u. a. Orten in Loango gesammelten 15 Reptil- und 3 Batrachierarten:

1. Cinyxis erosa. 9. Varanus Niloticus. 14. Lygosoma Fernandi, 18. Feylinia macrolepis. 20. Chamaeleon parvilobus, 22. Typhlops Eschrichti. 36. Crypsidomus aethiops. 38. Dryiophis

Kirtlandi, 39. *Lycophidium Capense*, 40. *Boodon lineatus*,
43. *Dipsas putrerulenta*, 44. *Dasypeltis scabra*, 46. *Naja haje*,
50. *Dendraspis Jamesoni*, 54. *Atheris squamigera* und 60. *Rappia
fimbriolata*, 61. *Hylambates Aubryi*, 62. *Bufo regularis*
überschreiten den Congo nach Süden hin nur die Nummern
9, 20, 22, 39, 40, 43, 44, 46, 54 und 62 = 10 oder 55,55 %.

Von den südlich des Congounterlaufes durch Herrn Hesse
gesammelten 12 Reptil- und 3 Batrachierarten:
2. *Pelomedusa galeata*, 6. *Crocodilus vulgaris*, 10. *Monopeltis Boulengeri*, 12. *Mabuia maculilabris*, 16. *Sepsina Hessei*,
24. *Xenocalamus Mechowi*, 28. *Psammophis sibilans*, 29. *Dromophis Angolensis*, 40. *Boodon lineatus*, 44. *Dasypeltis scabra*,
47. *Naja nigricollis*, 52. *Causus rhombeatus* und 57. *Rappia
marmorata*, 59. *R. cincticentris*, 62. *Bufo regularis*
überschreiten dagegen den Congo nach Norden hin die
Nummern 2, 6, 12, 16, 28, 40, 44, 17, 52, 57, 59 und 62
= 12 oder 80,00 %.

Alle diese Zahlen lehren uns, dass trotz der Gleichartigkeit
des Klimas und der Lebensbedingungen der untere Congolauf
für Reptilien und Batrachier eine gute secundäre Gränzscheide
abgegeben hat, indem etwa 18 von 52 Arten oder 34.61 % den
Fluss nach Süden, und beiläufig etwa 3 von 15 Arten oder 20 %
denselben nach Norden zu überschreiten nicht im Stande waren.
Gut spiegelt sich dieser Schnitt auch in den Verhältniszahlen
der Verbreitung in den benachbarten Bezirken III mit 88½ %
und V mit 65⅛ % übereinstimmender Arten ab. In zoogeo-
graphischer Hinsicht hat der Congo somit eine ähnliche Bedeutung
als Trennungslinie kleinerer Gebiete innerhalb der tropisch-
afrikanischen Provinz, wie der Oranje innerhalb der capländischen Provinz.

Der grosse Procentsatz aber von 50 % Kriechtieren, die
die Untercongogegend mit dem so weit entfernt liegenden Ost-
Afrika gemeinsam besitzt, und die Übereinstimmung von fast
70 % mit solchen Arten, die selbst in den entferntest gelegenen
nordöstlichsten Teilen der westafrikanischen Bezirke I und II
sich wiederfinden, entsprechen einem bekannten und schon öfters
gewürdigten Verbreitungsgesetze.

(Abgeschlossen am 29. November 1887.)

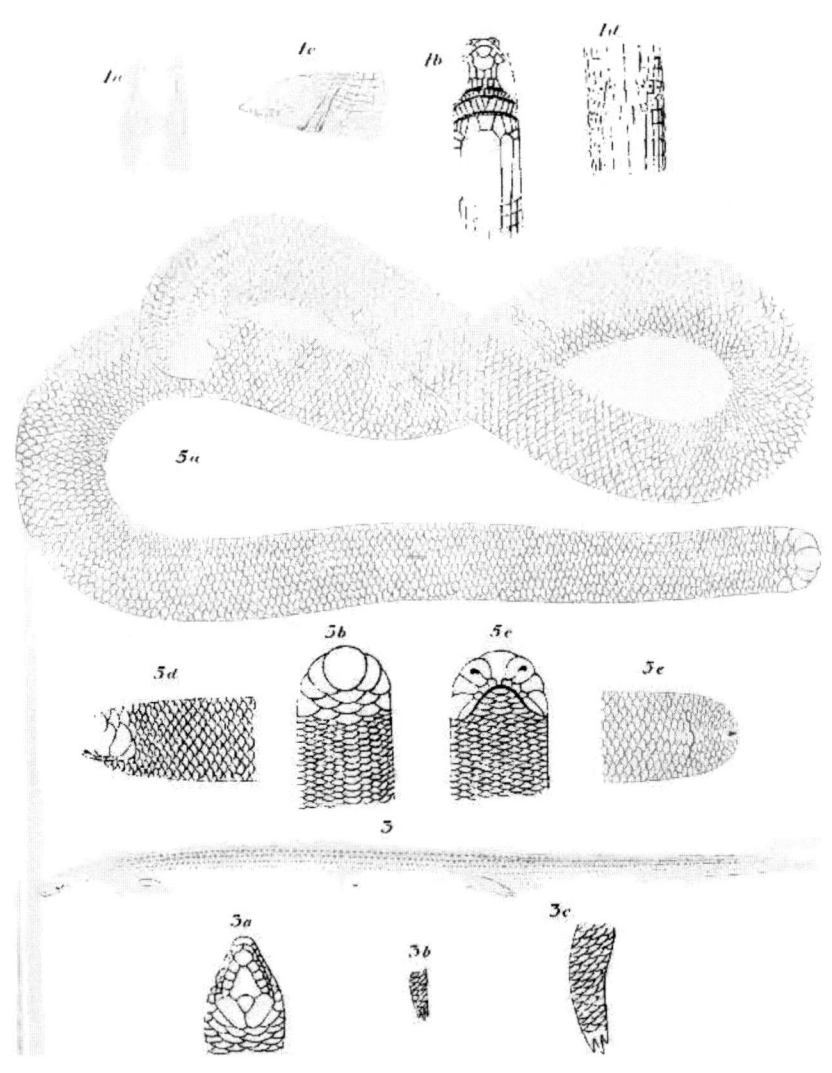

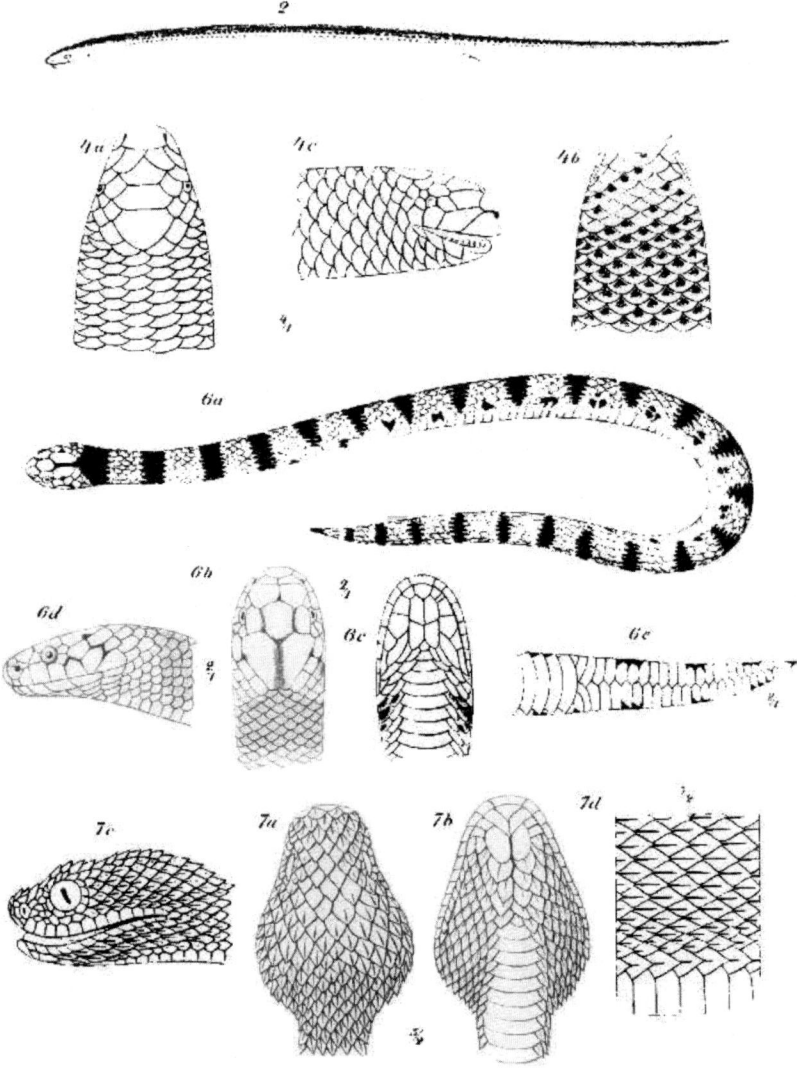

Die Gliederung der deutschen Flora.

Vortrag

gehalten in der wissenschaftlichen Sitzung vom 10. December 1887

von

Dr. Wilhelm Jännicke.

Betrachten wir die Pflanzendecke unseres Vaterlandes, so ist zunächst eine Eigentümlichkeit derselben auffallend: die Gleichförmigkeit ihrer Zusammensetzung in entlegenen Gebieten. Nicht nur der Charakter der Flora ist an sich entsprechenden Standorten im Osten wie im Westen der gleiche; auch die Zahl der Pflanzenarten, welche gleichmässig durch ganz Deutschland verbreitet sind, ist eine ganz beträchtliche. Diese Thatsache ist zunächst begründet in den klimatischen Verhältnissen, welche in den verschiedenen Landesteilen nur geringe Unterschiede darbieten, sodann in der geographischen Gliederung Deutschlands, die nirgends der Ausbreitung und Wanderung der Pflanzen bedeutende Hindernisse entgegensetzt. Im Norden haben wir die Tiefebene, im Süden die bayerische Hochfläche, welche beide für die Verbreitung der Pflanzen günstige Bedingungen bieten. Süddeutschland und Norddeutschland sind verbunden im Westen durch das Stromthal des Rheins, im Osten durch das der Elbe und Oder, und selbst die Wasserscheiden des dazwischen liegenden mitteldeutschen Berglands sind nicht hoch genug, um der Pflanzenverbreitung erhebliche Hindernisse entgegen zu stellen.

Neben dieser Gleichartigkeit findet man aber auch Unterschiede in der Zusammensetzung der Flora und zwar in doppelter Hinsicht, beim Aufsteigen im Gebirge wie beim Fortschreiten in der Ebene. In beiden Fällen sind es die sich ändernden klimatischen Verhältnisse, welche Änderungen in der Flora bewirken, die schon dem Auge des Laien bemerkbar werden, die der Florist schärfer wird fassen können, indem er Pflanzen namhaft macht, welche dieser Höhenlage oder jenem Landstrich

188

fehlen oder ihnen eigentümlich sind. Derartige Änderungen in
der Flora sind besonders auffällig mit zunehmender Höhe im
Gebirge, weil sie sich hier auf beschränktem Raume vollziehen;
in der Ebene sind sie weniger deutlich ausgedrückt, weil sie nur
innerhalb weiter Grenzen wahrnehmbar sind. Für die Verschiedenheiten in der Zusammensetzung der Flora des ebenen Landes
gewinnen wir Verständnis, wenn wir bedenken, dass Deutschland nur im Süden, nicht aber im Westen und Osten durch
scharfe natürliche Grenzlinien von den Nachbarländern getrennt
ist, welche der Wanderung und Verbreitung der Pflanzen von
einem in das andere Gebiet ein Hindernis in den Weg legten.
Es gilt dies ebensowohl vom norddeutschen Tiefland, wie von
Oberdeutschland, das mit dem Osten durch das Donauthal, mit
dem Westen durch eine Anzahl Bodensenkungen, welche selbst
die Anlage von Kanälen — Rhone-Rhein-Kanal - ermöglichten,
in direkte Verbindung gesetzt ist, so dass auch hier Wege für
die Pflanzenwanderung geöffnet sind.

Meine Aufgabe soll nun die sein, diese Unterschiede im
Charakter der Vegetation unseres Vaterlandes - mit Ausschluss
der Alpen, die ja nur in untergeordneter Weise in Südbayern
ausgebildet sind — schärfer zu formulieren und zwar durch
eine Gliederung der Flora zunächst in vertikalem Sinne in
einzelne, durch den Einfluss der Höhenlage bedingte Regionen,
sodann in horizontalem Sinn in bestimmte, durch klimatische
Änderungen bedingte Zonen und sowohl für die Regionen wie
für die Zonen die charakteristischsten Pflanzenarten, die sie
bewohnen, anzuführen.

Steigt man von der Ebene zum Gebirge auf, so bemerkt
man, dass die meisten Pflanzen, welche in der Ebene verbreitet
und häufig waren, schon von geringer Höhe ab seltener werden
und endlich ganz verschwinden, dass in demselben Maass, in
dem diese Pflanzen der Ebene abnehmen, andere Formen auftreten, zuerst vereinzelt, nach und nach häufiger werdend, um
in grösserer Höhe allein zu herrschen. Noch besonders deutlich
wird dieser Übergang von der Ebene zum Gebirge durch die
allmähliche Abnahme des bebauten Landes und die Zunahme
des Waldes, der endlich einen geschlossenen Gürtel bildet, bis
zu der Höhe, wo auch ihm eine Grenze gesetzt ist, und nur
noch krüppelhaftes Gesträuch am Boden kriecht.

Es lassen sich als Teile der vertikalen Gliederung der Flora drei Regionen begrenzen: die Region der Ebene, die Region des mit zusammenhängendem Walde bedeckten Mittelgebirgs und die baumlose Region des Hochgebirgs. „Diese Regionen sind durch klimatische Grenzwerte bestimmt. Jede Pflanze ist an ein bestimmtes Maass von Wärme gebunden, ihre Höhengrenze liegt da, wo dieses nicht erreicht oder überschritten wird."[1]

Die Region der Ebene, mit Einschluss der süddeutschen Hochebene und des niederen Hügellandes, das unsere Mittelgebirge allenthalben umsäumt, ist dadurch ausgezeichnet, dass in ihr die Vegetationsdauer am längsten ist, d. h. der Zeitraum, innerhalb dessen die zum Wachstum der Pflanzen nötige Höhe der Temperatur erreicht wird, sodann dadurch, dass in ihr die Ausbreitung und Wanderung der Pflanzen am ungehindertsten stattfinden kann. In der Ebene sind weiterhin im Vergleich zu den übrigen Regionen die natürlichen Vegetationsformationen, die Wälder, Haiden, Moore, am weitesten durch die Bodenbebauung zurückgedrängt: dafür hat sich aber eine künstliche Vegetationsformation, die Ruderalflora, angesiedelt, die Unkräuter des bebauten Bodens und die Pflanzen der Wege und wüsten Plätze, die zahlreiche eingeschleppte Arten aus fremden Ländern enthalten. Von natürlichen Vegetationsformationen sind in der Ebene vorhanden: Wiesen, Wald, als dessen bestandbildende Bäume vorzugsweise Kiefern, seltener Eichen auftreten: der Ebene gehören ferner an die besonderen Erscheinungsformen des Waldes im Überschwemmungsgebiet grosser Ströme, der durch das Fehlen der Buche bezeichnete Auewald und der Bruchwald, sodann die Haiden und Moore, die die norddeutsche Tiefebene mit der bayerischen Hochfläche gemeinsam hat. Da die Flora der Ebene vorzugsweise einer Gliederung in horizontalem Sinne anheimfällt, so mag das Gesagte zur Charakterisierung dieser untersten Region genügen.

Die Region des Mittelgebirges, d. h. die Bergregion bis zur Baumgrenze, hat im Vergleich zur Ebene eine geringere Vegetationsdauer: die Wanderung und Ausbreitung der Pflanzen ist in ihr in einigem Maasse eingeschränkt: die natürlichen Vegetationsformen, durch Wald und Wiese vertreten, sind vom Ackerbau nur in geringem Maasse zurückgedrängt.

Es wurde bereits erwähnt, dass sich beim Aufsteigen im Gebirge der Übergang von der Region der Ebene zur Bergregion ganz allmählich vollzieht, indem die Bewaldung zunimmt, die Pflanzen der Ebene zurückbleiben, dafür die Pflanzen der Bergregion eintreten. Noch undeutlicher wird der Übergang unter Umständen dadurch, dass die Pflanzen der Ebene mit den Landstrassen weiter ins Gebirg, die Gebirgspflanzen dagegen mit den Bächen in die Ebene dringen. Es ist demnach mit Schwierigkeiten verbunden, eine Grenze festzulegen, diesseits deren die Pflanzen der Ebene, jenseits deren die Pflanzen des Gebirgs vorherrschen. Die Schwierigkeiten mehren sich, wenn es sich darum handelt, diese Grenze nicht für eine Gebirgswand von mässiger Ausdehnung zu bestimmen, sondern für ein grosses Gebirgsland, wie das mitteldeutsche, das sich durch 4 Breite- und 10 Längengrade erstreckt. Nicht nur die nördlichere Lage ist auf eine solche Grenze von Einfluss, indem sie dieselbe herabdrückt, sondern auch die Bodengestaltung. Die Grenze liegt tiefer bei Gebirgen, die aus der Tiefebene, höher bei solchen, die aus der Hochebene oder aus dem Hügelland aufsteigen. Die Grenze liegt tiefer bei Gebirgen mit steilem Abfall, höher bei allmählich ansteigenden. Als allgemein gültig glaube ich annehmen zu dürfen, dass zwischen dem Fuss des Gebirges und der unteren Grenze der Bergregion eine gewisse Höhendifferenz besteht, welche um so geringer ist, je höher der Fuss des Gebirges liegt. Es stimmt dies mit den Thatsachen überein, wonach die Grenze bei den aus der norddeutschen Tiefebene aufsteigenden Gebirgen bei etwa 300 m Meereshöhe liegt, nämlich bei dem Riesengebirg, Erzgebirg, Harz, nur wenig höher bei 400 m an dem aus dem Rheinthal antsteigenden Westabhang des Schwarzwaldes, beträchtlich höher dagegen bei 600 m bei dem aus der bayerischen Hochfläche aufsteigenden Böhmerwald.[2] In allen Fällen ergiebt sich für die Ausdehnung der Bergregion von der unteren Grenze bis zur oberen, der Waldgrenze, eine Höhendifferenz von etwa 900 m, welche Zahl nur beim Harz nicht ganz erreicht wird. Der Harz ist nicht nur das nördlichste Gebirg Deutschlands, er ist auch von den höheren Gebirgen das dem Meer zunächst liegende, das hier seinen klimatischen Einfluss am meisten geltend macht, indem es durch reichliche Niederschläge die Waldgrenze herabdrückt.

Innerhalb der Bergregion kann man nach dem Auftreten
bestimmter Pflanzenformen zwei Unterabteilungen unterscheiden:
die untere und die obere Bergregion. Die untere Bergregion
könnte man auch als die Übergangsregion bezeichnen, indem
hier neben den Gebirgspflanzen die Bewohner der Ebene noch
mehr oder minder weit aufsteigen, während diese in der oberen,
der eigentlichen Bergregion, meist fehlen. Die Grenze beider
Regionen liegt etwa 400 m über der unteren Grenze der Bergregion, also im Durchschnitt bei etwa 700 m und nur bei den
aus der bayerischen Hochfläche aufsteigenden Gebirgen bei
etwa 1000 m Höhe.

Die ganze Bergregion des deutschen Mittelgebirgs wird
bewöhnt von etwa 150 ihr ausschliesslich angehörenden Pflanzen-
Arten, von denen gerade ^{1}₃ durch alle Gebirge gleichmässig
verbreitet sind. Von diesen 150 Arten gehören vorzugsweise
oder ausschliesslich der oberen Bergregion etwa 40 Arten an,
darunter 11 allgemein verbreitete.[3] Einige Arten finden sich
nur in östlichen Gebirgen,[4] andere zahlreichere nur in südlichen,[5] einige in westlichen.[6] Diese oft nur sporadisch und
meist in niederen Lagen vorkommenden Arten ändern am Ge-
samtresultat nichts, dass die Bergregion eine in allen Teilen
Deutschlands gleichmässig zusammengesetzte Bodendecke hat.

Die natürlichen Vegetationsformationen der Bergregion sind
Wiese und Wald; dazu kommen auf dem unter dem Einflusse
des Seeklimas stehenden Hohen Venn ausgedehnte Moore. Der
Wald, in der unteren Bergregion streckenweise zu Zwecken
des Ackerbaues gelichtet, bildet dennoch einen durch alle Gebirge sich erstreckenden Gürtel. In den unteren Lagen besteht
er aus Buchen oder aus Buchen mit Tannen oder Fichten ge-
mischt, in höheren Lagen aus diesen Nadelbäumen, von denen
die Tanne in Süddeutschland — Vogesen, Schwarzwald —, die
Fichte in Norddeutschland — Harz, Riesengebirge — vorherrscht.
Dazu kommen im Wald der Bergregion einige charakteristische
Gehölze, von denen wenige bestandbildend, mehrere als Unterholz auftreten. An der Bestandbildung beteiligen sich der
Bergahorn, Acer Pseudoplatanus L., und die Grauerle, Alnus
incana DC., beide allgemein verbreitet. Als Unterholz treten
auf: Sorbus Aucuparia L., Pirus Aria Ehrh. und P. torminalis
Ehrh., sodann Sambucus racemosa L. und Ribes alpinum L.

8

als Charakterpflanzen der niederen Bergregion, während Rosa
alpina L. und Lonicera nigra L. höheren Lagen angehören.

Von Stauden verdienen sowohl ihrer allgemeinen Verbreitung, als ihrer auffälligen Erscheinung wegen als charakteristische Bewohner der niederen Bergregion angeführt zu werden:
Digitalis purpurea L., besonders in den westlichen Gebirgen
massenhaft, mehrere Centaurea-Arten, C. nigra L., phrygia L.,
montana L., Prenanthes purpurea L. und Senecio nemorensis L.
Neben diesen führe ich einige Pflanzen an, welche nicht durch
Grösse der Gestalt, wohl aber durch die Art des Wachstums
und mitunter durch massenhafte Verbreitung auffallen: sie
kriechen an feuchten Orten am Boden und werden da, wo sie
in grösserer Menge auftreten, geradezu rasenbildend: es gehören
hierher Galium saxatile L., das im Gebirg z. B. am Südabhang
des Feldbergs alle Steine mit einem grünen Polster überzieht,
ferner das Milzkraut, Chrysosplenium oppositifolium L., das
ebenfalls Steine und Felsen mit einem Rasen bekleidet, der an
den Selaginella-Rasen der Palmenhäuser erinnert. — Mehr an
moosigen Orten wächst Lysimachia nemorum L. und auf modern-
dem Holz Circaea alpina L. Nenne ich noch den an feuchten
Orten wachsenden Rippenfarn, Blechnum Spicant Wth., wohl
eine unserer schönsten Pflanzengestalten, so hätte ich Ihnen
wenigstens die für unsere Gegend charakteristischsten Bewohner
des niederen Gebirges aufgezählt.

Für die obere Bergregion ist das Auftreten hoher Stauden
besonders charakteristisch, von denen manche 1 m und 1½ m,
selbst 2 m hoch werden. Die auffallendste Erscheinung sind
die Aconitum-Arten, so dass Grisebach diese Region geradezu
als Region der Akoniten bezeichnete. Die vier Arten der
Gattung Aconitum sind auf die höhere Bergregion beschränkt:
in unseren Nachbargebirgen finden sie sich nur auf dem Vogelsberg und in der Rhön. Nächst diesen sind zu nennen: Ranunculus
aconitifolius L., einige Umbelliferen, Imperatoria, Archangelica,
Myrrhis, Laserpitium latifolium L., L. Archangelica Wlf., L.
Siler L., sodann Streptopus amplexifolius DC. und Veratrum
album L. Dieser Region gehören weiterhin mehrere Compositen
als Charakterpflanzen an: Homogyne alpina Cass., Petasites
albus Gärtn. und Mulgedium alpinum Cass., die beiden letzten
auf dem Vogelsberg, sowie Arnica montana L., die durch die

ganze höhere Bergregion verbreitet ist. und Doronicum austriacum Jacq.

Die Region des Hochgebirgs ist vor den anderen
Regionen dadurch ausgezeichnet, dass die Zeit, innerhalb deren
die Temperatur hoch genug ist, um das Wachstum der Pflanzen
zu ermöglichen, noch mehr verkürzt ist, und zwar so weit, dass
Bäume nicht mehr gedeihen können; die Region ist ferner dadurch von den anderen unterschieden, dass die natürlichen
Vegetationsformationen nirgends durch Kultur eingeschränkt und
dass eine Wanderung der Pflanzen zwischen den einzelnen
Gebirgen ausgeschlossen ist.

Die untere Grenze der alpinen Region fällt also zusammen
mit der Waldgrenze. jenseits deren die klimatischen Bedingungen
des Baumwuchses nicht mehr erfüllt werden, die Bäume ver-
kümmern und gänzlich aufhören, dafür die alpinen Sträucher
mit ihren seltsamen Formen, vor allem die Krummholzkiefern,
auftreten. Daneben vollzieht sich ein weiterer Wechsel in
der Pflanzendecke: die hohen Stauden der Bergregion verschwinden und überlassen den alpinen Kräutern die sonnigen
Gipfel. Als natürliche Vegetationsformationen der Hochgebirgsregion erscheinen demnach Gehölze der Alpensträucher und
Alpenwiesen.

Auf die Lage der Waldgrenze sind dieselben Verhältnisse
von Einfluss, die oben bei Besprechung der unteren Grenze der
Bergregion erörtert wurden. Die Waldgrenze liegt am niedersten
am Harz bei 1050 m, in dem mittleren Zug des deutschen Ge-
birgslandes von der Eifel bis zum Riesengebirg liegt sie bei
1200 m, in den südlichen Gebirgen am Schwarzwald und in den
Vogesen bei etwa 1300 m, am höchsten im Böhmerwald bei
1450 m. Über die Waldgrenze ragen demnach hervor, haben
mithin eine mehr oder minder ausgebildete alpine Region: Harz,
Riesengebirge. Vogesen, Schwarzwald und Böhmerwald.[1] Die
Differenz zwischen Waldgrenze und Gipfelhöhe ist am bedeutendsten im Riesengebirge mit 400 m, am geringsten im Böhmerwald mit nur 25 m. Dabei ist jedoch nicht ausgeschlossen, dass
nicht auch Gebirge, die sich nicht über die Waldgrenze erheben,
an geeigneten Standorten einzelne alpine Arten besitzen, wie
dies in der That beim Erzgebirge, Thüringer Wald, Fichtelgebirg.
in der Rhön und im schwäbischen Jura der Fall ist. Selbst

8*

der nur 840 m hohe Astenberg im Rothhaargebirg besitzt in Lycopodium alpinum L. eine Hochgebirgspflanze. Die Zahl der Arten, welche der Hochgebirgsregion allein angehören, beträgt 154, 16 Sträucher und 144 Kräuter.[8]) Die grosse Mehrzahl derselben findet sich auf den Alpen in grösserer Ausdehnung wieder; einige auf dem Riesengebirge gefundene alpine Arten fehlen den Alpen, treten aber im Norden, zum Teil in der alpinen Region Norwegens, zum Teil auch in der Ebene wieder auf. Als endemisch, d. h. der Hochgebirgsregion des deutschen Mittelgebirgs ausschliesslich angehörig, werden vier Hieracium-Arten angeführt, Hieracium sudeticum Sternbg., rupicolum Fr., silesiacum Krse. und riphaeum Uechtr. auf dem Riesengebirge. Die Zahl der Arten, welche der alpinen Region des deutschen Mittelgebirgs angehören, ist eine beträchtlichere, als man nach der räumlichen Beschränktheit der Region annehmen sollte, die doch nur im Riesengebirge zu einiger Ausdehnung gelangt. Die Zahl wird indessen erklärlich unter der Erwägung, dass in Folge der ausgeschlossenen Wanderung nur sechs Arten durch die alpine Region des deutschen Mittelgebirgs überhaupt verbreitet sind, dass alle übrigen in ihrem Vorkommen auf einzelne Gebirge beschränkt sind, ein Teil auf die Sudeten (52), ein anderer Teil (12) auf Vogesen und Schwarzwald, andere auf den Böhmerwald, auf den schwäbischen Jura, auf die Vogesen. So kommen, um nur ein Beispiel zu geben, von drei Androsace-Arten eine auf den Sudeten, eine auf den Vogesen und eine auf der schwäbischen Alp vor.

Um die alpine Region durch einzelne bestimmte Formen zu kennzeichnen, sind zunächst die ihr angehörenden Sträucher geeignet, in erster Linie die Krummholzkiefer, Pinus montana Mill., die von den Hauptgebirgen nur im Harz fehlt, sonst aber noch im Erzgebirg, Fichtelgebirg und in der Rhön vorkommt und namentlich im Riesengebirg in den unteren Teilen der baumlosen Region zu bedeutender Verbreitung gelangt. Für den Harz mag an Stelle des Krummholzes als Charakterpflanze des baumlosen Brockengipfels die Zwergbirke (Betula nana L.) treten. Von den übrigen Gesträuchern erwähne ich noch die Zwergweiden — im Ganzen 7 Arten —, die im Riesengebirge die höheren Lagen der alpinen Region bezeichnen, von denen einzelne aber auch auf anderen Gebirgen auftreten.

Von den alpinen Stauden mache ich nur die Gattungen
namhaft, welche in bedeutenderer Artenzahl dieser Region angehören. Die erste Stelle nimmt die Gattung Hieracium ein
mit 24 Arten, von denen die meisten dem Riesengebirg angehören und 5 wenigstens durch drei der Hauptgebirge verbreitet
sind. Dann folgt die Gattung Carex mit 9 Arten, wovon 8 auf
dem Riesengebirg, Saxifraga mit 6, Crepis und Veronica mit
je 4 Arten.

Ehe ich zur horizontalen Gliederung der deutschen Flora
übergehe, habe ich noch im Anschluss an die Regionen eine
auf den ersten Blick auffällige Erscheinung zu erwähnen: das
Auftreten zahlreicher Pflanzen, welche in den mitteldeutschen
Gebirgen der Bergregion und selbst der alpinen Region angehören, in der norddeutschen Tiefebene. Treten diese Pflanzen
in den Teilen der Ebene auf, welche den Gebirgen zunächst
liegen, so ist die Erscheinung leicht erklärt. Die Pflanzen sind
alsdann durch die Gewässer von den Gebirgen herabgeführt,
wie es von mehreren nachweisbar ist.[9] Treten Gebirgspflanzen
Mitteldeutschlands aber erst in Teilen des norddeutschen Tief-
landes auf, die von den Gebirgen durch mehr oder minder
breite Zonen getrennt sind und in keiner Verbindung durch
fliessendes Wasser stehen, in Holstein oder erst jenseits der
Grenze des Gebietes in Dänemark, so ist die Erscheinung
weniger leicht zu erklären. Eine grosse Zahl von Gebirgspflanzen, selbst der höchsten Lagen, z. B. viele Charakterpflanzen der oberen Bergregion, Aconitum-Arten, selbst die
Zwergbirke des Brockengipfels kehren in dieser Weise im
Norden wieder.[10] Diese Thatsache erklärt sich dadurch, dass
ähnliche klimatische Änderungen, wie sie sich im Gebirg mit
zunehmender Höhe vollziehen, in den nördlicher gelegenen Land-
strichen sich mit zunehmender geographischer Breite auch in
der Ebene wiederholen. In beiden Richtungen nimmt die
Temperatur, also auch die Vegetationszeit, ab. Besonders ein-
leuchtend ist die Analogie in entfernten Gebieten, bei Vergleichung der Waldgrenze im Gebirg mit der Baumgrenze im
hohen Norden, bei Vergleichung der alpinen Flora mit der Flora
des baumlosen arktischen Gebietes. Aber dieselbe Analogie
macht sich auch auf geringeren Entfernungen bemerkbar und
erklärt uns das Auftreten der mitteldeutschen Gebirgspflanzen

nördlich in der Ebene. Dass die Verkürzung der Vegetationszeit das gemeinsame Moment ist, geht noch besonders daraus
hervor, dass die genannten Pflanzen in der Ebene vorzugsweise
Torfmoore bewohnen.[11] In Folge der schweren Erwärmbarkeit
des ewig feuchten Bodens aber sind die Torfmoore die relativ
kältesten Striche Norddeutschlands, so dass die sie bewohnenden
Pflanzen erst spät ihre Entwickelung beginnen, die Vegetationszeit also verkürzt erscheint gegenüber den benachbarten trockenen
Lokalitäten.[12]

Dieselben Prinzipien, die zur Abgrenzung der Höhen-
regionen im Gebirg angewendet wurden, sind auch für eine
Gliederung der Flora in horizontale Abschnitte, in Zonen,
massgebend. Ebenso wie im Gebirg mit zunehmender Höhe die
veränderten klimatischen Verhältnisse der Verbreitung der
Pflanzen Schranken setzen, breiten sich auch in der Ebene die
Pflanzen nur bis zu bestimmten Grenzlinien aus, jenseits deren
das Klima ihre Existenz unmöglich macht. Wie bereits Ein-
gangs erwähnt wurde, sind die Schwankungen des Klimas in
Deutschland nicht so bedeutend, dass allen Pflanzen dadurch
Grenzen gesetzt wären: vielmehr wurde hervorgehoben, dass
zahlreiche Pflanzen, welche von diesen Schwankungen unabhängig
sind, durch ganz Deutschland gleichmässig verbreitet sind. Es
gibt aber doch eine nicht unbeträchtliche Anzahl von Pflanzen,
welche von diesen geringen Schwankungen der klimatischen
Werte beeinflusst sind und demnach die Grenze ihrer Verbreitung
innerhalb Deutschlands erreichen. Diese Verbreitungsgrenzen bezeichnet man nach Grisebach als Vegetationslinien.[13] Es ist
leicht einzusehen, dass derartige Grenzen sich bestimmter für
das Gebirg als für die Ebene angeben lassen, nicht nur da für
ihre Bestimmung in der Ebene der knappe Ausdruck fehlt, den
im Gebirg die Höhenzahl giebt, sondern auch, da die Grenzen
im Gebirg schärfer ausgeprägt sind wie in der Ebene, wo
sich die Übergänge von einer Zone zur anderen auf weiten
Strecken, nicht wie im Gebirg auf kurzer Entfernung, vollziehen. Es wird unter diesen Umständen eine Gliederung in
Zonen, die sich durch Angabe bestimmter Grenzlinien von
einander trennen lassen, kaum möglich sein. Wenn man dennoch
eine Einteilung in Zonen versucht, so kann dies nur durch
ungefähre Angabe der Begrenzungslinien geschehen, und es

kann damit nur ausgedrückt sein, dass in einer solchen Zone eine bestimmte Gruppe von Pflanzen häufiger verbreitet ist, die von den anderen Zonen nicht ausgeschlossen, daselbst wohl aber selten sind. Nur in wenigen Fällen sind Pflanzen auf eine Zone beschränkt.

Stellt man die Vegetationslinien der Pflanzen von beschränkter Verbreitung zusammen, wie dies von einigen Forschern geschehen ist,[14]) so ergibt sich, dass die grösste Zahl einige bestimmte Richtungen innehalten und sich innerhalb dieser in einer mehr oder minder schmalen Zone häufen. Eine grosse Zahl von Vegetationslinien verläuft von Südwest nach Nordost, sich in der Linie Coblenz-Magdeburg-Stettin häufend, andere verlaufen von West nach Ost, zahlreiche davon dem 52⁰ lat. folgend, einige Vegetationslinien endlich verlaufen von Nord nach Süd.

Die von Südwest nach Nordost laufenden Vegetationslinien stehen unter dem klimatischen Einfluss des Meeres; sie entsprechen zwei Gruppen von Pflanzen, einerseits solchen, die sich von Norden her bis zu diesen Linien verbreiten, also mit einer südöstlichen Vegetationslinie enden, Pflanzen, die des milden Winters des Seeklimas bedürfen, andererseits solchen, die von Süden her bis zu dieser Linie ihr Areal ausdehnen, also mit einer nordwestlichen Vegetationslinie enden und den heissen Sommer des Kontinentalklimas zur Entwickelung nötig haben.

Die von Ost nach West gehenden Vegetationslinien begrenzen einerseits den Verbreitungsbezirk einiger nördlicher Pflanzen gegen Süden. welche gegen Verkürzung der Tageslänge empfindlich scheinen; andererseits bezeichnen diese Vegetationslinien die Grenze zahlreicher südlicher Pflanzen gegen Norden, bedingt durch die mit zunehmender Breite bemerkbare Minderung der solaren Temperatur.

Analog endigen einige Pflanzen des Ostens bei uns mit einer westlichen, mehrere westliche Pflanzen mit einer gegen Ost oder Nordost gerichteten Vegetationslinie. Für die westlichen Grenzen der erstgenannten Pflanzen lassen sich ausreichende klimatische Ursachen nicht angeben; sie sind demnach wahrscheinlich bedingt durch eine von Osten her

stattgefunden habende Wanderung.[15]) Für die östlichen und
nordöstlichen Grenzen der zweiten Gruppe von Pflanzen ist wohl
die Zunahme der Winterkälte das klimatische Moment.

Trägt man die Richtungen, in denen die Vegetationslinien
zum grössten Teil verlaufen, auf die Karte auf, so erhält man
ein System von Linien, die sich in mannigfacher Weise im
südlichen und mittleren Norddeutschland schneiden und mehrere
Randzonen absondern, in denen sie gegen diesen mittleren Teil
parallel zu einander verlaufen. Man kann demnach Deutschland in verschiedene pflanzengeographische Zonen zerlegen, in
denen wenigstens eine Mischung der Pflanzen verschiedener
Herkunft einigermassen ausgeschlossen ist. Es ergibt sich
danach zunächst eine mittlere Zone, in der sich die Vegetationslinien der verschiedenartigsten Pflanzen kreuzen, sodann an
deren Rändern eine südliche, westliche, nordwestliche und eine
östliche Zone, in denen wenigstens in den centralen Teilen die
Pflanzengenossenschaften der verschiedenen Himmelsstriche sich
allein neben den allgemein verbreiteten Pflanzen angesiedelt
haben.

Die südliche Zone umfasst Süddeutschland und den
grössten Teil von Mitteldeutschland. Von der oberrheinischen
Tiefebene, in der sich ihre charakteristischen Pflanzen mit
Vertretern der westlichen Zone mischen, verläuft ihre Grenze
über Cassel, Halle, von da der sächsischen Grenze folgend nach
dem Südabhang des Riesengebirgs. Diese Zone enthält als
charakteristische Bestandteile der Vegetation einmal südliche
Pflanzen, die ein gewisses Maass solarer Wärme bedürfen, das
ihnen nur das südliche Deutschland liefert, sodann südöstliche
Pflanzen, die zur Blüte und Fruchtreife eine hohe Sommer-
Temperatur nötig haben, die ihnen der unter dem Einfluss des
Seeklimas stehende Norden unseres Vaterlandes nicht bietet,
die also im mittleren Deutschland ihre klimatische Grenze erreichen und zwar in einer nordwestlichen Vegetationslinie, die
der Küste ziemlich parallel verläuft. Dass diese Pflanzen
hohe Temperaturen zu ihrer Entwickelung nötig haben, geht
besonders daraus hervor, dass sie überall leicht erwärmbare
Bodenarten aufsuchen und sonnige Lagen bewohnen. So finden
sich z. B. zahlreiche der hier in Betracht kommenden Arten auf
der Mombacher Heide, die wohl der westlichste Punkt ist, wo

südöstliche Pflanzen in grösserer Anzahl zusammen vorkommen. In Süddeutschland sind sie allgemeiner verbreitet nur an den Kalkabhängen des Schwäbischen und Fränkischen Jura;[16] nördlich finden sie sich in Sachsen auf sonnigen Anhöhen und auf Gyys im Süden des Harzes. Durch das fliessende Wasser verbreitet gehen diese Pflanzen an geeigneten Orten weiter nördlich in den Thälern der grossen Ströme: in Brandenburg haben sie sich häufig auf den Diluvialhügeln angesiedelt.[17]

Die südliche Zone mit Einschluss der oberrheinischen Ebene und der Vogesen deckt sich ungefähr mit Grisebach's deutscher Zone.[18] für die er die Edeltanne als Charakterpflanze anführt, trotzdem sie als Gebirgsbewohner zur Charakterisierung horizontaler Abschnitte wenig geeignet erscheint. Einige andere Bäume sind ebenfalls auf die Zone beschränkt: Zwei Sorbus-Arten, Sorbus hybrida L. und S. domestica L., der bekannte Speierling, und eine Eiche, Quercus pubescens Willd., die in Lothringen, Baden und Böhmen vorkommt, in Lothringen in die westliche Zone übergreifend. Die südlichen und südöstlichen Pflanzen, welche vorzugsweise dieser Zone angehören, sind ziemlich zahlreich. Von südlichen Pflanzen, die also mit einer Nordgrenze endigen, nenne ich Clematis recta L., Dianthus Carthusianorum L., Nigella arvensis L. Die südöstlichen Pflanzen erscheinen in verschiedenen Genossenschaften, d. h. Gruppierungen von Pflanzen, denen gemeinsam sind bestimmte Ansprüche an den Standort in Bezug auf die klimatischen wie auf die Bodenverhältnisse, und für deren jede bestimmte Pflanzen, die sog. Leitpflanzen, charakteristisch sind.[19] Eine dieser Genossenschaften, die von Löw als „pannonische Association"[20] bezeichnet wurde, enthält z. B. als Leitpflanzen die zwei in Deutschland überhaupt vorkommenden Stipa-Arten, ferner Adonis vernalis L., Euphrasia lutea L. u. a., die sich sämtlich auf der Mombacher Heide finden. Eine andere Gruppierung von Pflanzen, als deren charakteristische Vertreter Cytisus nigricans L., Peucedanum Oreoselinum Mnch. und Scabiosa ochroleuca L. erscheinen. Drude's Cytisus-Genossenschaft, wurde von diesem in Sachsen nachgewiesen, wo die pannonische Association fehlt.[21] Aus diesen Angaben ersehen wir, dass diese Genossenschaft bei uns fehlt, da von ihren Leitpflanzen nur Peucedanum im westlichen Deutschland vorkommt. Alle genannten Pflanzen erreichen in

Deutschland eine nordwestliche Grenze und besitzen ihre Haupt-
verbreitung im Südosten, insbesondere sind die Glieder der
sog. pannonischen Association zum grossen Teil charakteristische
Bewohner der ungarischen Pussten und selbst der südrussischen
Steppen. Als besondere Bildungen dieser Zone sind noch die
Heiden und Moore der Donauhochebene zu erwähnen. Die
Heiden, vorwiegend aus Erica carnea L. bestehend, unterscheiden
sich dadurch von der norddeutschen Heide, wo Erica Tetralix L.
und Calluna vulgaris Salisb. die herrschenden Pflanzen sind. Die
Hochebene südlich der Donau ist ferner durch den Besitz zahlreicher Alpenpflanzen charakterisiert, die mit dem Wasser
herabkommend sich oft an den Ufern weithin in die Ebene
verbreitet haben.

Die westliche Zone schliesst sich an die südliche an,
sie mischt sich mit dieser im oberrheinischen Gebiet und begreift
für sich die Gebiete von Nahe und Mosel nebst dem zwischen
beiden Flüssen liegenden Teil des Rheinthals. Die Pflanzen,
welche dieser Zone eigentümlich sind, sind zumeist südliche
Pflanzen, die westlich weiter nach Norden gehen, also mit einer
Nordgrenze endigen, die der klimatischen Linie gleicher Kälte-
Extreme entspricht, und in Frankreich weiter verbreitet sind.
Diese Zone bildet einen Teil dessen, was Grisebach als
französische Zone bezeichnete, und für die er als Charakterbaum
die Kastanie, Castanea vesca Gärtn., anführt.[22] Nächst diesem
auch in dem oberrheinischen Gebiet gedeihenden Baum sind es
zwei weitere Holzgewächse, die für die Zone besonders charakteristisch sind: Acer monspessulanum L. und Buxus semper-
virens L., als ein Vertreter der immergrünen Laubhölzer. Der
genannte Ahorn ist in den Thälern von Mosel, Rhein und Nahe
verbreitet und geht auch an Lahn und Main sporadisch aufwärts. Der Buchs ist im engeren Gebiet auf das Moselthal
beschränkt, findet sich aber auch im oberrheinischen Gebiet.
Noll, der die hierher gehörigen Pflanzen zusammengestellt hat,[23]
zählt ausser diesen noch einige Arten auf, von denen ich
Helosciadium nodiflorum Koch. und Carum Bulbocastanum Koch.
ihres offenbar französischen Ursprungs wegen neune, sowie
Helleborus foetidus L. die zwar nicht auf die Zone beschränkt
ist, aber hier allein grössere und zwar in den Flussthälern eine
ganz enorme Verbreitung erreicht.

Die nordwestliche Zone begreift die Küstenland-
schaften Norddeutschlands bis zur Oder und wird ungefähr
begrenzt durch eine Linie, die von Aachen über Wesel und
Hannover nach Stettin verläuft. Die Ausbildung dieser Zone
ist bedingt durch den Einfluss des Meeres, was dadurch bestätigt wird, dass sich die Zone mit demselben Charakter längs
der Küste Frankreichs fortsetzt. Die Pflanzen, welche diese
Zone bewohnen, bedürfen eines milden Winters, den ihnen die
Nähe des Meeres sichert; sie gehen also nie sehr weit landeinwärts, so dass man die Zone auch als die atlantische
bezeichnen kann, und gehen zu Grund, wo die Wintertemperatur
zu tieferen Graden sinkt, wie Anbauversuche von Ulex europaeus
in der Nähe Göttingens darthaten.[24]) Grisebach rechnet auch
diese Zone ihres klimatischen Charakters wegen zur französischen,
obwohl der Charakterbaum dieser Zone, die Edelkastanie, in
diesem nordöstlichen Teil fehlt. Für diese Auffassung spricht
indessen eine andere Thatsache, die Verbreitung der Stechpalme,
Ilex aquifolium L. Diese gehört im Norden streng der atlantischen Zone an, findet sich aber schon im Mittelrheingebiet bei
Kreuznach, also im Bereich der westlichen Zone, und häufiger
noch im oberrheinischen Gebiet, dem Übergangsgebiet der westlichen zur südlichen Zone.

Die für die atlantische Zone charakteristischen Pflanzen
sind Bewohner von Mooren und Heiden der daselbst ausge-
prägtesten Vegetationsformationen. Die in ihrer Vegetation
unendlich einförmigen Moore des nordwestlichen Deutschlands
weisen einige Pflanzen auf, welche auf die Küstenstriche beschränkt sind, z. B. Myrica Gale L., Narthecium ossifragum Huds.
und eine besondere Form der verbreiteten Orchis maculata L.,
die Grisebach als O. elodes beschrieb. Als Charakterpflanze
der Heiden der atlantischen Zone ist vor Allem Erica Tetralix L.
zu nennen; von sonstigen Erica-Arten findet sich nur noch
E. cinerea L. im nordwestlichen Teile der Rheinprovinz, während
die Küstenstriche Frankreichs zahlreichere charakteristische
Arten dieser Gattung aufzuweisen haben.[25])

Lokal gehen manche der sonst noch dieser Zone angehörenden Pflanzen weiter landeinwärts.

Die östliche Zone umfasst den Nordosten Deutschlands
und geht westwärts etwa bis zur Oder. In Schlesien mischen

sich ihre Vertreter mit solchen der südlichen Zone, so dass
Schlesien ein ähnliches Übergangsgebiet zwischen diesen beiden
Zonen bildet, wie es zwischen der südlichen und westlichen
die oberrheinische Ebene darstellt. Dieser nordöstliche Teil
Deutschlands steht mit Russland in offener Verbindung und
enthält in Folge dessen einzelne Pflanzen, welche von Osten
her verbreitet mehr oder weniger in Deutschland eindringen.
Genügende klimatische Ursachen für die westlichen Vegetationslinien dieser Pflanzen sind bis jetzt noch nicht angegeben worden: sie sind also wohl blos durch die Einwanderung von Osten her bedingt. Von Holzgewächsen,
welche der Zone angehören, nenne ich eine Weide, Salix
acutifolia Willd., deren Verbreitung an natürlichen Standorten
in Deutschland allerdings fraglich erscheint. Von sonstigen vorzugsweise auf die Zone beschränkten Pflanzen nenne ich Pulsatilla
patens Mill., Dianthus arenarius L., Campanula sibirica L.

Die mittlere Zone endlich begreift den Teil Norddeutschlands, der nach Abgrenzung der Randzonen übrig bleibt:
sie bildet einen Strich, der sich von der Oder bis zum Rhein
durch Brandenburg, den nördlichen Teil der Provinz Sachsen,
Braunschweig, das südliche Hannover und Westphalen in einer
Breite von etwa 25 Meilen erstreckt. Diese Zone ist dadurch
charakterisiert, dass sie keine ihr allein eigentümlichen Elemente
besitzt, dass vielmehr die charakteristischen Formen aller vor-
genannten Randzonen sich in ihr mischen, mehr oder minder
in sie eindringend: die Flora dieses Teils von Deutschland
nennt daher Grisebach auch „eine Vereinigung von Gewächsen
der verschiedensten Heimat, die der centralen Lage des Landes
gemäss auf ihrer Wanderung durch ähnliche Klimate sich hier
begegnet sind."[26]) Wir sehen überhaupt, dass Deutschland
kein selbständiges Florengebiet repräsentiert, sondern dass die
deutsche Flora zu den Floren aller Nachbarländer in Beziehung
steht, mit ihnen das mitteleuropäische Florengebiet bildend.
Deutschland besitzt auch keine endemischen Pflanzen --- abgesehen von einigen als Art immerhin zweifelhaften Hieracien —
d. h. keine Pflanzen, die innerhalb der Reichsgrenzen ihren
alleinigen Verbreitungsbezirk hätten.

Diese Einteilung Deutschlands in pflanzengeographische
Zonen möchte ich indessen nur als einen Versuch angesehen

wissen, da die mir vorliegenden Arbeiten über diese Fragen nicht ausreichend sind, um einen Einblick in alle pflanzengeographischen Verhältnisse des gesammten deutschen Reichs zu ermöglichen.

Nachdem vorstehender Vortrag gehalten war und druckfertig vorlag, kam ich in den Besitz von Drude's: Atlas der Pflanzenverbreitung (Gotha 1887) und fand darin meine Ausführungen im Ganzen bestätigt. Was zunächst die vertikale Gliederung betrifft, so unterscheidet Drude nicht die niedere Bergregion; die höhere Bergregion erscheint bei ihm als „mitteleuropäische Nadelholzregion" in Harz, Rhön, Thüringerwald, Erzgebirg, Sudeten, Böhmerwald, Schwarzwald und Vogesen wie sich aus dem beigegebenen Profil ergibt — in derselben Begrenzung; dasselbe gilt für die Hochgebirgsregion, die Drude auch im Erzgebirg unterscheidet. Bezüglich der Horizontalgliederung entspricht der südlichen Zone ungefähr Drude's zweite Abteilung der Zone der mitteleuropäischen Wälder, der westlichen Zone einschliesslich der oberrheinischen Ebene und Württembergs die erste Abteilung derselben. Die atlantische Zone wird in Drude's Atlas ungefähr begrenzt durch die Nordgrenze der mitteleuropäischen Zone und weiterhin durch die Grenze der atlantischen Sträucher gegen östliche Stauden, die östliche Zone endlich von der Odermündung ab durch die Vegetationslinie von Campanula sibirica bis Schlesien.

Erläuterungen.

1) Grisebach, Die Vegetation der Erde. Leipzig 1872. I p. 73.

2) Benutzt wurden hierbei folgende Arbeiten:
Für das Riesengebirge: Fiek, Flora von Schlesien. Breslau 1881.
„ „ Erzgebirg: Göppert, Skizzen zur Kenntnis der Urwälder Böhmens und Schlesiens. Nova acta XXXIV.
„ den Harz: Mitteilungen von Metzger in Bot. Ztg. 1851 p. 850.
„ „ Schwarzwald: Hoffmann, Skizzen aus dem Schwarzwald. Bot. Ztg. 1853.
„ „ Böhmerwald: Göppert, Skizzen etc.

Nach diesen Forschern ergibt sich folgende vergleichende Höhengliederung (Höhen in m):

Riesengebirge	Erzgebirge	Harz	Schwarzwald *)	Böhmerwald
300 –1200	300—650	—600 Region		300—600 Reg.
Vorgebirg	Mittelgebirg	des Ackerbaus	400— 700	des Feldbaues
		und der Buche	Mittlere Reg.	
	650—1200	600—1000		600—1000
	Hochgebirg	Reg. d. Tanne	700—1350	Reg. der Buche
			Montane Reg.	
		1000—1140		1000—1450
		Reg. d. Weide		Reg. d. Fichte
1200—1600				
Hochgebirg			1350—1500	
			Alpestre Reg.	

3) Verzeichniss der Pflanzen der Bergregion des deutschen Mittelgebirgs.

Ausser den unter 2) genannten Werken wurden benutzt:
Die Floren von Willkomm, Garcke, Fiek, Fuckel, Prantl. Caflisch, Dosch und Skriba; ferner:
C. Müller, Ein Ausflug auf den Thüringerwald, Bot. Ztg. 1851.
H. v. Mohl, Über die Flora Württembergs. Württ. Naturw. Jahreshefte. 1845.
Radlkofer, Die Vegetationsverhältnisse d. bayr. Waldes. Bavaria II.
Hoffmann, Pflanzenarealstudien u. Nachträge zur Flora des Mittelrheingebiets. Berichte der Oberhess. Gesellschaft für Nat.-Kunde. 12. 13; 18—26.
Hildebrandt, Flora v. Bonn. Verhdl. der nat. Ver. Rheinl. 1866.
Ehlert, Flora a. Winterbg. Das. 1865.
Wirtgen, Veg. der Eifel. Das. 1865.

*) Regionen ohne Höhenangabe. Die Zahlen nach ungefähren Berechnungen meinerseits.

Schultz, Grundzüge zur Phytostatik der Pfalz. Pollichia 1863—66.
Berichte der deutschen botanischen Gesellschaft. Bericht der Commission C. d.
Erforschung der Flora v. Deutschl. 1885 u. 1886.
Die Arten mit * gehören der höheren Bergregion an. ! bedeutet allgemein verbreitet. Eb. dass die Art auch in der norddeutschen Tiefebene auftritt.

1. Woodsia ilvensis. R. Br. Eb.
2. Polypodium Phegopteris L. '
3. „ Dryopteris L. !
4. Aspidium Oreopteris Sw. !
5. „ lobatum Sw. ! Eb.
6. * „ Lonchitis Sw.
7. * „ aculeatum Sw.
8. * „ angulare Kit.
9. *Cystopteris sudetica Br. u. Mbl.
10. Asplenium Adiantum nigrum L.
11. „ viride Huds.
12. „ fontanum Bernh.
13. Scolopendrium officinarum Sw.
14. Blechnum Spicant Wth. !
15. *Lycopodium Selago L. ! Eb.
16. „ annotinum L. !
17. „ complanatum L. !
18. *Isoëtes lacustris L. Eb.
19. * „ echinospora L.
20. *Selaginella helvetica Spring.
21. Elymus europaeus L.
22. Poa sudetica Haenk. ! Eb.
23. Calamagrostis Halleriana DC. Eb.
24. „ montana Host.
25. Carex alba Scop.
26. „ depauperata Good.
27. * „ pauciflora Lghtf. Eb.
28. *Scheuchzeria palustris L. Eb.
29. *Orchis globosa L.
30. „ sambucina L. Eb.
31. *Gymnadenia albida Rich. ! Eb.
32. Platanthera viridis Lindl. ! Eb.
33. Cephalanthera ensifolia Rch. !
34. *Listera cordata R. Br. Eb.
35. Corallorhiza innata R. Br. Eb.
36. Luzula Forsteri DC.
37. * „ maxima DC. ! Eb.
38. „ albida DC. ! Eb.
39. *Iuncus filiformis L. Eb.
40. *Veratrum album L.
41. *Streptopus amplexifolius DC.

42. *Convallaria verticillata L.. ! Eb.
43. *Lilium bulbiferum L.
44. „ Martagon L. !
45. Salix silesiaca Willd.
46. Alnus incana DC. !
47. *Thesium alpinum L. Eb.
48. „ pratense Ehrh.
49. Daphne Laureola L.
50. „ Mezereum L. !
51. Knautia sylvatica Dub.
52. *Petasites albus Gärtn. ! Eb.
53. *Homogyne alpina Cass.
54. Inula Conyza DC. Eb.
55. *Doronicum Pardalianches L.
56. * „ austriacum Jacq.
57. *Arnica montana L. ! Eb.
58. Senecio Jacquinianus Reichb.
59. „ nemorensis L. !
60. „ spathulaefolius DC.
61. Cirsium pannonicum Gaud.
62. „ heterophyllum All. Eb.
63. *Cardnus Personata Jcq.
64. Centaurea nigra L.
65. „ phrygia L. ! Eb.
66. „ montana L. ! Eb.
67. Aposeris foetida Less.
68. Picris auriculata Schultzbip.
69. Prenanthes purpurea L.
70. *Mulgedium alpinum Cass.
71. Crepis succisaefolia Tsch. Eb.
72. Hieracium suecicum Fr.
73. „ canescens Schleich.
74. „ caesium Fr. Eb
75. „ saxifragum Fr.
76. Galium saxatile L. ! Eb.
77. Sambucus racemosa L. !
78. *Lonicera nigra L.
79. „ alpigena L.
80. Pyrola media Sw. Eb.
81. Stachys alpina L.
82. Myosotis sylvatica Hoffm. !

83. Cynoglossum montanum Lmk.
84. Echinospermum deflexum Lehm.
85. Lithospermum purpureo - coeruleum L.
86. Polemonium coerulenm L. Eb.
87. Atropa Belladonna L.
88. Scrophularia Scopolii Hoppe.
89. Digitalis purpurea L. !
90. „ ambigua Murr. !
91. Veronica spuria L. Eb.
92. „ montana l.
93. *Melampyrum sylvaticum l.
94. Euphrasia coerulea Tausch.
95. Lysimachia nemorum L. !
96. *Soldanella montana Willd.
97. *Gentiana Asclepiadea L.
98. Hacquelia Epipactis DC.
99. Astrantia major L. Eb.
100. Libanotis montana Crtz. Eb.
101. *Meum athamanticum Jeq.
102. *Imperatoria Ostruthium L.
103. Laserpitium Siler l.
104. * „ latifolium l.
105. „ „ Archangelica Wlf.
106. Myrrhis odorata Scp.
107. *Archangelica officinalis Hoffm.
108. Anthriscus nitida Grcke.
109. Chaerophyllum hirsutum L. Eb.
110. „ aureum L. Eb.
111. Pleurospermum austriacum Hoffm
112. Saxifraga decipiens Ehrh.
113. Chrysosplenium oppositifolium L. !
114. Ribes alpinum l. !
115. Sedum Fabaria Koch.
116. Circaea alpina L. !
117. Pirus Aria Ehrh.
118. „ torminalis Ehrh. Eb.
119. Cotoneaster vulgaris Lindl. !

120. Cotoneaster tomentosa Lindl.
121. Sorbus Aucuparia l.
122. Rosa cinnamomea l.
123. * „ alpina L.
124. „ spinulifolia Dem.
125. „ rubrifolia Vill.
126. Rubus saxitilis l.
127. *Trifolium spadiceum l. ! Eb.
128. Coronilla montana Scp.
129. Rhamnus saxatilis l.
130. Mercurialis perennis L. !
131. *Geranium sylvaticum l. !
132. „ lucidum L. Eb.
133. Acer Pseudoplatanus l.
134. Polygala Chamaebuxus l.
135. *Viola biflora l.
136. Arabis brassicaeformis Wllr.
137. „ Halleri l.
138. „ petraea Lmk.
139. Cardamine trifolia L.
140. Dentaria bulbifera l. !
141. * „ eneaphyllos l.
142. „ glandulosa W. K.
143. „ digitata Lmk.
144. „ pinnata Lmk.
145. Thlaspi alpestre l.
146. Lunaria rediviva L. ! Eb.
147. Biscutella laevigata l.
148. Thalictrum aquilegiaefolium L. Eb.
149. *Ranunculus aconitifolius L. !
150. Trollius europaeus L. Eb.
151. Helleborus viridis L. !
152. *Aconitum Lycoctonum L. !
153. * „ Napellus l. ! Eb.
154. * „ variegatum l. Eb.
155. * „ Störkeanum Rb. Eb.
156. Actaea spicata l.

Von den 156 Pflanzen der Bergregion sind demnach allgemein verbreitet 16 Arten = 34°/₀; der höheren Bergregion gehören an 46 Arten, darunter 11 allgemein verbreitete. In der norddeutschen Tiefebene finden sich wieder 43 Arten, darunter 16 der oberen Region.

---

1) Cystopteris sudetica, Salix silesiaca, Cirsium pannonicum, Hacquetia Epipactis, Arabis Halleri, Cardamine trifolia, Dentaria eneaphyllos, glandulosa. zusammen 8 Arten.

5· Asplenium fontanum, Isoëtes echinospora, Carex alba, Daphne Laureola, Doronicum Pardalianches, Aposeris foetida, Rosa rubrifolia, Cotoneaster tomentosa, Rhamnus saxatilis, Dentaria digitata, pinnata, zusammen 11 Arten.

6· Carex depauperata, Luzula Forsteri, Hieracium saxifragum.

7. Es ergibt sich nach diesen und den vorausgegangenen Erörterungen folgende Begrenzung der Regionen in den Hauptgebirgen:

Riesengebirge	Erzgebirge	Harz	Schwarzwald	Böhmerwald
300—700	300—700	300—600		
Untere Bergreg.	Untere Bergreg.	Untere Bergreg.	400—800	
			Untere Bergreg.	
		600—1050		600—1000
700—1200	700—1200	Obere Bergreg.		Untere Bergreg.
Obere Bergreg.	Obere Bergreg.		800—1300	
			Obere Bergreg.	
		1050—1140		1000—1450
		Alpine-Region		Obere Bergreg.
1200—1600				
Alpine-Region			1300—1500	
			Alpine-Region	1450—1475
				Alpine-Region

Ob im Erzgebirge eine alpine Region ausgebildet ist, konnte ich aus dem mir vorliegenden Material nicht ersehen.

8 Verzeichnis der Pflanzen der alpinen Region des deutschen Mittelgebirgs.

Mit Angabe ihrer Verbreitung in den Hauptgebirgen.

Su = Sudeten, S = Schwarzwald, V = Vogesen, B = Böhmerwald, H = Harz.

1. Woodsia hyperborea R. Br.	Su S
2. Polypodium alpestre Hppe.	Su S V B H
3. Allosurus crispus Brhd.	Su S V H
4. Lycopodium alpinum L.	Su S V B H
5. Selaginella spinulosa A. Br.	Su S H
6. Pinus montana Mill.	Su S V B
7. Juniperus nana W.	Su

9

	Sn	S	V	B	H
8. Festuca varia Hke.	Sn				
9. Poa alpina Fr.	Sn	S		B	
10. laxa Hke.	Sn				
11. „ caesia Sm.	Su				
12. Avena planiculmis Schrd.	Su				
13. Agrostis rupestris All.	Sn	S		B	
14. alpina Scop.	Sn				
15. Phleum alpinum L.	Sn			B	
16. Carex rupestris All.	Su				
17. rigida Good.	Sn				H
18. hyperborea Drej.	Sa				
19. atrata L.	Su				
20. irrigua Sw.	Sn			B	H
21. sparsiflora Steud.	Sn				H
22. frigida All.		S	V		
23. capillaris L.	Sn				
24. Scirpus caespitosus L.	Sn			B	H
25. Luzula spadicea DC.		S	V		
26. „ spicata DC.	Su				
27. „ sudetica Prsl.	Sn			B	H
28. Juncus trifidus L.	Su			B	
29. Allium Victorialis L.	Sn	S	V		
30. Salix herbacea L.	Su				
31. „ phylicifolia L.	Sn				H
32. „ hastata L.	Su				H
33. arbuscula L.		S			
34. Lapponum L.	Sn				
35. grandifolia Sw.		S			
36. Alnus viridis DC		S		B	
37. Betula nana L.	Su			B	H
38. Rumex alpinus L.	Sn	S			
39. arifolius All.	Sn	S	V	B	H
40. Valeriana montana L.	Sn	S			
41. tripteris L	Sn	S			
42. Scabiosa lucida Vill	Su		V		
43. Adenostyles albifrons Rchb.	Su	S	V		
44. Bellidiastrum Michelii Cass.		S			
45. Aster alpinus L.	Sn	S			H
46. Gnaphalium norvegicum Gunn.	Sn	S	V	B	
47. supinum L.	Su	S			
48. Senecio subalpinus Koch.	Su			B	
49. Cineraria crispa Jacq.	Su			B	
50. Leontodon pyrenaicus Gou.		S	V		
51. incanus Schrk.			V		
52. Hypochaeris uniflora Vill.	Sn	S			
53. Taraxacum nigricans Rchb.	Su				
54. Willemetia apargioides Wk.				B	

		S	V	B	H
55. Mulgedium Plumieri DC		S	V		
56. Crepis blattarioides Vill		S	V		
57. sibirica L.	Su				
58. grandiflora Tausch	Su				
59. Hieracinm anrantiacum L.	Su	S	V	B	H
60. alpinum L.	Su	S	V		H
61. nigrescens Fr.	Su				H
62. pallidifolium Knaf	Su				
63. sudeticum Sternbg.	Su				
64. nigritum Uechtr.	Su				
65. bohemicum Fr.	Su				
66. styginm Uechtr.	Su				
67. villosum L.	Su				
68. vogesiacum Mong.			V		
69. Wimmeri Uechtr.	Su				
70. atratum Fr.	Su				
71. rupicolum Fr.	Su				
72. albinum Fr.	Su				
73. Engleri Uechtr.	Su				
74. asperulum Freyn	Su				
75. silesiacum Krse.	Su				
76. intybaceum Wulf.			V		
77. strictum Fries.	Su	S	V		
78. triphaeum Uechtr.	Su				
79. prenanthoides Vill.	Su	S	V		
80. corymbosum Fries	Su	S	V		
81. inuloides Tausch.	Su				
82. Campanula barbata L.	Su				
83. Scheuchzeri Vill.	Su	S		B	
84. Linnaea borealis L.	Su				H
85. Plantago montana Lmk.	Su				
86. Veronica bellidioides L.	Su				
87. saxatilis Scop.		S	V		
88. alpina L.	Su				
89. Tozzia alpina L.	Su				
90. Pedicularis foliosa L.			V		
91. sudetica Willd.	Su				
92. Rhinanthus alpinus Baumg.	Su			B	H
93. Bartsia alpina L.	Su	S	V		
94. Euphrasia montana Jord.	Su				
95. Orobanche Scabiosae Koch.			V		
96. Androsace obtusifolia Kl.	Su				
97. carnea L.			V		
98. Primula Auricula L.		S		B	
99. minima L.	Su				
100. Soldanella alpina L.		S			
101. Gentiana pannonica Scop.				B	

9*

	Su	S	V	B	H
102. Gentiana lutea L.		S	V		
103. Swertia perennis L.	Su	S			
104. Meum Mutellina Gärtn.	Su	S	V	B	
105. Conioselinum tataricum Fisch.	Su				
106. Angelica pyrenaica Spr.			V		
107. Saxifraga oppositifolia L. .	Su				
108. Aizoon L.	Su	S	V		
109. „ stellaris L. .		S	V		
110. „ muscoides Wulf.	Su				
111. „ nivalis L. .	Su				
112. „ bryoides Heer	Su				
113. Ribes petraeum Wnlf.	Su	S	V		H?
114. Rhodiola rosea L. .	Su		V		
115. Sedum dasyphyllum L. .		S	V		
116. „ alpestre Vill.	Su		V		
117. „ annuum L. .		S	V		
118. Epilobium alsinefolium Vill.	Su	S			
119. anagallidifolium Lam.	Su	S	V	B	H?
120. „ nutans Schmidt.	Su				
121. „ trigonum Schrk. .	Su	S	V		
122. Pirus Chamaemespilus Crtz.	Su	S	V		
123. „ intermedia Ehr.	Su				
124. Sibbaldia procumbens L.			V		
125. Potentilla aurea L. .	Su	S			
126. „ alpestris Hall		S	V		
127. Alchemilla fissa Schmm. .	Su				
128. „ alpina L. .		S	V		
129. Rubus Chamaemorus L. .	Su				
130. Geum montanum L. .	Su				
131. Hedysarum obscurum L.	Su				
132. Empetrum nigrum L.	Su	S	V	B	H
133. Sagina saxatilis Wimm.	Su	S		B	
134. Alsine Gerardi Wahlbg. .	Su				
135. Cerastium macrocarpum Schur.	Su				
136. Gypsophila repens L.					H
137. Silene rupestris L.		S	V		
138. Viola lutea Sm.	Su		V		
139. Arabis alpina L. . .	Su				H
140. Cardamine resedifolia L.	Su			B	
141. Anemone narcissiflora L. .	Su		V		
142. „ alpina L. .	Su		V		H
143. Delphinium elatum L.	Su				

Dazu kommen noch einige dem schwäbischen Jura allein angehörende Arten:

144. Salix glabra Scop.
145. Hieracium bupleuroides Gmel.
146. „ Jacquini Vill.

147. Euphrasia alpina Lam.
148. Androsace lactea L.
149. Athamanta cretensis L.
150. Draba aizoides L.
151. Kernera saxatilis Rchb.
152. Ranunculus montanus Willd.
153. Crepis alpestris Tausch. und
154. Gentiana obtusifolia Willd. in Thüringen und im Erzgebirg.

Von 154 der alpinen Region des deutschen Mittelgebirgs angehörigen Arten besitzen:

Die Sudeten	111,	davon ausschliesslich	52	Arten.
Schwarzwald	53.	„	3	„
Vogesen	49.	„	7	„
Böhmerwald	27.	„	2	„
Harz	24.	„	1	„

Von diesen Arten finden sich ferner:

Im schwäb. Jura	19.	davon ausschliesslich	10	Arten.
Erzgebirge	18.	—		
Thüringer Wald	9.	„		
Fichtelgebirg	4.	„		
Rhön	3,	„		
Rothaargebirg	1,	„		

9) Arabis Halleri L. und Thlaspi alpestre L. sind nach Ascherson (Verhdl. d. bot. Vereins d. Prov. Brandenburg 1864 durch die Mulde in die Ebene herabgeführt.

10) Die Pflanzen der Bergregion, welche im Norden in der Ebene wiederkehren, sind in der Tabelle unter 3) aufgeführt (mit Eb. bezeichnet). Von Pflanzen der alpinen Region finden sich im Norden in der Ebene: Scirpus caespitosus L., Salix phylicifolia L., Betula nana L., Hieracium aurantiacum L., Swertia perennis L., Saxifraga Aizoon L., Pirus intermedia Ehr., Rubus Chamaemorus L., Empetrum nigrum L., Linnaea borealis L., zusammen 10 Arten.

11) Im Bourtanger Moor treten nach Grisebach (Über die Bildung des Torfs in den Emsmooren, Gött. Studien 1845 u. Ges. Abhandl. Leipzig 1880) von Gebirgspflanzen Mitteldeutschlands auf: Empetrum nigrum L., Lycopodium Selago L., Scirpus caespitosus L., Galium saxatile L., Scheuchzeria palustris L.

12) Vergl. Loew, Über Perioden und Wege ehemaliger Pflanzenwanderungen im norddeutschen Tieflande. Linnaea 42. p. 537.

13) Grisebach, Die Vegetationslinien des nordwestlichen Deutschlands. Göttinger Studien 1847 u. Ges. Abhdl.

14) Grisebach, Vegetationslinien. Gerndt, Die Gliederung der deutschen Flora. Progr. Realschule Zwickau. 1876 u. 77. Die Arbeit war mir leider nur im Auszug, den Loew (Linnaea 42) giebt, zugänglich.

15) Vgl. Loew, l. c. p. 527.

16) Caflisch, Exk.-Flora f. d. südöstliche Deutschland. Augsburg 1878.

17 Loew, l. c.

18) Vegetation der Erde. p. 99.

19) Drude, die Verteilung und Zusammensetzung östlicher Pflanzengenossenschaften in der Umgebung von Dresden. Festschrift der Isis. Dresden 1885.

20) Loew, l. c. p. 591.

21) Drude, l. c.

22 Grisebach, Vegetation der Erde p. 99.

23) Noll, Einige dem Rheinthale von Bingen bis Coblenz eigentümliche Pflanzen und Thiere. Jahresbericht des Vereins f. Geogr. u. Statist. Frankfurt a. M. 1878.

24. Grisebach, Vegetation d. Erde p. 97.

25) Das. p. 539.

26 Das. p. 233

Die nutzbaren Gesteine und Mineralien zwischen Taunus und Spessart.

Beschrieben von

Dr. phil. Friedrich Kinkelin.

Auf Veranlassung des Vorstandes des technischen Vereins in Frankfurt habe ich in folgendem einen Überblick über die Gesteine und Mineralien zu geben gesucht, welche zwischen Spessart und Taunus, also im Untermainthal und in der Wetterau einschliesslich der von Flussthälern umgrenzten Landrücken, offen gelegt sind und waren, und welche eine technische Verwendung finden oder finden können; auch über den Taunus hinaus nach Norden bis an die Lahn habe ich manchmal gegriffen.

Nicht die Frage, welchen Nutzen hat das Gestein, oder wie könnte dasselbe nutzbar gemacht werden, ist die erste und die zweite Frage, die sich der Geologe stellt, sondern: welche Stellung nimmt dasselbe in der geologischen Zeitbestimmung ein, wann ist es entstanden; dann: welche Anhaltspunkte geben uns seine Beschaffenheit oder etwa die in demselben eingebetteten organischen Reste und Spuren, um die näheren Umstände seiner Bildung zu erkennen; ferner: liegt dasselbe am Orte seiner Entstehung oder hat es Ortsveränderungen erfahren und welche? So mögen denn die im folgenden eingestreuten technischen Notizen mit dem guten Willen eines Geologen entschuldigt werden.

Unser Gebiet beginnt im Osten, wo der Main aufhört sich durch den Buntsandstein, der die westliche Spessartgrenze bildet, in engem Thal durchzuwinden, wo er also mehr ins Freie tritt. In das von uns zu besprechende Gebiet hat er einen gut Teil der oberflächlichen Gebilde zugetragen und sie in demselben in den Thälern und an den Hängen abgelagert.

Sein Lauf Aschaffenburg - Hanau bezeichnet ungefähr die
östliche Grenzlinie; derselbe ist zum Teil durch Senken bestimmt,
und eine solche ist eben die Thalebene Aschaffenburg-Hanau;
zum Teil hat er sich seinen Weg durch Erosion selbst geschaffen, wie zwischen Hanau und Niederrad.

Wo der Main wieder eine mehr südliche Richtung nimmt,
also bei Höchst, trifft von Nordost ein weites Thal, in dem
sich Hügelzüge vom Gebirg gegen die Nidda abdachen. Es ist
die untere Wetterau.

So bleibt zwischen den beiden Unterläufen von Main und
Nidda eine Scholle stehen, ein sog. Landrücken, der fast ausschliesslich aus tertiären Gesteinen sich zusammensetzt.

Wir haben oben durch den Flusslauf die Ostgrenze unseres
Gebietes gezogen; wir können sie auch durch die dasselbe begleitenden Gesteine bezeichnen. Es sind von Süden her bei
Aschaffenburg hauptsächlich sehr alte krystalline Gesteine verschiedener Art, unter welchen Gneisse, gneissartige Gesteine,
Granit und Quarzitschiefer die Hauptformen sind. Weiter
nördlich trifft man noch geringfügige Reste von Zechstein-
Dolomit und noch weiter nördlich ein wenig älteres Gestein,
das sog. Rotliegende, das seiner ganzen Zusammensetzung nach
sich als eine marine Strandbildung von mehr oder weniger
grobem Korn ausweist.

Viel gleichförmiger ist die westliche Grenze; sie stellt sich
als ein NO.-SW. streichendes gefaltetes Gebirge dar, das, wenn
es auch stark abgetragen ist, noch ein ungeteiltes Ganze bildet.
Es baut sich aus krystallinen Schiefern und darauf gelagertem
devonischem Quarzit auf. Auch hier haben sich wenige Reste
von Rotliegendem — zwischen Hofheim und Lorsbach und bei
Langenhain — erhalten, die also dort, wo sie sind, den un-
mittelbaren Rand des Beckens bilden. Sonst stossen aber die
jungen Beckenausfüllungen unmittelbar an das Gebirge an oder
greifen doch wenigstens nicht weit über dessen Rand.

Während sich nun das Gebirge auf seiner Südseite ziemlich
steil erhebt — die höchsten Höhen, welche sich kettenartig
aneinanderreihen, erreichen 880 m, also fast 800 m über dem
Wasserspiegel des Mains bei Frankfurt — dacht sich das Gebirge
auf der Nordseite nach der Lahn allmählich ab, bildet also
daselbst mehr eine von einigen Flüsschen durchfurchte Hochebene,

Südlich des von Hanau bis zum Einlauf in den Rhein bei Mainz ziemlich ostwestlich, schliesslich auch südwestlich fliessenden Maines dehnt sich eine mit jungen Anschwemmungen erfüllte, stark bewaldete Hochfläche aus, die südlich von wenig sich heranshebendem altem Gestein, oberem Rotliegendem, begrenzt ist und südwestlich allmählich in die Rheinebene verläuft.

Wenn wir uns nun vergegenwärtigen, dass der oben bezeichnete Raum während einer nach hunderttausenden von Jahren zählenden Zeit ein weites von salzigem, dann brackischem und schliesslich süssem Wasser erfülltes Becken war, das bei Beginn der Bildung desselben, welche durch Senkung erfolgte, auch mit dem Meer in Süd und Nord in Verbindung stand, und dass nur an wenigen Stellen, wie bei Vilbel, Gronau, Kilianstätten u. a. O. noch alte Felsen stehen geblieben sind und zu Zeiten über den Wasserspiegel hervorragten, so begreift es sich, dass es eben nur relativ junge Schwemmgebilde sind, die uns in der vorhin umgrenzten Landschaft begegnen.

Es sind Thone, Sande und Sandsteine, ferner Kalke, Gemische dieser und endlich Braunkohlen. Dazu kommen dann noch die Eruptivmassen, die aus dem Inneren emporgepresst, zu massigen Lagern sich ausgebreitet haben.

In gelöster Form wären dann noch das Kochsalz von Nauheim, die Kohlensäure des Vilbeler Wassers und Cronthals, der Schwefelwasserstoff der Grindbrunnen Frankfurts und Weilbachs etc., überhaupt die mannigfache Salze enthaltenden Mineralwässer, die in unserem Gebiet hervorbrechen, anzuführen.

Erst am Fusse des Taunus stossen wir auf Erzlagerstätten, auf Eisen- und Mangan-Erze, welche sich auch weiter am Gebirgshang hinauf und auch im Gebirge darbieten.

Die Gewinnung der Metalle, des Eisens, findet heute nirgends mehr in unserer Landschaft statt.

Treten wir nun genauer in die Besprechung jener Gesteine ein, welche in einer kurzen Charakteristik derselben, in der Angabe ihrer Fundstellen, in der Art ihres Vorkommens überhaupt und dann der ihrer technischen Verwertung bestehen soll. Unser Thema liesse eine Gliederung nach geologischen oder nach technischen Gesichtspunkten zu. Wir werden das Material, dem letzteren zu entsprechen, hier in den Vordergrund stellen.

Thone und Sande sind Zersetzungsprodukte des Gebirges, welche durch Transport mehr oder weniger eine Son-
derung nach der Grösse und dem Gewichte ihres Kornes, also
eine Schlämmung, erfahren haben.

Diese Zersetzungsprodukte, ihre Mischung, ihre Eigentümlichkeiten richten sich natürlich nach dem Gebirge, durch
dessen Lockerung, Verwitterung, Zerstörung sie hervorgegangen sind.

Thone. Es versteht sich so leicht, dass die feinsten
Schlammteile — es sind dies die thonigen — je nach den
Gesteinen, aus welchen sie hervorgegangen sind und nach dem
Grade der Zersetzung und Aussüssung von recht verschiedener
Zusammensetzung und demnach auch von verschiedener tech-
nischer Verwendung sind. Beimischungen von Kalk, Sand,
Eisen etc. schliessen manche Verwendung aus, wie sie ander-
seits anderen Gebrauch bedingen. Thone mit starker kalkiger
Beimischung nennen wir Mergel.

Die reinsten Thone sind diejenigen, welche nur aus
kieselsaurer Thonerde bestehen. Solche Thone fehlen uns
völlig; wohl aber kommen welche vor, die nur relativ geringfügige Beimischungen haben, welche die sehr geschätzte Eigenschaft der Feuerfestigkeit der reinen Thone wenig beeinträchtigen.

In Parenthese die kurze Bemerkung: Der Urquell der
diversen Thone sind die verschiedenen Feldspate in den
krystallinisch körnigen und schiefrigen Gesteinen der Gebirge,
in den Graniten, Porphyren, Basalten, Gneissen u. a. Die Ver-
unreinigung der Thone stammt vor Allem von den mit jenen
Feldspaten das krystallinische Gestein zusammensetzenden anderen kieselsauren Mineralien her, den Glimmern, Hornblenden,
dem Sericit etc. und dem Quarz, dann auch von dem auf dem
Transport zufällig Beigemischten.

Feuerfestigkeit. Der feuerfeste Thon darf, da er dem
heftigsten Ofenfeuer widerstehen soll, keine Alkalien, also keinen
Kalk und kein Kali etc., aber auch neben diesen keinen Sand
enthalten, da solche eine Verglasung veranlassen würden. Vom
feuerfesten Thon verlangt man vor allem, dass, wenn er auch
vielleicht schon in niederer Temperatur (Goldschmelzhitze)
beginnende Sinterung erfährt, doch in diesem Zustande auch
bei sehr hoher Temperatur beharrt, im Feuer also steht und

trägt. So können schwerer schmelzbare Thone trotzdem un-
geeignet zu feuerfesten sein, weil sie von der beginnenden
Sinterung verhältnismässig rasch zum völligen Schmelzen oder
zu sonstiger Deformierung fortschreiten.

Reine Thone, welche neben der reinen kieselsauren Thonerde noch unzersetzten Feldspat enthalten — es sei dies ursprünglich oder durch spätere Beimengung — sind das Material
zur Herstellung des Porzellans.

Geisenheimer Porzellanthon. Von solchen Thonen
ist mir in weiter Nähe nur der weisse Thon[*] am Rotenberg bei
Geisenheim bekannt. Er ist aus einem lagerartig im Quarzit[**]
enthaltenen Feldspatgestein (Adinol) durch Verwitterung hervorgegangen. Seine Struktur lässt noch diejenige des in paralle-
lepipedische Stücke klüttenden Feldspatgesteines erkennen.
Derselbe soll früher in einer Porzellanfabrik in Duisburg zu
Tassen u. dergl. verarbeitet worden sein; jetzt geht er nach
der Thonwarenfabrik Biebrich.

Höchster Porzellan. Mitte vorigen Jahrhunderts hat
sich in Höchst eine Porzellanfabrik etablirt, welche sich bedeutenden Rufes erfreute, sich jedoch infolge der Konkurrenz
von Meissen, Frankenthal und Berlin nur bis in die letzten
Jahre des 18. Jahrhunderts hielt.

Die Frage liegt zunächst, ob das Material zur Einführung dieses Fabrikationszweiges eben in Höchst Veranlassung gab? In diesem Falle müssten wir es in unsere heutige
Besprechung mit einbeziehen.

Aus dem ganz kürzlich erschienenen Werk von Zais
über die Höchster Porzellan-Manufaktur entnahm ich diesbezüglich, dass diese Voraussetzung nicht zutrifft, dass vielmehr das Material zuerst Dresdener Masse, aus Nürnberg

---

[*] Analyse des Porzellanthones von Geisenheim, mitgeteilt von Herrn
A. Reuss, Grubenbesitzer daselbst:

Kieselsäure	62
Thonerde	28
Eisenoxyd	1,01
Kalk	0,01
Wasser	8,05
Magnesia Kali und Verlust	0,03

[**] Phyllitquarzit.

bezogen, war, dass später hauptsächlich süddeutsche Kaolinlager
den Bedarf deckten, also z. B. solche von Obernzell bei Passau.
Zuletzt heisst es: „1790 lieferte der Bürger Korn zu Aschaffenburg Erde aus der Gemeinde Schweinheim.*] unweit Aschaffenburg gelegen. Eine Belohnung von vierzig Dukaten, die der
Kurfürst für Auffindung einer guten Porzellanerde ausgesetzt
hatte, war dem glücklichen Entdecker, dem Schiffer Korn, zugesprochen worden."

Weiter heisst es im Zais'schen Werke, dass in der Nähe
der Porzellanfabrik sich ein weisser Flugsand, der voll erdiger
Teile sei, fand. „Wenn diese weisse Erde durch Schlämmen
vom Sande abgesondert werde, erhalte man eine passende
Porzellanerde, von der auch in Höchst Gebrauch gemacht
worden, aber auf eine so ungeschickte Art, dass das Porzellan
lange Zeit nach seiner Verfertigung im Magazin zersprang.**]
Man habe daher von dieser Vermischung abgesehen und den
Sand zum Streuen im Ofen verwendet."

Mir ist nur denkbar, dass dieser weisse Flugsand aus der
Höchster Gegend, „der voll erdiger Teile war", der unter Nied
liegende jungtertiäre Thon und Sandthon ist.***] Zais fährt übrigens
fort: „Es kann nicht entschieden werden, ob diese Nachricht
auf Überlieferung beruht, oder ob sie sich wirklich auf Versuche
mit dem Flugsand stützt, der bei Nied vor den Thoren von
Höchst und der Stadt gegenüber auf dem linken Mainufer zu
Tage tritt; es wird sich wohl nur um diese beiden Vorkommen
handeln." Die Reinigung des aus der Ferne bezogenen Thones
vor dem Schlämmen bestand in Höchst nur im Herausschneiden
der schwarzen, braunen und gelben Flecke aus den zusammen-
hängenden Knollen. Zahlreiche Formen von Höchst kamen
nach der Steingutfabrik zu Damm bei Aschaffenburg.

*) Über Schweinheimer Thone findet sich in Kittel, Skizze der geo-
gnostischen Verhältnisse Aschaffenburgs 1840, nur die Notiz, dass daselbst zwei
Ziegelhütten den dort vorkommenden verwitterten Schieferthon des Buntsandsteines zur Steinfabrikation verwenden.

**) Den angeführten Fehler des früheren oder späteren Zerspringens
zeigen alle zu sehr gesäuerten Scherben, in welchen die Kieselsäure in sehr
feiner Vermahlung vorhanden ist; je feiner die Vermahlung, um so weniger
darf Säure eingeführt werden, je gröber, um so mehr. Dagegen trägt ein
mit Säure gesättigter Scherben besser die Glasuren rissefrei.

***) Pliocänschichten. Senckenb. Ber. 1885 p. 214 u. 215.

Neben Porzellan wurden übrigens in Höchst auch kunstvolle Fayence-Waren hergestellt.

Fayence. Eine Fabrik, welche schon lange Fayence-Artikel in den Handel bringt, existiert in hiesiger Gegend heute noch es ist diejenige von Herrn Wilh. Dienst in Flörsheim. Dieselbe hat früher und noch bis in die vierziger Jahre die Fayence aus dem Wickerer Thon, der mit dem Flörsheimer Thon geologisch übereinstimmt, fabriziert. Die Glasur war eine deckende Bleiglasur, also blejische Zinnglasur. Da die Gebrauchsgeschirre von Fayence für die heutige Zeit zu plump waren, hat die Fabrik nach und nach sog. Steingut eingeführt, wozu nun Thone aus der bayerischen Rheinpfalz als Rohmaterial dienen. Es ist ordinäres Kalksteingut, was fabriziert wird.

Feuerfester Thon. Kommen wir wieder zurück auf die feuerfesten Thone.

Um das Schwinden derselben zu hindern, mischt man dieselben mit Chamotte — es ist dies früher schon gebrannter feuerfester Thon; man ersetzt die Chamotte aber unter Umständen auch ganz oder zum Teil durch Quarzsand, was immerhin ihre Brauchbarkeit schmälert, da vermöge des nie rastenden Grösserwerdens, Treibens der Quarzkörner im Feuer ein Zerklüften der Steine eintritt, also ein Lockern des Gefüges gerade dann, wo man ihre Tragkraft, ihre Beständigkeit im wirklichen Feuer in Anspruch nehmen will. Die Chamotte wird durch Pochen zur Linsengrösse zerstossen. Das Brennen geschieht bei möglichst hoher Temperatur.

Den Ruf der Feuerfestigkeit haben besonders alte Thone aus der Steinkohlenformation: sie kommen aber hier ebenso wenig wie Steinkohle selbst vor, nach welcher vor einigen Dezennien mit grosser Energie und bedeutendem Kostenaufwand bei Vilbel und im Mainthal gesucht, welche aber nicht gefunden wurde. Es haben sich die Voraussetzungen, auf welche hin man jene Bohrungen gemacht hat, derweilen als nicht zutreffend erwiesen.

Die feuerfesten, fast kalkfreien, zum Teil auch fast eisenfreien Thone unserer Gegend sind zum grössten Teil geologisch junge, sogen. oberpliocäne Thone, welche als Einlagerungen in Sanden und sandigen Thonen mehrfach und in ausgiebiger Weise

am Fusse des Taunus vorkommen. Dieser an Thonen reiche
tertiäre Schichtenzug folgt in gewisser Höhe dem Gebirge. Für
den Geologen sind diese Schichten nicht allein in dem jungtertiären Süsswassersee gleichzeitig abgelagert, sie erscheinen
ihm auch, untereinander verglichen, ihrer Gesteinsbeschaffenheit
nach, ziemlich übereinstimmend. Die Technik ist diesbezüglich
viel empfindlicher. So werden wir in der Folge sehen, dass die
Verwendung dieser Thone eine ziemlich mannigfaltige ist.
Analysen, welche diese Verschiedenheit wiederspiegeln würden,
besitzen wir von diesen Thonen leider nicht.

Von industriellen Unternehmungen, welche vorzüglich auf
diese oberpliocänen Thone begründet sind, seien zuerst diejenigen erwähnt, welche sich die Herstellung feuerfester Produkte zur Aufgabe gemacht haben.

Das entfernteste Werk ist dasjenige bei Obermörlen in
der Wetterau (Otto Schulze). Das umfangreichste Werk, welches
die fraglichen Thone etc. zu feuerfesten und säurefesten Pro-
dukten verarbeitet, die in den verschiedensten Industrieen — in
chemischen Fabriken, Gasfabriken, zur Herstellung von Hoch-,
Cupol- und Schweissöfen etc., in Cellulosefabriken und anderwärts Verwendung finden und den weitesten Absatz haben, ist
dasjenige von Ernst Boeing in Bad Nauheim.

Südlich von Münster, zwischen Soden und Hofheim, ist
die Fabrik feuerfester Steine von Gebrüder Sachs.

Münsterer feuerfester Thon. Das Münsterer feuerfeste Material ist fetter grauer Thon und weisser oder fleisch-
farbener Sandthon, dem auch Quarzstücke beigemengt sind.
Im Sommer wird das winterlich gegrabene und ausgefrorene
Material angefeuchtet, durch ein Walzwerk gemengt und, soweit
es Quarzkörner enthält, zerstossen. Die von Hand gearbeiteten,
lufttrockenen Steine werden nun in den Ofen*) gebracht. Nachdem ungefähr 40 Stunden die Steine zum Zwecke des Trocknens
von Rosten aus erhitzt worden sind, wird starkes Feuer gegeben,
welches man zwei Tage anhält. Das Produkt sind nun die
feuerfesten, hellklingenden Steine.

---

*) Der Ofen dieser Fabrik hat folgende Maasse: 12' Breite, 14'
Länge und 10—11' Höhe, er gestattet auch eine Zugabe der Steinkohlen
von oben.

Wie schon angedeutet, dient hier zumeist der im Thon selbst eingemengte Quarzsand zum Magermachen und Hintanhalten des Schwindens und Springens; auf Verlangen wird aber auch Chamotte beigemengt.

Thon im Gebirge. Wo sich innerhalb des Gebirges trotz der unermüdlich thätigen Erosion Plateau's erhalten haben, da können auch ältere, aus der Zersetzung des Gebirges hervorgegangene Thon-Ablagerungen restieren. Solche Thone kenne ich von Ebenthal und oberhalb Notgottes nördlich von Geisenheim. Die letzteren gingen noch vor kurzem als feuerfeste Thone an das Biebricher Thonwerk; das hauptsächlichste Material, was aus hiesiger Gegend stammt, wird für das Thonwerk bei Dotzheim gegraben; es ist geologisch derselbe Sandthon wie der von Münster. Die Fabrikate sind nach freundlicher Mitteilung von Herrn Bettelhäuser feuerfeste Produkte jeder Art, Gasretorten, Gasofensteine, Hochofensteine, Säuresteine, ferner Flur- und Trottoir-Platten in verschiedenen Farben und Mustern.

Bei Kiedrich war eine Thongrube „Feuerfest" im Betrieb; ihr Thon sei kalkfrei. Ob, wo und wozu er verarbeitet wird, konnte ich nicht ausfindig machen.

Vor Jahren scheint auch ein Lager wie das von Notgottes in der Nähe von Naurod (Grube Schlicht*) ebenfalls durch Tagbau ausgegraben und zur Herstellung feuerfester Backsteine, Muffeln etc. verwendet worden zu sein; ausserdem wurde derselbe auch dem Hochheimer Thon, von dem wir später noch Näheres mitteilen müssen, zur Fabrikation von Fayence und Ofenkacheln beigemischt.

Von solchen im Gebirg ehemals anstehenden Thonen mögen nun vielfach die am Fuss des Gebirges und im Thal gelegenen unmittelbar stammen.

---

* Feuerfester Thon von Grube Schlicht bei Naurod, Analyse von Prof. R. Fresenius 1862. J. Fritz, Hochheim's Mineralreichtum, Wiesbaden 1882.

Kieselsäure	75,04
Thonerde	19,45
Eisenoxyd	0,11
Kalk	0,08
Wasser	0,25
Magnesia, Kali u. Natron	0,25

Diejenigen innerhalb des Beckens sind in den letzten Jahren besonders und zwar durch Bohrungen erreicht worden — ich denke an diejenigen im Stadtwald und bei Nied. Sie sind aber in Tiefen gelegen, welche die technische Ausbeutung sehr erschweren.

Wir erkennen, das geologische Alter ist bezüglich der Verwendung des Thones von keiner Bedeutung; nur die Zusammensetzung und die molekulare Form seiner Bestandteile, besonders der Kieselsäure, bedingen die Verwendung derart, dass oft geringfügige Beimischungen den einen Gebrauch ausschliessen, den anderen bedingen.

Klingenberger Thon. Noch nicht sicher aufgeklärt ist die Entstehungsgeschichte des Klingenberger Thones,[*] der seit Dezennien wegen seiner Feuerbeständigkeit zur Herstellung von Glashäfen und Schmelztiegeln in alle Welt wandert und zwar zu einem hohen Preis. Von der I. Qualität[**] ist der Preis per Zentner 2,8 — 3,3 Mk., von einer II. Sorte[**] 1,0 Mk.

---

* Nach Gümbel, Bavaria, IV. Band, I. Abt. p. 64 und 65, liegt dieser Thon als mächtiger Stock in einer muldenförmigen Vertiefung des Buntsandstein und gehört zu den tertiären Ablagerungen, welche in Verbindung des rheinischen Tertiärbeckens in einer kleineren Bucht in der Thalung des Mains aufwärts sich absetzten. Die untersten Ablagerungen sind die in ihren reineren Sorten vielfach benutzten plastischen Thone von Aschaffenburg, welche weiss, gränlich weiss, gelblich und rötlich vorkommend an der Hanauer Strasse zwischen Galgenberg und Ziegelberg am Wege nach Damm eine Mächtigkeit bis zu 12 m erreichten. In demselben ist stellenweise eine lignitische Braunkohle eingelagert. Dieser in hohem Niveau liegende Thon von Klingenberg, Mechenhardt u. a. O. wird also wohl im selben Sinn zu deuten sein, wie der von Notgottes und Grube Schlicht im Taunus.

** Klingenberger Thon 1875, Dr. Vohl in Köln.

	I. Qualität.	II. Qualität.
Kieselsäure	52,322	51,055
Thonerde	31,611	32,001
Eisenoxyd	3,540	4,216
Kalk	0,482	0,458
Magnesia	Spuren	Spuren
Mangan	Spuren	Spuren
Alkalien	Spuren	Spuren
Schwefel	0,004	0,005
Organ. Substanz	0,003	0,004
Wasser	11,801	12,133
Verlust	0,237	0,128

Er geht. jedes Stück Thon mit dem Gemeindestempel versehen, in Fässer verpackt. nach England. Amerika etc. Da der Selbstkostenpreis pro Zentner nur etwa 25 Pf. beträgt. und der Verschleiss etwa 9000 Tonnen ausmacht, ist der Gewinn. den die Gemeinde Klingenberg macht. ein beträchtlicher — eine glückliche Gemeinde. in der es keine Steuern gibt, sondern jeder Bürger aus der Gemeindekasse alljährlich noch über 100 Mk. erhält.

Der Thon kommt in Klingenberg in Nestern vor; die gute Qualität scheint allein auf die Gemarkung Klingenberg beschränkt. da bisher alle von Konkurrenten angewandten Kosten nicht von erwünschtem Erfolge waren.

Münsterer Backsteinthon. Von ziemlich ähnlichem. jedoch nicht so gleichförmigem Aussehen wie jene feuerfesten Thone von Münster sind andere Thone am Fusse des Taunus von gleichem oder wenig geringerem Alter. In einer grossen Ziegelfabrik und sechs kleineren Ziegeleien werden sie in Münster verarbeitet und stammen aus den Gruben. die auf der Ostseite des Lorsbacher Kopfes geöffnet sind. Nach Mitteilung von Herrn Baron v. Reinach ist die Gesteinsbeschaffenheit der römischen Ziegel auf der Saalburg und derjenigen, welche aus den Münsterer Thonen hergestellt werden, völlig übereinstimmend. so dass es nicht unwahrscheinlich ist. dass schon zur Römerzeit bei Münster Ziegeleien waren. Die heutigen Ziegeleien von Münster bei Soden datieren übrigens nicht weiter als 100 Jahre zurück. Da dieselbe Formation wie bei Münster auch in der Homburger Gegend, z. B. bei Dillingen. entwickelt ist, so werden die römischen Ziegel der Saalburg wohl aus näher liegendem Thon hergestellt worden sein.

Ersteigen wir noch die Höhe. welche von der Hofheimer Kapelle nach dem Lorsbacher Kopf zieht, so treffen wir auch Thone, aber von ganz anderer Art; sie werden dann und wann gegraben; heuer wurden sie aus einem Schacht im Dreigrabenschlag ausgebeutet. Sie sind weiss oder zartgelb. locker; die Lockerheit danken sie dem sehr feinen eingemengten Sand von Sericitschieferfragmenten. Sie werden wohl zum Anstrich dem Weissbinder dienen.

Bierstädter Thonwaren. Dem Alter wie der Gesteinsbeschaffenheit nach den Thonen von Münster nahestehend sind die Thone. welche in Bierstadt gegraben und gebrannt

10

werden. In den zwei grösseren Ziegeleien Bierstadts werden
übrigens zweierlei Thone verarbeitet und liefern die verschieden-
farbigen Verblendsteine, die wir an den freundlichen Backstein-
bauten Wiesbadens sehen.

Während die in Bierstadt selbst anstehenden grauen, gelb
gefleckten, jungtertiären Thone, die in 6—12 dm dicken Lagern
mit Sand und Kies wechsellagern, sich rotbrennen, sind dagegen
die daselbst fabrizierten gelben Verblender aus einem grünlich-
grauen, geologisch älteren (mittelmiocänen), von Kalkmergel
überlagerten, sehr mächtigen, ungeschichtet scheinenden Thon-
lager unterhalb der Bierstädter Warte gebrannt. Nach Mitteilung von Herrn W. Ritzel wird dem zu gelben Verblendern
bestimmten Thon etwas Lehm von dem oberen, rotbrennenden
Lehmlager beigemischt. Als Schachtsteine werden Feldback-'
steine gebraucht. Ausser den verschiedensten Blendsteinformen
werden auch die verschiedenen Ziegelformen — Hohl-, Well-
und Flachziegel — hier fabriziert.

Da die Thone sehr fest und fett und demnach schwer
verarbeitbar sind, ist eine Verwitterung für beide Thone notwendig. Überhaupt gilt, dass man fetten Thon, besonders wenn
er noch mit anderem Material gemengt wird, im Herbst und
Winter gräbt, über den Winter liegen, „auswintern" lässt und
das Formen, Trocknen und Brennen erst wieder im Sommer
beginnt. Durch dies Liegen in nicht zu dicken Lagen und in
höherem Masse durch zeitweises Umlegen gewinnt nämlich der
Thon wesentlich. Die Wirkung des Winters besteht im Wechsel
der Einwirkung von Feuchtigkeit und Trockenheit, besonders
von Frost und Auftauen. Begreiflich sind letztere nur von
Bedeutung, wenn der Thon stark durchfeuchtet ist, denn nur
dann wird das ein grösseres Volum erfordernde Eis eine
Lockerung bewirken. Mehr gelockert wird sich der Thon in
der Folge leichter verarbeiten lassen, als wenn er sofort aus
der Grube, woselbst er unter einem mehr oder weniger grossem
Druck steht, in Arbeit genommen wird. Das „Aussommern",
d. i. längeres Liegenlassen während des Sommers, dient demselben Zweck, da im Sommer häufiger Durchfeuchtung und
Austrocknen einander folgen. Das Graben im Winter hat
übrigens auch den Vorteil, dass das Wasser zu dieser Jahreszeit nicht solche Schwierigkeiten bereitet wie im Sommer.

Diluviale Thone. Die bedeutendsten Fabriken für Verblendsteine verarbeiten noch jüngere Thone als die Münsterer und Bierstädter. Südlich des Mains in dem grossen Waldkomplex, welcher auf einem alten Mainabsatz steht, liegen als oft bedeutende Linsen Thone in diesen Flusssanden; es sind wohl Ablagerungen in seitlich liegenden, ruhigen Altwassern aus der Zeit, da der damalige Main diese Sand- und Geröllmassen aufschüttete.

Hainstädter und Gehspitzer Thon. Seit einigen Jahren wird im Birmen von Ph. Holzmann & Co. solcher grauer Thon gegraben und an der Gehspitze verarbeitet.

Vor Allem aber sind die mit Sand und Sandthon wechsellagernden Thone vom Katzenbuckel bei Hainstadt zu nennen.

Die Fabriken Gehspitze und Hainstadt stellen übrigens fast eine Fabrik dar, da in beiden der Hainstädter Thon*) verarbeitet wird.

Während in Gehspitze mit diesem gemengt noch der Thon vom Birmen und zwar in einem gewöhnlichen Ringofen gebrannt wird, geschieht das Brennen des Hainstädter Thons in Hainstadt ausser in einem gewöhnlichen Ringofen auch in einem Regenerator-Ofen. Die Folge hievon ist, dass an der Gehspitze neben den Verblendsteinen, die das Hauptfabrikat ausmachen, in wesentlich grösserer Menge sog. Vollsteine hergestellt werden, als in Hainstadt.

Im Regeneratorofen ziehen die brennenden Gase durch mit zahlreichen Löchern versehene, feuerfeste, die Ofenkammern

---

*) Durch die Freundlichkeit des Herrn Philipp Holzmann sind mir folgende von Dr. Th. Petersen ausgeführte Analysen von vier Proben des Thones von Hainstadt mitgeteilt worden:

	1 oben rötlich gelb, zart u. plastisch	2 grau	3 grünlich gelb	4 gelb, rauh und ziemlich kiesig
Kieselsäure m. Spuren von Titansäure	58,13	63,06	70,52	71,58
Thonerde	29,55	26,75	19,76	15,04
Eisenoxyd	7,13	4,91	4,96	4,96
Kalk			0,49	
Magnesia	5,19	5,28	1,11	5,42
Natron			0,34	
Kali			2,82	
	100,00	100,00	100,00	100,00

10*

senkrecht durchziehende Kanäle, in gewöhnlichen Ringöfen geschieht dagegen die Zugabe des Brennmaterials, der Kohle, in
den Kammern von oben durch Schächte, welche eben von jenen
Vollsteinen gebildet sind. Diese sind daher mehr ein hier not-
wendiges Übel, das die höchste und auch weniger gleichmässige
Glut aushalten muss und somit die im übrigen Teil der Kammer
aufgebauten Verblender vor zu grosser und ungleichförmiger
Hitze zu schützen hat. Es liegt in der zweckmässigen Feuerungs-
führung, dann in dem geringen Kalkgehalt der Thone von Hainstadt und Gehspitz, dass in den Holzmann'schen Fabriken die
Verblender durchaus gesintert, also nun mehr unporös sind. Der
geringe Kalk- etc. Gehalt erlaubt eben die Sintertemperatur zu
erzeugen, ohne der Schmelztemperatur zu nahe zu kommen. Der
Schmelzpunkt der Hainstädter Thone liegt nämlich, nach gütiger
Mitteilung von Herrn Ph. Holzmann, bei 11—1200° C., der
der Gehspitze bei 900—1000° C., der der sog. feuerfesten
Klingenberger Thone bei 1600° C.

Man gewinnt so auf der Gehspitze jährlich 6 Millionen
Verblendsteine und 1½ Millionen Vollsteine. Hainstadt fabriziert
ungefähr das Doppelte an Verblendern, an Vollsteinen aber
wesentlich weniger als die Fabrik auf der Gehspitze.

An grossen Meng-, Press- und Formmaschinen sind an
der Gehspitze drei, in Hainstadt sechs in Thätigkeit.

Es bedarf kaum der Bemerkung, dass ganz gleichmässig
gebrannte Vollsteine, die hauptsächlich als Kanalsteine Verwendung finden, auch als Verblender dienen können. Die übrigen
Vollsteine gebraucht man zur Hintermauerung: bei manchen
Vollsteinen, den sog. Klinkern, ist die Schmelztemperatur erreicht, d. h. sie sind völlig verglaste Backsteine; sie finden für
Stallpflasterungen u. dergl. Absatz.

Von den beiden Fabriken werden rote, rotgelbe und gelbe
Verblender hergestellt, die ausschliesslich Hohlsteine sind. Es
sind hier besonders zwei Umstände, welche die Farbe bedingen:
der eine ist der Eisengehalt, der andere Umstand von mindestens
gleicher Bedeutung ist die Natur der entweder oxydierenden
oder reduzierenden Flamme. Während die letztere helle Backsteine erzeugt, werden durch erstere rote entstehen. In der
Unsicherheit, über die eine oder die andere Flamme zu verfügen,
beruht es, dass solche Fabriken nur im grössten Massstab

existieren können, wo die grosse Auswahl die Unsicherheit korrigieren kann. Wenn es auch kleinere Verblendsteinfabriken gibt, welche sicher arbeiten, wenn sie sorgfältig vorschmauchen, brennen etc., so verarbeiten dieselben wohl ein durchaus gleichförmiges Material.

Ich will noch bemerken, dass die Trockeneinrichtungen es erlauben, dass in den beiden Fabriken nur zwei Monate die Öfen stillstehen.

In Hainstadt werden noch Thonröhren in einem besonderen Ofen hergestellt, da dieselben wegen der Glasierung besonders gebrannt werden müssen.

Im Anschluss an die diluvialen Thone von Hainstadt und Gehspitz müssen wir noch solcher gedenken, die, mit gleichförmigen, feinen Sanden bei Sprendlingen vorkommend, dort zu Ziegel verarbeitet werden (W. Löffler).

Von zahlreichen Häfnern und Zieglern werden in der Gegend von Eppertshausen und Urberach aus den Thonen dortiger Gegend Töpferwaren, auch Backsteine, Dachziegel, Drainierröhren hergestellt, und besonders erstere auf den Messen in Frankfurt feilgeboten. Für alle diese Gegenstände ist in den sandigeren und rauheren, aber starken Thonen reichliches Material vorhanden. Für die besseren Töpferwaren genügte das Material bisweilen nicht, weil man es unterlässt, den Thon hinreichend vorzubereiten und den Abbau der tieferen Schichten in Angriff zu nehmen. (C. Chelius, Erläuterungen zu Blatt Messel).

Thone von der Fechenmühle. In der nordöstlichen Ecke unseres Gebietes, also nördlich Hanau, lagern sich auf dem alten Braunkohlenthone von R. Ludwig als Dünensande bezeichnete Sande, aber auch unmittelbar diluviale Sande, die mit Kies- und Thonlagern wechsellagern. In dem Braunkohlenthon wurde, nach gütiger Mitteilung von Herrn A. Riegelmann in Hanau, an der Fechenmühle in einem Bohrloch von 125′ Teufe nahe 100′ geschlossene Thonmasse, die nur von sehr dünnen Schichten Braunkohle durchsetzt war, konstatiert. Dieses Lager wurde in den fünfziger Jahren durch Schächte abgebaut. Obwohl die Qualität sehr gut war und ganz den Thonen des Westerwaldes gleichkam, wurde wegen zu schwieriger Wasserhaltung etc. die Ausbeutung derselben eingestellt.

Die Thone, welche in der Folge in der Fechenmühle verarbeitet wurden und noch verarbeitet werden, scheinen mir, da sie über Sanden mit eingelagerten groben Geschieben liegen, die Mammutreste führen, diluviale Thone zu sein, welche nur in den Depressionen, aus welchen der Sand ausgeschwemmt ist, zu Tage ausgehen.

Ausser diesem Thon und den Quarzsanden benützt die Dampfziegelei (M. Knoblauch) noch den roten, feinen Quarzsand von Marköbel, der dort von Basalt überlagert ist, zur Fabrikation feuerfester Steine; dieser Marköbeler Sand ist, nach Mitteilung Herrn Riegelmann's, eine natürliche Sandchamotte und wird vielfach als Formsand und zu feuerfestem Mörtel verwendet.

Die Fabrikate sind Falzziegel, Hohlsteine, feuerfeste Steine und Röhren aller Art. Ein besonderer Artikel sind Hohlsteine aus poröser Masse; sie werden aus dem Thon, dem statt Sand Sägemehl beigemengt wird, fabriziert, so dass beim Brennen eine bimssteinartige Masse von relativ grosser Festigkeit gewonnen wird. Als schlechte Wärmeleiter sind sie zum Bau von Eiskellern, Treibhäusern, auch billiger Wohnungen, da sie verbaut schöne Blendsteine darstellen und möglichst gut gegen äussere Kälte schützen, brauchbar.

Im Mainthal, z. B. oberhalb Hanau, trifft man kleinere Backsteinbrennereien, die fette alluviale Letten verarbeiten, jedoch nur zu kleinen Backsteinen.

Tertiärthon von Bockenheim. Rote und hochrote, auch durch Maschinen gemengte, gepresste und geformte Backsteine, welche mit Auswahl etwa auch als Verblendsteine dienen können, liefert die Dampfziegelei von G. Hänsel zwischen Bockenheim und Ginnheim. Sie werden aus einem eben daselbst gegrabenen sehr fetten Thon hergestellt, der zum Teil von verwittertem Basalt überlagert ist. Dieser Thon ist eine Einlagerung in schlichigen feinen Sand und feinen, lockeren Sand. Um ihn zu lockern und dadurch das Schwinden zu mindern, wird er mit dem schlichigen Sand innig gemengt.

Wir sehen, es ist zum Teil die grössere Gleichförmigkeit der Thone und die sorgfältigere Bearbeitung, unter Umständen auch Mischung, wodurch die besseren Backsteine, die in den neueren Bauten unserer Gegend zur Façade eine so grosse Anwendung gefunden haben, gewonnen werden.

— 151 —

Tertiärer Meeresthon. Einen alten, eigenartigen Thon von .blaugrauer Farbe. feinem Korn, der wenig feinsandige Einlagerungen enthält. bauen in Flörsheim die Cementfabriken von Dyckerhoff in Biebrich und von der Gesellschaft für Berg- und Hüttenbau in Bonn zur Herstellung von Cement aus.

Flörsheim. In diesem Thon kommen ähnlich wie im Frankfurter Letten grössere Mergelkonkretionen von ellipsoidischer Gestalt vor: sie haben ihm in Norddeutschland. wo er z. B. in der Nähe von Berlin bei Hermsdorf etc. von gleicher Gesteinsbeschaffenheit vorkommt, den Namen Septarienthon eingebracht - eine Bezeichnung. die wir nicht gebrauchen. da wir im Mainzer Tertiärbecken kaum einen Thon und Mergel. also von verschiedenstem geologischem Alter und verschiedenster Beschaffenheit. kennen. der solcher Kalk- oder Mergelkonkretionen entbehrte.

Durch die in diesem Thon enthaltenen mikroskopischen Gehäuse sehr niederer Tiere, sog. Foraminiferen. ist derselbe immer etwas kalkhaltig. was sich auch durch die Ausblühung von schönen Gipsrosetten zu erkennen gibt.

Die beiden Gruben haben etwa eine Tiefe von 12 m. Während sie der Breite nach nur etwa 250 m dem Main entlang liegen. wo auch die Verfrachtung geschieht. erlauben sie einen weiteren Ausbau nach Norden.

In Breckenheim steht derselbe Thon auch an. wird aber zu gewöhnlichen Backsteinen verarbeitet.

Mainthal. oberhalb Frankfurt. Diesen Flörsheimer Thon findet man nun Main aufwärts erst wieder. nachdem man Frankfurt hinter sich hat. Hier im Mainthal ist er allenthalben das Material. auf welchem der junge Mainkies liegt: auf ihm fliesst der Main zwischen Kesselstadt und Frankfurt entweder unmittelbar wie bei Offenbach oder nur durch Mainsand von ihm getrennt. Auf diesem Thon. der sich durch die vorhin erwähnten Foraminiferen als im Meere abgelagert ausweist, sammeln sich die Grundwasser des Mainthales oberhalb Frankfurts. wie auch die Wasser. die den Abhängen längs des Mainthales entfliessen. Ein hier angelegter Brunnenschacht. der sog. Volgerbrunnen am Röderspiess. führt einen Teil jener Wasser dem grossen Bassin unter der Friedberger Warte zu.

Tempelseemühle. Auf dem linken Mainufer zieht jener alttertiäre Thon sich durch Offenbach bis an die Kalkhügel von Bieber und erstreckt sich südlich bis über die Tempelseemühle hinaus. An der Tempelseemühle wird ein älterer tertiärer Thon, welcher mit dem Flörsheimer Thon in Farbe und Gleichförmigkeit ziemlich übereinstimmt, sich aber durch eine kurze, bröckelige Textur von dem mehr schiefrigen Flörsheimer Thon unterscheidet, von Kalk, der merkwürdiger Weise in manchen Schichten zahlreiche Quarzkieselchen eingebettet enthält, überlagert.

Es sind also wohl hier die Materialien zusammen vorhanden, welche zur Fabrikation von Cement notwendig sind. Cement gilt nämlich als ein Gemenge von gebranntem Kalk mit durch Brennen aus Kalk- und Thonerdesilikat entstandenem Thon-Kalksilikat (25% Thon und 75% Kalk). Kalkmergel mit 20—25% in Salzsäure löslichem Thon würde allein zur Herstellung von Cement dienen können. Im Wasser soll nun dieser Kalk mit dem Doppelsilikate eine steinharte Verbindung bilden.

In Biebrich wie an der Tempelseemühle (Gotthard & Co.) werden demnach der Thon und Kalk zusammengemengt und die Cementziegel bis zur vollständigen Sinterung, also in wesentlich höherer Temperatur, wie dies beim Brennen des Kalkes geschieht, gebrannt; überhaupt ist neben der richtigen, immer gleichen Mischung die richtige Temperatur beim Brennen einer der wesentlichsten Umstände zur Fabrikation brauchbaren Cementes. Dyckerhoff bricht den Kalk nahe der Hammermühle bei Mosbach im Salzbachthal.

Erlenbruch. In der Mitte zwischen Offenbach und Tempelseemühle, am Erlenbruch, ist eine Thonwarenfabrik.[*]

---

[*] Thon vom Erlenbruch bei Offenbach, Dr. Petersen. 12 Ber. d. Offenbacher Ver. f. Naturk. 1871.

Quarzsand (in Kali und Salzsäure unlöslich	23,30
Kieselsäure löslich	34,80
Thonerde	16,65
Eisenoxyd	2,07
Eisenoxydul	3,00
Kalk	1,40
Magnesia	3,23
Natron	0,60
Kali	2,10
Eisenkies	0,65
Schwefelsäure	1,10 (0,24 Gips)
Kohlensäure	5,00
Wasser incl. 0,2—0,3 organ. Substanz	6,10
Chlor und Manganoxydul	Spuren

welche seit mehreren Jahren still steht. Hier wollten wertvollere Thonwaren aus demselben marinen Thon, den wir von
Flörsheim beschrieben haben und der somit der den Tempel-
seemühlen-Thon unterteufende Thon ist, fabriziert werden. Eine
Hauptschwierigkeit scheint darin gelegen zu haben, dass die
Thonziegel und dergleichen durch Trocknen an der Luft nicht
genügend Wasser verloren, so dass sie in geschlossenen Räumen
durch Ofenfeuerung getrocknet werden mussten, eine Ausgabe,
welche wohl der aus ihnen gelöste Preis nicht ertrug. Wie mir
mitgeteilt wurde, gelang Herrn Ehrenhardt schliesslich doch
die Herstellung guter Steine dadurch, dass er gebrannte, fein
gestossene Steine, den Thon magerer und weniger schwindend
zu machen, demselben beimengte. Fabrikate waren Verblendsteine, Ornamente, Drainierröhren etc.

Tertiärmergel. Ich hätte nun noch der Thonmergel
zu gedenken, die vielfach mit alter Braunkohle wechsellagernd,
zu irdenen Waren Verwendung fanden und finden. So existierte
vor etwa 25 Jahren in Hochheim (Grube Güte Gottes,
Besitzer J. Fritz) eine Thon-Industrie im sog. Cyrenenmergel,*)
die wohl mit dem Erliegen der Braunkohlenförderung daselbst
auch erlag. Bei Einschachtung hatte Herr Fritz auch Missgeschick,
insofern ihm Felder untersanken etc. Schon oben erwähnten wir,
dass für das Hochheimer Werk die Grube Schlicht bei Naurod
auch Thon lieferte. Das Werk wurde schon 1867 eingestellt.

Ein ähnlicher Thon wie der Hochheimer Braunkohlenthon
war es wohl, der vor ein paar Jahren in der Nähe des
Heiligenstockes (zwischen Frankfurt und Vilbel) aus einem
Schächtchen gefördert wurde (Bornüter).

---

*) Hochheimer Mergel 1860, Prof. R. Fresenius, J. Fritz,
Hochheim's Mineralreichtum etc., Wiesbaden 1862.

Kieselsäure (3,21 in Salzsäure löslich	46,97
Thonerde (1,38 in Salzsäure löslich	12,17
Eisenoxyd	1,32
Eisenoxydul	2,04
Manganoxydul	0,14
Kohlensaures Eisenoxydul	0,73
„ Kalk	28,54
„ Magnesia	3,72
Schwefelsaurer Kalk	0,18
Wasser	4,21

Ein grünlicher, ziemlich sandfreier Mergel, welcher, in
5—6 m Teufe gelegen, eine Mächtigkeit von circa 0,5 m hat,
schmilzt unter der Silberschmelzhitze zu braunem Glas; derselbe fand in der Fabrik für emaillirte Metallgeschirre zu
Pinneberg u. a. O. zu dunkler Email Verwendung. Der aus
demselben Schacht aus 14 m Teufe geförderte, mindestens 5 m
mächtige, blaue, zarte, sandfreie Mergel fand zur Fabrikation
von guten, hellklingenden Töpferwaren Anwendung. Eben werden
diese beiden Thonlagen nicht gefördert.

Frankfurter Kachelofenfabriken. Eine alte In-
dustrie in Frankfurt ist die Töpferei und speziell die Fabrikation
von Kachelöfen; seit vier Jahrhunderten hat sich dieselbe nach
der gütigen Mitteilung von Herrn C. L. Kreutzer in zwei
Familien — Benkard und Kreutzer — vererbt. Dieselben
haben auch bis vor kurzem Thone aus unserer Gegend verwendet.
So wurde früher von dem Thon gebraucht, der bei Bischofsheim am Fuss der Höhe, ansteht, welche zwischen Seckbach und
Hochstadt längs des Mainthales sich erstreckt; derselbe ist
jedoch zu kalkhaltig. So lange weiss glasierte Kacheln beliebt
waren, wurde dann der Thon, der auf der Nordseite des
Wickerer Berges gegraben wird, verwendet. Guter Thon
wurde auch aus der Giessener Gegend bezogen, während derjenige
von Leigestern bezogene zu quarzreich war. Jetzt wird fast
ausschliesslich mit Thon von Eichenberg in der Rheinpfalz
fabriziert; er brennt sich weiss; nur zur Herstellung dunklerer
Kacheln wird auch Münsterer feuerfester Thon beigemengt.

Eine andere Ofenfabrik (G. Wurm) fabriziert ebenfalls
die eben beliebten altdeutschen Öfen und zwar aus dem bei
Aschaffenburg gegrabenen Thon. Die Thone kommen dort
in grosser Ausdehnung mit feinem Sand wechsellagernd zunächst
Aschaffenburg im Thale vor; sie brennen sich weiss.

Eine Ofen- und Thonwarenfabrik, die mehrere Jahrzehnte
in Frankfurt existiert hat, ist eben aufgegeben worden.

Dass die Töpferei in früherer Zeit, von Beginn des 17. bis
Mitte des 19. Jahrhunderts als Kunstgewerbe betrieben wurde,
hat auch ein kürzlich in Sachsenhausen gethaner Fund vor
Augen geführt. Nicht allein der Brennofen, in dem wohl un-
unterbrochen seit mehreren Jahrhunderten bis auf unsere Tage
dies Gewerbe ausgeübt worden war, sondern auch zahlreiche

zur Herstellung der künstlerisch geschmückten Öfen verwendete
Kachelformen sind entdeckt worden. („Frankfurter Familien-
blätter" 1876 No. 252 und 253).

Von den Ofen- und Thonwaren-Fabriken in Wiesbaden
sind mir keine Mitteilungen geworden.

In den Thongruben nordöstlich von Friedrichsdorf, Dillinger
Gemarkung, liegt unter grobem Kies ein graulich weisser, teils
reiner bildsamer, teils sandiger Thon; dieselbe Thonschicht
wird bei Seulberg seit alten Zeiten zur Häfnerei gegraben
(Fr. Rolle, Übers. d. geol. Verh. v. Homburg u. Umgegend).

Lehme. Die rohesten Backsteine werden als Russen
oder Feldbrandsteine in grosser Menge aus Lehm hergestellt,
der sich 1) als Au- oder Wiesenlehm, d. i. junger, aus den ab-
geschwemmten Verwitterungsprodukten des Maingebietes be-
stehender Überschwemmungsschlamm im Untermainthal darbietet.
2) als Löss, der die sehr allgemein verbreitete Decke bis hoch
hinauf an den Taunushängen und auf der hohen Strasse darstellt, der aber auch in der Wetterau und speciell im unteren
Niedthal die alten Gerölle und Sande daselbst überlagert.

Beim Löss ist vorzüglich seine Lockerheit, das Durch-
zogensein von feinen Kanälen auffällig. Wo wir übrigens in
jener Gegend keinen Löss finden, ist er zum grossen Teil schon
zu Russen verbraucht worden.

Beim Feldbrand genügt Rotglut zum Garbrennen, wobei
die gebrannten Steine ihre Porosität behalten sollen. In einem
solchen Ofen, der aus höchstens 200.000 Steinen besteht, sind
die in demselben nach aussen liegenden, gebrannten Steine rot,
die im Inneren des Ofens gelegenen hellgelblich. Steigert
man die Temperatur weiter, so dass sie fast zu schmelzen beginnen, so erhält man feste, harte Klinker, welche daher nicht
mehr porös sind und glasigen Bruch haben. Dieser Abfall, den
man hier Schmelzen nennt, wird vorteilhaft zu Fundament-
mauerung und Herstellung von Betten gebraucht. Anderwärts
sollen solche Steine zu Wasser- und Wegbauten dienen.

Die Backsteine aus diesen Lehmen dargestellt, werden
hauptsächlich zum Aufbau der Innenmauern und der verputzten
Façadenmauern verwendet.

Von regelmässigerer Form und gleichmässigerem Brande
sind die ebenfalls von Hand geformten, aber in besonderen

Ofen, sog. Ringöfen, gebrannten Steine. Es sind dies die sog. Ofenbacksteine.

Die grösste derartige Ziegelfabrik wird wohl die Rödelheimer von Ph. Holzmann & Co. sein; ein ähnlicher Ofen ist derjenige der Baubank bei Praunheim. Während das Tausend Feldbacksteine nur 16—20 Mk. kosten. löst man von den Ofenbacksteinen 22—25 Mk.

Es wäre übrigens einseitig, wenn man beim Löss nur von der Russenbrennerei und Ähnlichem spräche und nicht der Fruchtbarkeit desselben, die den Wohlstand seines Gebietes bedingt, gedächte.

Zusammenstellung der mir bekannt gewordenen Analysen von Thonen hiesiger Gegend:

	Geisen-heim	Schlicht	Klingenberg		Hainstadt				Erlen-bruch.
			I. Qual.	II. Qual.	rötlich gelb	grau	grünl. gelb	gelb	
Kieselsäure	62,0	75,40	52,322	51,055	58,13	63,06	70,52	74,58	58,10*
Thonerde	28,0	19,45	31,611	32,001	29,55	26,75	19,76	15,04	14,65
Eisenoxyd	1,1	0,11	3,540	4,216	7,13	4,91	4,96	4,96	2,07
Eisenoxydul								—	3,00
Kalk	0,1	0,08	0,482	0,458			0,49		4,40
Magnesia	0,3	0,25			5,14	5,28	1,11	5,42	3,23
Kali							2,82		2,10
Natron	--						0,31		0,60
Eisenkies							—	--	0,65
Schwefelsäure							—		0,10
Kohlensäure	—						—		5,00
Wasser und org. Substanz	8,5	4,71	11,804	12,137					6,40

Sande. Vorkommen. Was nun die Sande angeht, so sind solche vor allem, meist mit Geröllen und Kiesen gemengt oder wechsellagernd, in den heutigen Flussthälern in bedeutender Entwickelung zu finden. Auch wo sie in höheren, ja in hohem Niveau an den Hängen dieser Thäler liegen, sind es meist junge Flussterrassen, denen man entweder ihre Abstammung aus dem Maingebiet oder aus der Wetterau oder

* Erlenbruch, Kieselsäure unlöslich 23,3. löslich 34,8.

aus dem Taunus durch die Gesteinsbeschaffenheit ihrer Geschiebe
deutlich ansieht.

Im Allgemeinen kann man sagen, je höher sie liegen, je
älter sind sie. In unserem von zahlreichen Senken durchsetzten
Gebiet ist freilich diese Regel nicht ohne Ausnahmen.

Zu den in der jüngsten Tertiärzeit, der Diluvial- und
Alluvialzeit abgesetzten Sanden und Geröllen kommen noch
meist vielfarbige aus der mittleren Tertiärzeit, die sich nach
der oberen Wetterau fortsetzen. In Bezug auf diese vielfarbigen
Sande etc. weise ich auf die Sande und Kiese von Eckenheim und auf diejenige von der Strassengabel Frankfurt-
Vilbel-Offenbach, die man eben wegen ihrer gelben und roten
Färbung vielfach in den hiesigen Gärten sieht, hin. Hierzu
werden allerdings auch die diluvialen Sande von Ginnheim
verwendet. Die jungtertiären Sande und Kiese am Taunusfuss,
wie die ältertertiären von der Strassengabel vor Vilbel und von
Eckenheim fallen besonders dadurch auf, dass sie nur aus
weissen Quarzkieseln des Taunus bestehen, während die
jüngeren, also die diluvialen und alluvialen Sande, eine Beimischung von Buntsandstein einerseits, wenn aus dem Maingebiet stammend, und von Taunusquarzit anderseits, wenn dem
Taunus entführt, erkennen lassen.

Verwendung. Abgesehen von Wegbeschotterung wird
wohl die Herstellung von Mörtel ihre ausgiebigste Verwendung
sein; dann sieht man sie auch zur Grundierung des Cements
verwendet.

In einer schönen Kiesgrube, oberhalb Oberursel, unmittelbar
bei dem Kupferhammer, sondern die Gräber die grösseren und
reinen Quarzgerölle; sie werden in Homburg gestossen und im
Kupferwerk bei Heddernheim, Kalkmühle, zur Reparatur von
Schmelzöfen verwendet.

Den aus der jetzigen Mainrinne gewonnenen, scharfkörnigen,
reinen „Mainsand" dürfen wir nicht vergessen: derselbe ist ein
vorzügliches Material zur Mörtelbereitung; dann verbraucht
man ihn ja auch in grosser Menge zur Pflasterung.

Bei Bremthal kommt ein Gangquarz vor, dessen Gestein
durch Begiessen ganz zu Sand zerfällt; derselbe dient teils zum
Mauern, wozu er sich vorzüglich eignen soll, teils zur Bestreuung
der Wege in Gärten.

Neuerdings sieht man auch in Gärten gepochte Gangquarze aus dem Emser Silberwerk: Härte und Gleichförmigkeit der Stückchen lassen dieses Material recht zweckmässig erscheinen.

Als Formsand für Eisengiessereien scheint ein etwas plastischer, knetbarer, durch thonige Beimengung schlichter Sand erwünscht zu sein. Solcher wird an ein paar Punkten in der Nähe von Geisenheim und Johannisberg gewonnen. Auch nahe Vilbel, etwas unterhalb der schon erwähnten Sandgrube an der Strassengabel, ist seit ein paar Jahren eine Grube offen, aus welcher der Sand als Formsand geeignet sein soll.

Kalksteine. Die Besprechung der Kalkvorkommen werden rasch beendigt sein, obwohl der Kalkstein eine ebenfalls sehr weite Verbreitung in unserer Gegend hat. Sein Wesen, wenigstens soweit technische Verwertung in Frage kommt, ist fast durchaus dasselbe.

Entstehung. Die Kalke sind wohl zum Teil durch Verlust ihres Lösungsmittels, durch Verdunstung der Kohlensäure, aus dem Wasser ausgeschieden worden. Vielfach hat die Lebensthätigkeit von Wasserpflanzen, den sog. Algen, diese Ausscheidung befördert; indem sich dieselben der Kohlensäure im Wasser zu ihrer Ernährung bemächtigten, lagerte sich der nunmehr unlösliche Kalk auf ihrer Oberfläche ab. Hauptsächlich die löcherigen, ruppigen, unansehnlichen Kalksteine sind so entstanden. In dem Kalkschlamm sind nun Schnecken- und Muschelschalen eingebettet, vielfach in solcher Menge, dass das Gestein nur aus solchen zu bestehen scheint. Seltener sind die dichteren, weissen oder bläulich grauen, klingenden Kalke, häufiger jene ruppigen, bräunlichen Algenkalke.

Vorkommen. Kalkbrüche finden wir in grosser Zahl auf dem Landrücken, den man die „Hohe Strasse" nennt, auf dem Plateau, an dessen südwestlichem Fusse Frankfurt liegt. Auf dieser Hochfläche, die sich gegen Vilbel und über Bergen hinaus bis Hochstadt ausdehnt, trifft man mehrere Kalköfen primitivster Art. In geringerer Entwickelung ist der Kalk auf der Südseite des Mains zwischen Oberrad und Louisa.

Westlich der Louisa bricht das Kalkvorkommen plötzlich ab und zeigt sich erst wieder am Fusse des Taunus da und dort, in stärkster Entwickelung zwischen Flörsheim und Hochheim

und dann wieder in der Wiesbadener Gegend. Dass aus
den Flörsheimer Kalklagern, deren Magnesia-Gehalt wir vorhin
erwähnten, zur Römerzeit schon der Kalk gebrochen wurde,
ist aus dem Umstande erkennbar, dass unter Alluvialbildungen
vom Alter des Aulehmes, welche sich in Spalten finden, Bruch-
stücke von Kalk lagen: jene Alluvialbildung reicht nämlich,
wie Funde darin bezeugen, bis in die Zeit zurück, da die Römer
diese Landschaft in Besitz hatten.

Verwendung. Soweit der Kalkstein ziemlich rein ist,
d. h. nur wenige thonige Beimengungen enthält, besteht seine
Verwendung in der Herstellung von gebranntem Kalk zu Mörtel.
Der Kalk von Flörsheim enthält 2—5.5 % kohlensaure Magnesia,
der dichte Kalk der Wiesbadener Gegend enthält wenig Thon
(0,6—4,3 %) und wenig kohlensaure Magnesia (1,0—1,9 %);
anders ist es mit dem plattigen Kalk dortiger Gegend, welcher
mehr Thon (8—12,2 %) und Sand enthält und erfahrungsgemäss
auch die Eigenschaften eines hydraulischen Kalkes besitzt.[*]
Geschätzter scheint der aus dem Muschelkalk Würzburgs her-
gestellte gebrannte Kalk zu sein. Hydraulischer oder Cementkalk
kommt auch aus der Gegend von Aschaffenburg, wo er aus dem
Zechsteindolomit gebrannt wird; dasselbe gilt von demselben, der im Bulauer Wald bei Hanau dann und wann gebrochen
wird. Auch die Lahnkalke, welche vielfach ebenfalls Dolomite
sind, haben hydraulische Eigenschaften. In linsenförmigen Lagen
von nicht beträchtlicher Ausdehnung kommt zwischen Körnel-
gneiss körniger Kalk am Findberg unfern Geilbach und
am Hammelshorn bei Strassenbessenbach vor, welcher auch
zeitweise in Steinbrüchen ausgebeutet wird.

Eine andere Verwendung des Kalksteins besteht in der als
Bruchstein zu Fundamentmauern etc., jetzt wohl ausschliesslich
nur mehr in den Dörfern.

Als noch in Höchst Eisenerze verhüttet wurden, gingen
die Flörsheimer Kalksteine als Zuschlag dahin.

Auch die Lederfabriken verbrauchen nicht unbeträchtliche
Mengen gebrannten Kalkes und zwar zum Enthaaren der Felle,
zum Garmachen; dieselben fliessen schliesslich der Landwirtschaft als Dünger zu.

---

[*] Nassauisches Jahrbuch für Naturkunde Bd. 7 1851 p. 145. Tabellen.

Des dichten Tertiärkalkes von der Curve zur Darstellung des Biebricher Cementes haben wir schon gedacht.

Braunkohle. Wenden wir uns nun den Materialien zu, deren Ursprung frühere Vegetationen sind; es sind dies die Braunkohlen. Ihrem Alter, mehr oder weniger auch ihrer Beschaffenheit nach, kann man dreierlei Braunkohlen in hiesiger Gegend unterscheiden.

Alttertiäre Braunkohle. Die ältesten Braunkohlen sind die Kohlen, die am Südabhang der hohen Strasse, so zwischen Hochstadt und Bischofsheim, dann oberhalb Seckbach, ferner bei Gronau und bei Massenheim gegenüber Vilbel ausgebeutet wurden. Dasselbe geschah bei Bommersheim, bei Diedenbergen und bei Hochheim. An allen diesen Orten wurden sie in zwei Flötzen angetroffen, von welchen das untere das mächtigere und wertvollere ist. Die jüngsten Schächte sind die von Seckbach und von Diedenbergen.

Diese Braunkohle ist nach dem Abtrocknen in ihren guten Qualitäten dicht, muschelig und fast schwarz.

Wie schon angedeutet, stehen alle diese Werke jetzt still.[*] Den längsten Betrieb hatte wohl das Bommersheimer; es wurde schon im Jahre 1816 oder 17 angelegt und war noch vor etwa 30—40 Jahren in ziemlichem Betrieb. Die damaligen Verkehrsmittel brachten eben noch nicht die hochwertigen Steinkohlen in dem Maasse wie heute in Konkurrenz. Obwohl die Bommersheimer Kohle aus Tiefen von 100—120' unter Terrain kam, so war sie damals noch konkurrenzfähig. Es sind ausserdem zwei Umstände, welche die eingeborene Kohlenindustrie erliegen machte; der eine ist die relativ geringe Mächtigkeit der Flötze, welche kaum über 2 m reicht, der andere besteht darin, dass die Gewinnung dieser Kohle an allen den genannten Örtlichkeiten

---

* Solche verlassene Braunkohlenlager liegen noch in der Nähe von Gonzenheim am Anfang nordwestlich von Obererlenbach, wosselbst nach mündlicher Mittheilung die Mächtigkeit des Lagers 6—7' erreicht haben soll. Das höhere Alter der Gonzenheimer und Kahlbacher Braunkohle ergibt sich unter anderem aus einem fossilen Früchtchen, welches Ludwig einem Sanddorn, Hippophaë dispersa, zuschrieb, welches aber in jüngeren Kohlen nicht vorkommt. Das Alter der Braunkohle von Obererlenbach ist nicht sicher. Fr. P. ile, Übersicht der geognostischen Verhältnisse von Homburg vor der Höhe und Umgegend 1866.

bergmännisch durch Schachtbau geschehen muss, ihre Förderung daher zu kostspielig ist und durch Überlagerung von Sanden (Triebsand) besonders schwierig wird.

Ginnheimer Braunkohle. Etwas jünger und zumeist erdig ist die Braunkohle von Ginnheim. Grube Jakob. Dieses Werk versprach einen schwunghafteren Betrieb, steht aber auch seit ein paar Jahren still.

Daselbst liegt die Kohle in etwa 9 m Teufe und hat mit einem kohligen, mulmigen Zwischenmittel eine Mächtigkeit von 1,5—2 m. Getrocknet (bei 100° C.) enthielt sie 71,5% Coaks, 7,5% Gase, 5% Asche und 14% Wasser. Sie fand zum Hausbrand, in höherem Masse aber zur Kesselfeuerung Verwendung. Durch die geringe Mächtigkeit konnte nicht im selben Masse gefördert werden, als der Nachfrage entsprochen hätte. Jenes grusige Zwischenmittel sollte heiss zu Briquets geformt werden.

Wahrscheinlich von demselben Alter und ähnlicher Beschaffenheit liegt Kohle auch in geringer Stärke im Wiesenthal oberhalb Soden; ein Betrieb hat aber hier nicht stattgefunden.

Jungtertiäre Kohle. Anders sind die Verhältnisse bei den jüngsten Kohlen, die auch zumeist mulmig, erdig sind, aber in den obersten Lagen lignitisch oder holzig erscheinen.

Wetterau. Das eine Vorkommen ist das Becken der Wetterau[*] zwischen Ossenheim, Berstadt, Hungen. Auch hier liegt die Kohle nicht oberflächlich, sondern 12—20 und mehr Meter unter Tag: ihre Mächtigkeit beträgt im Mittel etwa 5 m, steigt aber bis 20 m ohne Zwischenmittel. Sie liegt in zwei bis drei durch Zwischenmittel von einander getrennten Etagen übereinander.

Im Betrieb sind noch die Werke von Ossenheim, Dornassenheim, Weckesheim, Wölfersheim, Melbach und weiter nördlich Berstadt. Dass derselbe ein reger ist, sieht man im Herbst an den zahlreichen pyramidenförmig aufgebauten Vorräten auf den diversen Werken. Die Kohlen formt man in backsteinförmige Stücke. Bei Hungen wird der Kohlengrus unter starkem Druck bei circa 70° zu Briquets geformt.

---

[*] Solche Kohle scheint auch schon bei Nied gewonnen worden zu sein.

11

Seligenstadt. Kohle vom selben jungtertiären Alter liegt nahe dem Main etwa ½ Stunde unterhalb Seligenstadt (Grube Amalia von Dr. R. Mitscherlich); sie hat hier eine Mächtigkeit von 6—14 m und zwar ohne Zwischenmittel. Hier wird die Kohle wie in einer Backsteinpresse kalt geformt.

Wahrscheinlich ist, dass im Hanau-Seligenstädter Becken die Braunkohle an vielen Stellen entwickelt ist.

Bezeichnend für das Alter aller dieser Kohlen ist, dass sie sowohl in der Wetterau wie in Steinheim auf Basalt auflagernd gefunden ist, im Gegensatz zur Bockenheim-Ginnheimer Kohle, welche in Bockenheim mehrfach unter dem Basalt angetroffen wurde.

Flötzchen in der Louisa — Flörsheimer Senke. Nur en passant sei erwähnt, dass Flötzchen vom selben Alter wie die Wetterauer und Seligenstädter Kohle beim Ausheben der Baugruben des Klärbeckens und der Höchster und Raunheimer Schleuse aufgedeckt wurden. Waren sie technisch von keiner Bedeutung, so sind sie dagegen durch den Reichtum und die Mannigfaltigkeit der Früchte, die in ihnen lagerten, wissenschaftlich[*] um so bedeutsamer gewesen, und ich freue mich schon im voraus auf die Zeit, da die Grösse des Klärbeckens für Frankfurt nicht mehr ausreicht, und dasselbe daher einer Erweiterung bedarf.

Messeler Kohlenschiefer. Eine eigentümliche, sich in ziemlich dünne Blättchen aufblätternde Braunkohle liegt in der Nähe von Darmstadt bei Messel in einem Kohlenfeld von bedeutender Ausdehnung und Mächtigkeit. Ersteres ist 1 km lang, 0,65 km breit und die Mächtigkeit beträgt etwa 90—120 m. Da sofort an der Grenze des Kohlenfeldes die Kohle von bedeutender Mächtigkeit ist, so liegt sie nicht in einem gewöhnlichen Becken, sondern in einer Grabenversenkung. Die Kohle wird durch Tagebau gewonnen.

Die Messeler Kohle ist übrigens nicht eine gewöhnliche Braunkohle, sondern vielmehr ein mit teerartigen Substanzen, welche wahrscheinlich von der Zersetzung tierischer Organismen

---

[*] Geyler u. Kinkelin, Oberpliocänflora der Baugruben Klärbecken in Niederrad und Schleuse von Höchst. Senckenberg. Abhandlungen Bd. XIV.

stammen, getränkter, also bituminöser Schiefer. Sie enthält einschliesslich des erst bei höherer Temperatur entweichenden Wassers circa 60°/₀ organische Substanz.

Seit ein paar Jahren ist hier Grossbetrieb eingerichtet, um diverse Öle, Photogen, Gasöl, Schmieröl, Paraffin, dann Ammoniak, Schwärze (zum Entfärben des Zuckers) und Leuchtgas herzustellen. Vielleicht interessieren die Notizen, die den Mitteilungen der Darmstädter Centralstelle für Landesstatistik entnommen sind: es betreffen dieselben das Jahr 1884.

In all den zehn Braunkohlenwerken: Messel, Seligenstadt, Melbach, Ossenheim, Dornassenheim, Weckesheim, Wölfersheim, Münster, Büdingen und Trais Horloff wurden im Ganzen 67,724 Tonnen im Wert von 393.706 Mk., wovon 25,564 Tonnen selbst verbraucht wurden, abgebaut. Zum Absatz konnten also 42,160 Tonnen gelangen, welche beim Preis von 7.45 Mk. per Tonne einen Wert von 314.210 Mk. repräsentieren.

Unter den 528 an diesen Werken täglich beschäftigten Arbeitern arbeiteten unter Tag 311 Arbeiter. Zu diesen Zahlen bemerke ich noch, dass die notierte Förderung von circa 68.000 Tonnen heute wohl von Messel allein überschritten wird, und dass, soweit mir bekannt ist, das Messeler Werk 1884 noch im Untersuchungsstadium sich befand.

Vulkanische Gesteine. Innerhalb des Beckens bleiben uns nun noch als technisch verwertete Gesteine die Eruptivgesteine zu erwähnen übrig. Man nennt sie allgemein Basalte, — die Trachyte kommen bekanntlich nur an zwei Orten vor, am Hochberg bei Dietzenbach und unmittelbar bei Dietzenbach selbst —; eine speciellere Bezeichnung für die poröseren, also weniger dichten Basalte der Umgegend von Frankfurt und Hanau ist Anamesit, auch wohl Dolerit.

Basalt. Zahlreich sind die Stellen, wo sie durchgebrochen und sich ausgebreitet haben. Bruchbetrieb kennt man auch an den meisten dieser Orte; jedoch steht er vielfach, so in Eschersheim, bei Bonames und Kahlbach still; am Avestein und an der Louisa ist er auch nicht mehr offen. Ein interessantes Vorkommen wurde bei Gelegenheit der Vertiefung des Mains am Ende des Unterkanals der Niederräder Schleuse entdeckt. Hier durchquert nämlich Basalt den Main in einer Breite von 80—120 m. Eine

11*

solche Flussschwelle geht auch bei Kesselstadt, den Basalt von Wilhelmsbad mit dem von Steinheim zu verbinden, durch den Main.

Der Anamesit ist ein Gemenge von Feldspat, Augit und Magnetit. Jenachdem derselbe mehr oder weniger von letzterem Eisenerz enthält, ist er dunkler oder hellgrau: auch die Dichtigkeit ist je nach den Lagen ungleich. Wie gesagt, an sich nicht so dicht wie der Basalt, der zunächst etwa in Fauerbach bei Friedberg gebrochen wird, ist der Anamesit vielfach sehr porös: eine feste, blasige Varietät ist der sog. Lungenstein, der ein vorzüglicher Baustein ist: von Ruf sind daher die Brüche bei Londorf bei Giessen. — Der Dietesheimer Basalt ist mehr hellgrau: der mit demselben eine zusammenhängende, circa 5 m mächtige Decke darstellende Steinheimer ist bräunlich schwarz.

Verwendung. Eine Hauptverwendung des Basalts ist bekanntlich die zur Pflasterung und zur Beschottung der Chausseen. Für diese Zwecke liefert Steinheim verhältnismässig viele Steine nach Frankfurt, während in Bockenheim (Heil) aus den festen Anamesitbänken Gesimssteine, Unterlager für Fässer u. dergl. hergestellt werden; auch werden die dortigen Steine zum Pflastern von Ställen benützt.

Basalt wird übrigens zur Pflasterung und Chaussierung auch von Nidda in der Wetterau und aus Oberhessen bezogen, dann auch aus der Gegend von Schlüchtern und der von Hadamar. Die hierdurch etwa entstehenden höheren Frachtkosten werden durch die grössere Härte und die hierdurch bedingte längere Haltbarkeit dieser Steine reichlich aufgewogen.

Mit dem Basalt konkurrieren als Pflasterungsmaterial aber noch zahlreiche andere krystallinisch körnige Felsarten, so Melaphyr und Diorit vom Neckar und aus der bayerischen Pfalz, namentlich lassen sich aus dem Kuseler Melaphyr sehr glattflächige Stücke formatisieren, die Kuseler Steine.

Im allgemeinen gilt, dass die Gesteine, welche bei grösserer Härte in bodenfrischem Zustande sich am regelmässigsten ungefähr prismatisch spalten, die geschätztesten sind.

Ein Hauptnachteil der Basalte, besonders der sog. Hartbasalte als Pflastermaterial, besteht in der Glätte der einzelnen Pflastersteine nach kurzem Liegen in der Strassenfahrbahn. Es sollten daher solche Pflastersteine auch nur in horizontaler oder schwach ansteigender Strasse zur Verwendung kommen.

Granite. Zur Pflasterung bezieht man für Frankfurt auch Granite aus dem bayerischen Walde, von der Donau und aus dem Odenwald. Diese haben den eben genannten Basalten gegenüber den Vorzug, dass sie vermöge ihres Gefüges bezüglich ihrer Zusammensetzung nie glatt werden und einer möglichst gleichförmigen Abnützung unterworfen sind. Die Preise der Hartbasalte zu den Granitpflastersteinen verhalten sich etwa wie 3:4; trotzdem werden die letzteren seitens der Techniker ihrer oben erwähnten Eigenschaften wegen den Basalten vorgezogen. Ein abschreckendes Beispiel für die Glätte der aus Basaltsteinen hergestellten Fahrbahnen bietet die Zeil in Frankfurt.

Taunusgesteine. Als Chaussee-Material ist noch der Taunusquarzit, das Gestein, das die höchsten Gipfel des Taunus, wie Winterstein, Feldberg, Altkönig, Hallgarter Zange etc. bildet, zu nennen. Da die Härte und Gleichmässigkeit desselben jedoch manches zu wünschen übrig lässt, so findet er nur bei Strassen minderer Bedeutung und in möglichster Nähe seiner Bruchstelle als Chaussierungsstein Verwendung.

Bei den feuerfesten Thonen besprachen wir kurz das Bad-Nauheimer Werk. Dasselbe bedient sich zur Herstellung verschiedener seiner Artikel, speziell derjenigen, welche den Dinassteinen am nächsten kommen, des Taunusquarzites, dann und wann auch des Quarzes, der in oft breiten Gängen das Gebirg als kompakter Fels durchquert. Während der letztere, der bis zu 99% Kieselsäure enthält, 6—8% aufgeht, findet beim Taunusquarzit, dessen Kieselsäuregehalt 82—86% ist, ein Schwinden von 2—3% stattfindet. Boeing bricht den Taunusquarzit oberhalb Ockstadt, wo er in starken plattigen Lagern gegen das Thal einfällt. Die feuerfesten, von Säuren und Alkalien unangreifbaren, sog. säure- und alkalienfesten Fabrikate, wie sie u. a. besonders für Cellulosefabriken notwendig sind, werden zweimal in der Platinschmelzhitze behandelt und sind daher total gefrittet und auch sehr hart.

Leidliches Baumaterial liefert der Taunus wenig; es ist eigentlich nur der dickplattige, sog. flaserige Sericitgneiss von grünlich grauer Farbe, der z. B. bei Sonnenberg, bei Dotzheim und im Nerothal bei Wiesbaden in grossen Brüchen gewonnen und wegen seiner regelmässigen, gradflächigen, ziemlich glatten Schieferung mit Vorteil zum Hausbau verwendet wird; dann wäre etwa noch der grüne Sericithornblendeschiefer und ein plattiger Quarzit zu nennen.

Sandsteine. Buntsandsteine. Eine hervorragende Stelle unter den Baumaterialien nehmen längst wegen ihrer Wetterbeständigkeit und Festigkeit die roten und weissen, auch wohl geflammten, in dicken Quadern brechenden Sandsteine ein, die aus dem westlichen Spessart und hinteren Odenwald kommen.

Sie gehören dem über dem Leberschiefer, der untersten Schichtlage des Buntsandsteingebirges, liegenden Hauptbuntsandsteine an, sind eben die festeren, härteren, innig gebundenen, untersten Sandsteinbänke desselben, welche auf ihren Schichtflächen vielfach Glimmerblättchen und in der Masse häufig Thongallen von der Art des Leberschiefers zeigen. Sie sind dickbänkig und spalten sich gut ab. Die rote Farbe ist vorherrschend. An manchen Orten wird aber auch Buntsandstein von rein weisser Farbe gebrochen; es sind diese besonders geschätzt, da sie nicht leicht durch Flechtenansatz mit der Zeit unansehnlich werden, wie dies bei anderen Baumaterialien von weisser Farbe der Fall ist.

Der mittlere Buntsandstein ist zumeist feinkörniger und weicher, doch führen die oberen Lagen desselben auch feste Bänke.

Im selben Sinn geschätzte, hellgraue Sandsteine liefert das südliche Rheinhessen und das Alsenzthal.

Wir sehen diese und noch mehr die sog. Buntsandsteine des Mains bei öffentlichen Bauten als Façadensteine, als Gesimse und Sockel, dann an den Brücken-, Quai- und Hafenbauten etc. verwendet.

Nicht ganz unerwähnt dürfen wir die festen Sandsteinbänke aus dem Rotliegenden lassen, die bei Vilbel, Langen etc. gebrochen werden. Dieselben rotliegenden Konglomerate von Dreieichenhain und Offenthal geben Mauersteine; die starkbänkigen tieferen Lagen in den Brüchen von Langen liefern dagegen dauerhaftes Material für Thür- und Fensterbekleidung. für Schwellen und Tröge. Obwohl die rotliegenden Sandsteine als Mauersteine wegen ihrer Dauerhaftigkeit ausgezeichnet sind. so sind sie doch von dem im Korne feineren und schöner gefärbten Buntsandsteine. der ihnen diesbezüglich nicht gleichkommt. völlig verdrängt das Bindemittel des Buntsandsteines ist eben zum Teil thonig. das des rotliegenden Sandsteines kieselig und eisenschüssig. Davon sind freilich die oberen. leicht zu bearbeitenden, mürben Lagen, z. B. bei Langen. mit kalkigem. leicht zersetzbarem Bindemittel auszuschliessen.

Da die rotliegenden Sandsteine teuerfest sind, so werden sie besonders zu Ofengestellsteinen gebraucht. Hierbei kommt es aber darauf an. ob der einer hohen Temperatur ausgesetzte Ofen dauernd in Brand bleibt. Ist dies nicht der Fall. so wird der Stein durch den oftmaligen und bedeutenden Temperaturwechsel locker, erhält Sprünge. die sich mehren. In einem Backstein-Ringofen ist er demnach untauglich.

Als Baumaterial sind noch die hellgrauen Kalke, welche z. B. bei Villmar. Oranienstein. Oberneisen, Hahnstätten und Diez in dicken Bänken. geschichtet oder fast ungeschichtet, in grossen Brüchen anstehen. zu erwähnen: sie sind wesentlich aus einer Anhäufung von Korallen hervorgegangen und vielfach auch dolomitisiert. Des aus ihm hergestellten gebrannten Kalkes haben wir schon gedacht. Als Baustein sehen wir ihn hier z. B. am Centralbahnhofsgebäude. Auch schöne Monumente, Säulen. Treppen etc. werden bei Villmar aus dem Marmor gefertigt.

Schiefer. Der Taunus und noch weit mehr das mit ihm in innigstem Zusammenhang stehende rheinische Schiefergebirge enthalten in verschiedenen Horizonten. wie sich der Geologe ausdrückt, Schiefer. welche als Dachschiefer brauchbar sind.

Diese Gebirge sind gefaltete: die Faltung wird uns erklärlich durch einen in horizontaler Richtung auf die ursprünglich horizontal liegenden Schichten geübten Druck, und dieser ist es nun. durch welchen sich die Bestandteile von thonigen und sandthonigen Gesteinen in zur Richtung des Druckes senkrechten.

also zu einander parallelen Flächen ordnen. So entstand also
die Schieferung.

Unter den Taunusgesteinen sind es rötliche oder rötlich
graue Thonschiefer, die als Dachschiefer abgebaut wurden,
z. B. oberhalb Ehlhalten und in der Homburger Gegend. Bei
tieferem Angriffe könnte sich dieser Schiefer, P h y l l i t genannt,
schon von besserer Qualität herausstellen.*) Reicher an Dachschiefer, auch besseres Material enthaltend, auch von anderer
Farbe, nämlich von blaugrauer, sind die Thonschiefer, die
nördlich dem Taunus anliegen. Zu denselben gehören die Schiefer
des W i s p e r t h a l e s und die K a u p e r s c h i e f e r.

Bei L a n g e n h e c k e (Sektion Eisenbach) sind zahlreiche
Aufschlusspunkte für Dachschiefer, so dass hier schwunghafter
Bau darauf stattfindet. Die Lager sind hier 10—20 m mächtig
und wegen ihrer Zähigkeit und Wetterbeständigkeit geschätzt.
Ausserdem sind Gruben zu Kleinweinbach bei B l e s s e n b a c h,
und zu Mehlbach bei W e i l m ü n s t e r im Betrieb. Der früher
hier nicht gekannte Schablonenschiefer wird jetzt auch auf
diesen Gruben gefertigt.

G l a s s c h m e l z h ü t t e n. Besonders Ortsnamen sind es,
welche darauf hinweisen, dass im Taunus ehedem auch eine
Glasindustrie ansässig war. Ich danke es der Freundlichkeit
der Herren Pfarrer H o r n in Fischbach und Pfarrer S c h a l l e r
in Schlossborn, auch des Herrn Bürgermeister C o r n in Glashütten, hierüber einige interessante Notizen geben zu können.

Hiernach reicht dieser Betrieb bis in den Anfang des
17. Jahrhunderts (1608) und erlosch zu Ende desselben (1680)
einesteils wegen geringen Absatzes wie auch wegen Mangels
an Holz. Diese Daten gelten speziell für den Ort G l a s h ü t t e n,
woselbst westlich von Schlossborn nach Waldkröftel zu unterhalb des heutigen Glashütten sich ehemalige Glasschmelzhütten
noch durch Schlacken und Glasreste verraten. Später, wohl
aus Mangel an Holz, wurden dergleichen Hütten in den Distrikt
Kalbshecke zwischen Schlossborn und den Glaskopf verlegt.

---

*) Bei Homburg hat sich übrigens, nach Mitteilung von Dr. R o l l e,
diese Voraussetzung nicht erfüllt, indem bergeinwärts der Schiefer minder
günstig wurde.

Diese Stelle heisst heute noch „Neu-Glashütte". Hier ist
namentlich feines Krystallglas — das pfund ad ein halb rthlr. —
hergestellt worden. Die eingehendsten Nachrichten enthält das
älteste Kirchenbuch von Glashütten, aus welchem ersichtlich,
dass nicht blos dieses Gewerk an den zwei verschiedenen Orten,
sondern auch nach einander von verschiedenen Personen betrieben
wurde. Der Ort Glashütten ist erst 1684 nach dem Erliegen
der Glasfabrikation gegründet worden.

Mineralwässer.

Lassen Sie uns nun etwas bei den zahlreichen Mineral-
wässern unserer Gegend verweilen. Sie sind fast alle kohlen-
säurehaltig.

Was den Ursprung der Kohlensäure angeht, hat man vor
Jahren, als Völger im Vilbeler Wäldchen den Schacht auf
Steinkohle niederbrachte, die Kohlensäure aus dem Rotliegenden
hervorbrechen sehen. Nachdem der Löss, der meerische Thon
und das marine Kalkkonglomerat im Betrag von 45 m durch-
teuft war, und man also am Rotliegenden angekommen war,
hinderte die reichlich ausströmende Kohlensäure die Arbeiter
am weiteren und tieferen Ausschachten. Welches der wirkliche
Ursprung der Kohlensäure, also der Ort ihrer Entstehung ist,
kann mit Bestimmtheit nicht gesagt werden; das Rotliegende
wird es kaum sein; ebenso wenig wissen wir auch, aus welchen
Schichten die salinischen, an Salz mehr oder weniger reichen
Quellen am Taunusrand – von Nauheim, Oberrosbach, Köppern,
Homburg vor der Höhe, Cronthal, Neuenhain, Altenhain, Soden,
Wiesbaden, Niederich — stammen.

Die mehrfach hohe Temperatur dieser Quellen deutet auf
einen tiefen Ursprung, das Vorkommen von Eruptivgesteinen
in der Nähe des Quellenausflusses lässt weiter schliessen, dass
sie wohl auf demselben Wege, auf Spalten, emporsteigen, auf
welchen das Hervorquellen des schmelzflüssigen Magma's s. Z.
stattfand. Das Zusammentreffen dieser Orte mit dem urplötz-
lichen Abbrechen der alten Gesteine, aus welchen das Gebirg
sich aufbaut, macht weiter wahrscheinlich, dass beide Vorkommen
in Beziehung stehen mit der Verwerfung an der Südseite des
Gebirges — d. h. mit der an diesem Rand erfolgten Senkung,
welche zur Bildung der dem Gebirgsrand folgenden Thal- oder

Becken-Landschaft führte — und dass daher Salz wie Kohlensäure wohl aus den alten Schichten des Gebirges stammen.

Zweifellos klar gelegt sind nun zwar diese Verhältnisse
nicht; aber es sind doch Thatsachen konstatiert, z. B. bei den
Wiesbadener Thermen, welche nach Analogie mit diesen Vor-
stellungen in Beziehung zu bringen sind. Es sind nämlich
unter den Diluvialgeröllen, welche den Taunusgneiss hier über-
lagern, Basaltvorkommnisse aufgefunden worden; dieselben liegen
in einer Linie, welche mit derjenigen des Thermalquellenzuges
ein gleiches Streichen hat, also parallel läuft, aber auch dem
Streichen des Gebirges selbst, NO.-SW, entspricht. Auch die
anderen Basaltvorkommen im Taunus scheinen in dieser Richtung
zu liegen, während die Quarzgänge dazu senkrecht stehen, also
das Gebirg quer durchsetzen. Die Fassung in Wiesbaden reicht nun
eben nicht bis auf den Fels. Erst bei so tiefgehender Fassung
würde es sich herausstellen, ob die Thermen mit dem Basaltgange,
dessen Richtung jene oben erwähnten Basaltvorkommen geben,
in Beziehung stehen? Die Fassung geschah nämlich auf dem
von dem Thermensinter verkitteten Schotter, welch' ersterer,
aus kohlensaurem Kalk, Magnesia und Eisenhydroxyd bestehend,
eben durch Verdunstung der Kohlensäure des Thermalwassers
innerhalb des lockeren Schotters zum Absatz kam.

Die Homburger Mineralquellen entspringen längs einer
Linie, die von Nordwest nach Südost zieht und in Beziehung
zu der in der Gebirgseinsattelung an der Saalburg sich darstellenden Gebirgsstörung steht, da jene Linie in ihrer nordwestlichen Verlängerung diese Einsattelung trifft; es ist also
eine das Gebirg quer durchziehende und nicht eine am Gebirgsrand entlang ziehende Linie, in welcher jene Quellen entspringen.
Für eine andere Vorstellung über den Verlauf der Quellen,
statt auf Querklüften auf Schichtflächen des Phyllites, sprechen
die Beobachtungen, die man beim Kaiserbrunnen gemacht hat,
dessen Quellader aus einer quarzigen Lage des Schiefers erhalten
wurde. (Rolle, Übersicht etc. p. 26.)

Für den einen und anderen Fall möchte wohl auch die
Vermutung eine gewisse Berechtigung zu haben scheinen, dass
das Salz aus den jüngeren (tertiären), aus dem Meere abge-
lagerten Schichten komme. Dagegen ist aber einzuwenden, dass
das Liegende der jungen meerischen Ablagerungen im Becken

schon mehrmals erreicht ist. z. B. bei Offenbach in ca. 100 m
Teufe; eine andere Stelle besprachen wir kurz vorhin. ich meine
die bei Vilbel. Noch nie aber. weder in den tiefsten noch in
höheren Teufen. ist ein Salzlager angetroffen worden, obwohl
dasselbe. wenn es existiert hätte. durch die darüberliegenden
Wasser nicht durchlassenden Schichten wohl konserviert worden
wäre. welche also eine Aussüssung desselben wohl hätten hindern können.

Anders bei den alten Schichten. aus welchen Taunus und
rheinisches Schiefergebirg bestehen, davon kennen wir — auch
bei beträchtlichem Tiefgang z. B. beim Bergbau — doch immer
nur die oberen. während der ungezählten Jahrtausende durch
die atmosphärischen Wasser in Folge der Zerklüftung schon
völlig ausgesüssten Falten. Sie reichen wohl in Tiefen, in
welche die atmosphärischen Wasser vordringen. jedoch ohne
noch den Inhalt an löslichen Salzen entführt zu haben.

Analysen vom Kochbrunnen in Wiesbaden. Von
grossem Interesse sind in dieser Beziehung zwei von Geheimrat
Fresenius vorgenommene Untersuchungen des Wiesbadener
Kochbrunnens. nämlich die Analyse desselben im Jahre 1849
und die wiederholte Analyse desselben im Jahre 1885 (Jahrbücher des Nass. Ver. f. Naturk. 1886 p. 1).

Allein die Frage. ob sich innerhalb dieser 36 Jahre in
den Verhältnissen der Quelle. also in Bezug auf Art. Menge
und Verhältnis der Bestandteile. eine Veränderung eingestellt
habe, war die Veranlassung zur Wiederholung der mühsamen
Analyse.

Das Resultat dieser umfangreichen Arbeit (p. 18) war.
dass die Menge der Hauptbestandteile des Kochbrunnens. die
Chlor- und Schwefelsäure-Verbindungen sich in 36 Jahren
nicht oder wenigstens so gut wie nicht verändert haben: die
Kalk- und Magnesia-Karbonate haben eine geringe. aber un-
verkennbare Abnahme. die Menge der Kieselsäure. des Eisen-
und Manganoxyduls eine geringe Zunahme erfahren.

Hieran knüpft Fresenius folgende Betrachtung: „Die
Schlussfolgerungen lassen auf ungemein grossartige Entstehungs-
verhältnisse des Kochbrunnens schliessen und bieten die

beruhigende Zuversicht, dass das Wasser desselben ein in seiner
Zusammensetzung sich kaum irgend veränderndes Heilmittel ist
und sicher auch während langer Zeiträume bleiben wird."

Und doch konstatiert Fresenius, dass allein der Kochbrunnen jährlich mehr als 3 Millionen Pfund fester Bestandteile
liefert. Wie viel mehr schafft der Nauheimer Sprudel*) an die
Oberfläche. Es ist also ein Resultat, welches von praktischer
Seite nicht interessanter ist, als von wissenschaftlicher. Wir
dürfen es schon aussprechen, dass, da solche Mengen jährlich
nun schon seit Jahrtausenden wohl dem Erdinnern entfliessen,
dieselben aus tiefliegenden Schichten, vielleicht aus Salz-
ablagerungen, stammen, welche die herabsinkenden und wieder
aufsteigenden Wasser mit Salzen versehen.

Ein näheres Eingehen auf die Zusammensetzung und
hygienische Bedeutung der diversen Quellen würde weit über
das hier gesteckte Ziel hinausgehen; ich möchte nur noch im
Anschluss an obige Mitteilungen der ausserordentlich verdienst-
vollen Untersuchungen, welche fast ausschliesslich von Geheimrat Fresenius ausgeführt und in den Nassauischen Jahrbüchern
publiziert sind, gedenken: sie dehnen sich über die wichtigsten
Mineralwasser im ehemaligen Herzogtum Nassau aus.

Schwefelquellen. Was die Grindbrunnen oder Faul-
brunnen hiesiger Gegend anlangt, konnte ich den Nachweis
liefern,**) dass sie allein aus Lettenschichten hervorbrechen, wie
sie den Boden Frankfurts bis 100 und mehr Meter Tiefe bilden —
so an mehreren Punkten in Frankfurt, bei Nied, bei Höchst, bei
Flörsheim und Bad Weilbach, bei Homburg und Soden, an
welch' letzteren Orten sie sich da und dort den aus grosser
Tiefe kommenden salinischen Säuerlingen beimischen.

Erzvorkommen. Wenden wir uns nun noch zum Schluss
zu den Erzvorkommen im Taunus, die in solcher Quantität sich
darbieten, dass eine bergmännische Gewinnung sich lohnt oder
zu lohnen scheint.

---

*) Der grosse Nauheimer Sprudel ist in 177 m erbohrt, der Sodener
in 701' = circa 210 m; letzterer steht mehr als 200 m im Taunusschiefer.
** Grindbrunnen hiesiger Gegend, Vortrag im Verein für Beförderung
des Verkehrslebens in Frankfurt a. M. 1886.

Eisen- und Mangan-Erze. Eben wegen des vielfachen Vorkommens am Südabhange, am Nordabhange und auch im Gebirge selbst müssen wir in erster Linie die Eisenerze und die zum Teile sie begleitenden Manganerze nennen. Ihr Vorkommen scheint sich ganz und gar an dasjenige von Kalk und Dolomit zu knüpfen. Es sind dies Kalke und Dolomite, die jedenfalls ein hohes Alter haben und nach ihrer krystallinen Beschaffenheit zu urteilen, die Faltung, überhaupt die Gebirgsbewegung mit den anderen Taunusgesteinsarten mitgemacht haben.

Der Umstand, dass das Liegende der Eisen- und Manganlager vielfach in diskordanter Lagerung Kalke und Dolomite sind, gibt uns wohl eine Andeutung, wie wir uns die Bildung der Erzlagerstätten hier zu erklären haben. Der Kalk scheint als Fällungsmittel für die den alten, verwitternden Taunusgesteinen entquellenden, eisen- und manganhaltigen Wassern gedient zu haben. Die Niederschläge dieses Fällungsprozesses, das Eisenhydroxyd und das Mangansuperoxyd in Form von Psilomelan lagerten sich dann in den die Kalke überlagernden, jungtertiären Thonen ab. Speziell scheint das Manganerz an Dolomit sich zu knüpfen, wo also reichlicher Manganerze vorkommen, ist der Kalk dolomitisiert.

So mag es bei Köppern und bei Oberrosbach geschehen sein, woselbst die Eisenerze bis 12—19 % Mangan enthalten. Die beiden Braunstein-Bergwerke Giessen und Oberrosbach förderten (nach der oben angeführten Quelle) im Jahre 1884 25,251 Tons Erz. Dieselben liegen unter Thon- und Sandlager in bis 20 m reichender Teufe; ihre Mächtigkeit ist wechselnd, da sie der unebenen Oberfläche des Dolomites folgen. Die Manganerze — harter Braunstein — welche bei Oberrosbach 1—2 m mächtig sind, bilden auch bei Köppern die tiefsten Erzmittel, liegen daher unmittelbar auf dem in seinen obersten Lagen sandigen Dolomit.

Weiter westlich sind u. a. unter dem Lorsbacher Kopf und im Wald bei Wildsachsen Eisenerze und Kalke in nächster Nachbarschaft bekannt. Die alten Schürfe in dieser Gegend mögen wohl aus der Zeit stammen, da noch Waldschmieden im Gebirge bestanden, die selbst ihr Erz gruben, schmolzen und schmiedeten.

174

In diskordanter Lagerung kommen ähnliche Eisen- und
Manganerze auch auf der Nordseite*) des Taunus vor. Bemerkenswert ist, dass auch hier die Manganerze reicher und mächtiger
auftreten, wo die Dolomitisierung des Kalkes am weitesten
vorgeschritten und derselbe stark zerklüftet ist. Wo dagegen
Kalk oder Dolomit in grossen Massen nahezu unzerklüftet anstehen, fehlen Eisen- wie Manganerze gänzlich. Die Erzlager
Brauneisen und Braunstein –– liegen entweder unmittelbar
auf Kalk, oder es folgt unter den Erzlagern erst eine dünne
Thonschicht. Das Lager besteht oft nur aus in den Thon eingebetteten Erznestern; oft ist es aber auch ein ziemlich ge-
schlossenes. Das Hängende ist wieder Thon, dem aber Kies
und Sandschichten eingelagert sind.

Den Eisenreichtum Nassau's machen übrigens nicht
die eben geschilderten Eisenlager aus, sondern die im alten
Gestein lagerartig oder gangartig eingeschlossenen R o t -
e i s e n e r z e.

T a u n u s h ü t t e. Solche kalkige Lahnerze –– Roteisenstein
mit Devonkalk –– brachte ein am östlichen Ende von Höchst
gelegener, kleiner Hochofen, Taunushütte, aus, welcher, Mitte der
fünfziger Jahre gebaut, namentlich Holzkohleneisen erzeugte.
Etwa die Hälfte der dort verhütteten Erze waren die kiesel-
reichen, mangan- aber auch phosphorhaltigen, ca. 50procentigen
B r a u n e i s e n e r z e von W i l d s a c h s e n und aus dem K ö n i g-
s t e i n e r R e v i e r; denselben wurde ausser den Lahnerzen noch
S p h a e r o s i d e r i t von U r b e r a c h, ein leicht schmelzbares,
recht reichhaltiges Erz, beigemengt. Als Zuschlag diente der
Kalkstein von Flörsheim. Durch die Einführung der Coaks
in den Hochofenbetrieb war die Taunushütte genötigt, auszu-
blasen, um ebenfalls zum Coaksbetrieb überzugehen; ungünstige
Konjunkturen, besonders Kriegszeit, verzögerten letzteres bis
1867. Von nun an war das Fabrikat Coaks-Spiegeleisen, das
guten Absatz, z. B. auch nach Wien resp. Steyermark, fand.
Das Manganerz hiefür wurde aus der Gegend von Giessen
bezogen.

*) E. K a y s e r, Erläuterungen zu Blatt Eisenbach, Kettenbach und
Limburg a. d. Lahn.

In der Taunushütte wurden nur Masseln hergestellt. während in der Rheinhütte bei Biebrich mit dem Hochofenbetrieb auch Eisengiesserei verbunden war.

Die schliessliche Einstellung des Betriebes in Höchst geschah infolge des durch Bosheit eines Arbeiters bewirkten Krepierens des Ofens.

Eine vollständigere Vorstellung geben von dem am Südrand des Taunus früher betriebenen Erzbergbau einerseits und von den Erzmitteln, auf welche in der Folge ein solcher basieren würde, anderseits, folgende Daten:

Brauneisensteine. Es war eine grosse Zahl alter, schon oben berührter Halden*), welche in den Jahren 1842—65 einige grössere Bergwerksvereinigungen anregten, in den früheren Bergrevieren Wildsachsen, Hofheim, Königstein, Idstein, Hesslooh, Frauenstein und Eltville 180 Mutungen auf Brauneisensteine zu nehmen. Der Gesamtumfang des beliehenen Zecheneigentums war 2 Mill. Quadrat-Lachter.

Die Haupteigner**) waren:

die Taunushütte Höchst . mit 22 Gruben,
die Rheinhütte Biebrich . . . . . „ 12 „
Jakobi, Haniel & Huyssen in Mühlheim „ 55 „
Dazu kommen:
Singaert & Staudt in Aachen . . 10
Gesellschaft Adelaide in Düsseldorf 7 _
Nassauischer Fiscus . „ 10 _ und
Kleinere Besitzer . . . . . 64 „

Im folgenden geben wir über die Zahl der Quadratlachter, welche in den einzelnen Bergrevieren und Gruben aufgeschlossen, und die Zahl derselben, welche davon abgebaut worden sind, endlich über die bis 1861 geförderten Erze, eine übersichtliche Zusammenstellung.

---

*) Die alten vorgefundenen Bergbaue erstreckten sich nur auf eine Teufe von höchstens 10 Lachter und gestatteten, da nur die letzten Erzmittel herausgenommen waren, einen nachträglichen, reinen Abbau.

**) Die Taunushütte besass 4 Gruben im Wildsachser-Revier und 18 im Königsteiner; die Gruben der Rheinhüttengesellschaft waren alle im Wildsachser-Revier; Jakobi, Haniel & Huyssen hatten 36 Gruben im Wildsachser, 14 im Königsteiner und 5 im Hofheimer Revier.

Brauneisenstein	Aufgeschlossene Lagerstellen	Abgebaute Lagerstellen	Zahl der Schächte	Förderung bis 1861 in Ctr.
Wildsachser Revier	30,000 ☐ Lachter	5000 ☐ Lachter	—	705.000
Bedeutendste Grube				
Consol. Langenstück	6000 „	1500 „		
Hofheimer Revier				20.000
Bedeutendste Grube				
Kapellenberg . .	4000 „	200 „	3	—
Königsteiner Revier				. 187.000
Grube Hahn bei				
Kelkheim .	1500 „	1500 „	6	
Grube Sänger bei				
Kelkheim	600	200 „	5	
Übrige Gruben bei				
Kelkheim, Hornau,				
Neuenhain u. Mam-				
melshain . . . ca.	7000	ca. 1400	20	
Eltviller Revier				
⟨Mapper Zug⟩ . .	300	50 „	10	120
Idsteiner, Hesslocher				
und Frauensteiner				
Reviere	Kleine belanglose Baue		. .	2000

ca. Mk. 300.000 = 914.120 Ctr.

Thoneisenstein
⟨Sphaerosiderit⟩ in
den Ämtern Eltville
u. Hofheim . 25.000 ☐ L. 1800 ☐ L. ca. Mk. 85.000 = 190.000 Ctr.

Die Verhüttung der Erze geschah von der Rheinhütten-Gesellschaft, von Jakobi, Haniel & Huyssen und von der Taunushütten-Gesellschaft auf der Rheinhütte bei Biebrich und der Taunushütte bei Höchst. Von den drei Gesellschaften wurden zur Verhüttung alle übrigen geförderten Brauneisensteine angekauft. Der Thoneisenstein wurde dagegen von Jakobi. Haniel & Huyssen an die Werke an der Ruhr also in's Ausland -- abgeführt.

Wie schon bemerkt, waren es ungünstige Eisenkonjunkturen, welche es Jakobi, Haniel & Huyssen nicht mehr erlaubten. die Gruben des Reviers, deren Erze weitere Achsentransporte erheischten. weiter auszubauen, und welche auch die Rheinhütte veranlassten. ihren Betrieb einzustellen. Damit hörte dann der Bergbau auf, dessen Blüte in die Jahre 1854 –60 fällt.

In den verschiedenen Revieren waren nach obigem mehr als 50,000 Quadrat-Lachter Lagerstellen in Brauneisenstein aufgeschlossen, im Wildsachser Revier allein 30,000. Hiervon wurden nur ungefähr 10,000 Quadrat-Lachter mit 911,000 Ztr. Erz abgebaut, im Wildsachser Revier, das vor allen Jakobi, Haniel & Huyssen, dann die Rheinhütten- und die Taunushütten-Gesellschaft ausbeuteten, wurden jedoch nur 5000 Quadrat-Lachter, also etwa nur der sechste Teil, mit mehr als 700,000 Ztr. Erz gefördert. Neben dem Brauneisenstein ist in den Ämtern Hofheim und Eltville auch Thoneisenstein, Sphaerosiderit, reichlich gefördert worden. Von diesem Erz sind nicht ganz 5000 Quadrat-Lachter abgebaut, während die aufgeschlossenen Lagerstellen 25,000 Quadrat-Lachter betragen.

Nach gefälliger Mitteilung des Herrn Justizrat Dr. Stamm in Wiesbaden wurde bei Königstein mehrfach guter Roteisenstein gefunden, der sich jedoch bald auskeilte.

Die noch vorhandenen bedeutenden Aufschlüsse möchten daher wohl zur Ansicht berechtigen, dass in diesen Revieren mit der Zeit wohl wieder lohnender Bergbau auf Eisenstein betrieben werden dürfte.

Bezüglich der Brauneisensteine bei Kelkheim und Fischbach hält Herr Justizrat Dr. Stamm dafür, dass sie nicht geeignet sind, den Hüttenbetrieb zu fundieren, da die Erzlager 3—10 m tief liegend 0.5—2 m mächtig und wellenförmig verlaufend sich in 4—10 Jahren erschöpfen müssten.

Braunsteingrube bei Geisenheim. Bedeutende Manganerzgruben waren und sind noch im westlichen Taunus in der Gegend von Geisenheim im Betrieb; ihr Vorkommen ist auf Grube Schlossberg in zwei Lagern, von welchen nach Mitteilung von Herrn A. Reuss in Geisenheim das obere mehr dicht „unedel" ist, das untere krystalline „edel" bis 90 % Psilomelan enthält. Das Liegende ist jedoch hier nicht Kalk, sondern Quarzit. Auch auf der Rentmauer und am Spitzenberg, oberhalb Ehlhalten, liegt bauwürdiger, manganhaltiger Brauneisenstein unmittelbar auf Quarzit, geht aber unmittelbar zu Tage aus, ist also nicht überlagert.

Bleierze. Seit kurzem ist nun wieder der Abbau der Bleierzgruben am Winterstein und bei Cransberg, welches

12

Vorkommen schon den Römern[*] bekannt gewesen zu sein scheint.
aufgenommen worden. Die lagerhaften Gänge durchsetzen die
grauen Thonschiefer und zwar in westlicher Richtung. Das
Erz, Bleiglanz, enthält circa $\frac{1}{4}\%$ Silber und liegt, Adern
bildend, in grauem Letten aus zersetztem Schiefer und krystal-
linem Quarz.[**] Alte Pingen von Bleierzbergwerken von Faulen-
berg lassen auch auf einen in früherer Zeit stattgehabten
grösseren Abbau schliessen. Vielleicht werden auch die alten,
vor Jahrhunderten bereits schon im Betrieb gewesenen Blei-
und Silber-Gruben der Gemarkung Langhecke wieder in Bau
genommen und mit den Hilfsmitteln der neueren Technik ren-
tabel gemacht.

Im Taunusschiefer (besonders Hornblende-Sericitschiefer)
trifft man da und dort Spuren von Kupfererzen. Unterhalb
Königstein soll wirklich ein nicht unbedeutender Bergbau auf
Trümmern von Sericitschiefer stattgefunden haben.[***]

Phosphorit. Nach Genesis und Lagerung erinnert ein
Mineral, das für den Landwirt von grosser Bedeutung ist, sehr an
die oben beschriebenen Eisen-Manganerze; es ist der Phosphorit oder phosphorsaure Kalk, ein dichtes, derbes, aber auch
erdiges Mineral, das an manchen Lokalitäten, z. B. bei Staffel,
nahe Limburg an der Lahn, durchscheinend, spargelgrün mit
nieriger oder traubiger Oberfläche, jenen dichten Phosphorit
überzieht. Gewöhnlich ist das Lager ein altes, dem eruptiven
Diabas entstammendes Tuffgestein, der sog. Schalstein; dasselbe
ist aber auch Devonkalk; das Hängende des Phosphoritlagers
ist ein Thon, der sich als zersetzter Schalstein ausweist.

Nach den Studien Petersen's ist die Phosphorsäure aus
dem an solcher reichen Schalstein ausgelaugt und unter dem
so zersetzten Schalstein abgelagert. Nebenbei sei bemerkt, dass
Petersen es auch sehr wahrscheinlich macht, dass die Phosphorsäure des Schalsteines aus dem Diabas herrührt.

Der Betrieb auf dieses Mineral datiert nur etwa von der
Mitte der sechziger Jahre, und doch sind die Lager von Staffel,

---

[*] Annalen des Tacitus, Buch XI., Kap. 20.
[**] Ritter, Zur Geognosie des Taunus. Senck. Ber. 1887. p. 115.
[***] C. Koch, Erläuterung zu Blatt Königstein, p. 38.

die zwischen 0,6 und 6 m geschwankt haben, schon ziemlich
erschöpft. Die Gemarkungen Elkerhausen, Weinbach, Essers-
hausen, Cubach, Ernsthausen, Seelbach und Arfurt bergen den
Phosphorit jedoch noch in bedeutender Menge und Güte.

Was durch den Ausbau der Phosphoritlager der Landwirtschaft schon entgangen ist und noch entgehen wird, liefert
seit einigen Jahren die Eisenindustrie, welche nun durch den
Thomas'schen Prozess, d. h. durch Verwendung kalkreicher
Zuschläge phosphorsäurehaltiges Eisenerz in grösstem Massstab
verarbeitet und in der Thomasschlacke der Ackererde den
Phosphor der ehedem fast unbrauchbaren Raseneisensteine,
überhaupt phosphorhaltigen Eisenerze wieder zuführt. Auf
die auf Lahn- und Dillerze basierten Hochöfen von Giessen,
Lollar und Wetzlar hier einzugehen, ist nicht der Platz. Es
sei zum Schluss nur vergönnt, auf ein grossartiges Unternehmen
bei Nassau hinzuweisen, das von F. Siemens nach seinem neuen
Patent die direkte Darstellung des Stahles aus Erz als
ersten Zweck betreiben soll.

Das im obigen Mitgeteilte danke ich vielfach der liebens-
würdigen Unterstützung, die mir fast allenthalben, wohin ich
mich wandte, in der zuvorkommendsten Weise zu Teil wurde.
Ich spreche für diese mir gewordenen Mitteilungen den Herren:
Ingenieur Ahrens auf der Gehspitze, Fabrikdirektor Bettel-
häuser in Mosbach, Bürgermeister Bied in Höchst, Fabrik-
besitzer J. O. Boeing in Bad Nauheim, Dr. Oskar Boettger
hier, Bergingenieur Bomnüter in Bornheim, Bürgermeister
Corn in Glashütten, Stadtbauinspektor Denhardt hier,
Steingutfabrikant W. Dienst in Flörsheim, Ingenieur Ehrenhardt auf der Gehspitze, Stadtbauinspektor Feineis hier,
Kreisphysikus Dr. Grandhomme in Höchst, Oberingenieur
F. Gutmann hier, Steinbruchbesitzer Heil sen. in Bockenheim,
Ph. Holzmann, Chef des Baugeschäftes Ph. Holzmann & Co.
hier, Pfarrer Anton Horn in Fischbach, Bürgermeister Jäger
in Flörsheim, Thonwarenfabrikant M. Knoblauch in Fechenmühle, Ofenfabrikant C. L. Kreutzer hier, Dr. Th. Petersen
hier, Baron von Reinach hier, Grubenbesitzer A. Reuss in

12*

180

Geisenheim, Civilingenieur Riegelmann in Hanau. Prof.
Dr. Riese hier, Thonwarenfabrikant W. Ritzel in Bierstadt.
Fürstl. Fabrikdirektor Max Rössler in Schlierbach bei
Wächtersbach, Thonwarenfabrikant Sachs in Münster am
Taunus, Pfarrer Schaller in Schlossborn, Thonwarenfabrikant
Otto Schultze in Obermörlen, Bürgermeister Siegfried in
Hochheim, Justizrat Dr. Stamm in Wiesbaden, Banquier Cäsar
Straus hier, Dr. J. Moritz Wolff hier, Ofenfabrikant Georg
Wurm hier, meinen besten Dank aus.

Dr. Max Schmidt,

Direktor des Zoologischen Gartens in Berlin.

gestorben am 4. Februar 1888.

Nachruf

von **Dr. med. Otto Koerner.**

Am 4. Februar 1888 wurde der Direktor des Berliner Zoologischen Gartens, Dr. Max Schmidt, durch einen unvermutet im besten Mannesalter eingetretenen Tod aus seinem arbeitsvollen Leben abberufen.

Schmidt wurde am 19. October 1834 in Sachsenhausen geboren. Nachdem er von 1843—1849 das Frankfurter Gymnasium besucht hatte, entschloss er sich, das Handwerk seines Vaters, eines Schmiedemeisters, zu erlernen. Letzterer gab nur widerstrebend nach und nahm den Sohn in seine Werkstatt auf. Schmidt machte nun eine strenge zweijährige Lehrzeit durch und arbeitete dann noch ein Jahr als Geselle bei seinem Vater. Seine freien Stunden verwendete er zu seiner weiteren Ausbildung, namentlich in Sprachen und im Zeichnen.

Im Herbst 1852 begab er sich auf die Wanderschaft. Er ging zunächst nach Stuttgart und arbeitete daselbst in der Hofschmiede. Nach wenigen Wochen begann er an einem Kursus der Tierheilkunde an der dortigen Tierarzneischule teilzunehmen, zunächst um sich in der Theorie des Hufbeschlags auszubilden. Bald aber gewann er so lebhaftes Interesse an der Tierheilkunde überhaupt, dass er im Herbst 1853 zur Freude seines Vaters das Handwerk aufgab, um sich dem Studium dieser Wissenschaft zu widmen. Nach Absolvierung des Kursus der Stuttgarter Tierarzneischule und nachdem er die Schlussprüfung mit Auszeichnung bestanden, setzte er seine Studien in Berlin fort. Am 27. August 1855 wurde er in Giessen zum Doctor medicinae veterinariae promoviert. Zu seiner weiteren Ausbildung ging er noch drei Monate nach Wien und liess sich nach bestandenem Staatsexamen am 22. Mai 1856 in Frankfurt a. M. als Tierarzt nieder.

Hier widmete er sich zunächst der Praxis. In der freien Zeit arbeitete er bei Lucae im Senckenbergischen anatomischen Institut. Von seinen daselbst gefertigten vergleichend-anatomischen Präparaten war eine Reihe von Darstellungen des Nervensystems der Katze lange Zeit eine Zierde der Sammlung. Unter Lucae's Einfluss entstand auch Schmidt's Erstlingsarbeit, ein Bilderwerk, die Skelete der Hausvögel darstellend, welche er selbst in natürlicher Grösse auf den Stein gezeichnet hatte. Die 15 Tafeln in Gross-Folio (wovon 7 Doppeltafeln) sind mit bewundernswerter Genauigkeit und künstlerischer Feinheit ausgeführt. Das Werk sollte ursprünglich der Anfang einer vollständigen Anatomie der Hausvögel sein. Schmidt fand jedoch später die Muse nicht mehr, eine so zeitraubende Arbeit fortzusetzen. Vollendet wurde „das Skelet der Hausvögel" 1859, veröffentlicht (bei Sauerländer) aber erst 1867.

In jener Zeit trat Schmidt auch in Beziehung zur Senckenbergischen naturforschenden Gesellschaft, zu deren wirklichem Mitgliede er am 21. Februar 1857 gewählt wurde.

Ende 1857 ging Schmidt mit dem Gedanken um, in Frankfurt ein Tierhospital zu gründen. Bereits war ein zu diesem Zwecke geeignetes Haus angekauft, als im August 1858 der hiesige Zoologische Garten eröffnet wurde und Schmidt die Stelle des Tierarztes an dem neuen Institute erhielt. Sein Wirken in dieser Stellung führte dazu, dass ihm im Februar 1859 die Direktorstelle angeboten wurde. Er übernahm dieselbe im September des gleichen Jahres, nachdem er im Frühling und Sommer die berühmtesten Tiergärten in Holland, Belgien, Frankreich und England eingehend kennen gelernt hatte. Von besonderem Wert für ihn war ein dreimonatlicher Aufenthalt bei dem Direktor Vekemans in Antwerpen, dessen reiche Erfahrung in Tierhaltung und Tierzucht ihm bei dem zwischen beiden Männern bestehenden guten Einvernehmen, welches bald zu einer dauernden Freundschaft führte, im vollsten Maasse zu Gute kam. Die noch vorhandenen Briefe, welche Schmidt von der Reise an seinen Verwaltungsrat sandte, zeugen von dem Fleisse und der scharfen Beobachtungsgabe des Schreibers.

Schmidt hatte nun eine Stellung, die ganz seinen Wünschen und Neigungen entsprach und seinen regen, vielseitigen Schaffensdrang befriedigte. Mit trefflicher Beobachtungsgabe

verband er die Fähigkeit. seine Erfahrungen sogleich praktisch
zu verwerten und seinem Institute nutzbar zu machen. Überhaupt war er eine praktisch beanlagte Natur und nicht minder
als durch seine wissenschaftlichen Kenntnisse durch sein Verständnis für alle technischen Dinge, seine Energie und stattliche
Persönlichkeit ganz geschaffen dazu. eine solche Stellung aus-
zufüllen und ihr eine Bedeutung zu verleihen, welche dem
später verlegten und erweiterten Institut bald den weitver-
breiteten Ruf einer ebenso vortrefflich eingerichteten als ge-
leiteten Anstalt einbrachte.

In die Zeit des Antritts der Stelle als Direktor des
Zoologischen Gartens fällt auch der Abschluss seiner durch den
Tod der Frau im Jahre 1883 getrennten Ehe. welche mit drei
Töchtern gesegnet war und ihm ein glückliches und harmonisches
Familienleben gewährte.

Bei fast unverwüstlicher Gesundheit kannte er keine
andere Erholung als die Stunden. die er seiner Familie widmete;
seine übrige Zeit war von Geschäften und Studien ausgefüllt.
Er war der Erste und Letzte im Garten: aus seinen Hand-
werkerjahren hatte er das Frühaufstehen beibehalten; seinen
ersten Rundgang im Garten machte er zwischen 5 und 6 Uhr
morgens, im Sommer oft noch früher. Dann befasste er sich
einige Stunden mit seinen wissenschaftlichen Arbeiten, um erst
hierauf im Kreise seiner Familie zu frühstücken. — In der
Tierzucht, dem Prüfstein für den Leiter eines Zoologischen
Gartens. war er glücklich: zahlreiche wertvolle, im Garten
geborene Tiere bildeten willkommene Handels- und Tausch-
gegenstände; ich erinnere nur an die schwarzen Panther, die
Jack's, die Zebra's u. A. m. Im Besitze vollendeter Umgangs-
formen und nur gegen unberufene Anmassung schroff, verstand
Schmidt stets mit dem Publikum wie auch mit seinem Verwaltungsrat auf gutem Fusse zu stehen. Gegen seine Unter-
gebenen war er wohlwollend, aber streng; man sah es dem
thätigen, ernst dreinschauenden Manne schon an. dass er vollste
Pflichterfüllung auch von Andern forderte.

Am meisten bewährte sich die Vielseitigkeit Schmidt's bei
der Errichtung des neuen Zoologischen Gartens auf der Pfingst-
weide 1873—74, vor welcher er in Gemeinschaft mit den Herren
Architekt Lorenz Müller und Stadtgärtner Weber eine zweite

Reise in die bedeutendsten Tiergärten Europas unternahm.
Indem er die Früchte seiner reichen Erfahrung mit dem an
anderen Orten Bewährten verband, schuf er ein Musterinstitut,
dessen zweckmässige Einrichtungen ihres Gleichen suchen. Auch
das später erbaute Aquarium ist ein rühmliches Zeugnis seiner
Leistungsfähigkeit.

Als Ende 1884 der Direktor des Berliner Zoologischen
Gartens, Dr. Bodinus, gestorben und ein Nachfolger zu finden
war, konnte es nicht fehlen, dass die Wahl auf Schmidt fiel.
Er leistete diesem ehrenvollen Ruf freudig Folge; sah er doch
in der Reichshauptstadt, an der Spitze des bedeutendsten der
deutschen Tiergärten, einer interessanten, arbeitsreichen Zukunft
entgegen. Es gelang ihm dort bald, den vollen Beifall seines
Verwaltungsrats und des Berliner Publikums zu erwerben. Aber
er sollte sich der neuen Stellung nicht lange erfreuen. Um
Weihnachten 1887 stellten sich mehrmals Schwindelanfälle und
Ohnmachten ein und am 3. Februar 1888 Vormittags wurde er
im Garten von einem schweren Schlaganfall betroffen, dem er
in der darauffolgenden Nacht erlag. —

Die reiche Fülle seiner wertvollen wissenschaftlichen und
praktischen Erfahrungen in den beiden hiesigen Tiergärten
veröffentlichte Schmidt grösstenteils in der von der hiesigen
Zoologischen Gesellschaft herausgegebenen Zeitschrift „Der
Zoologische Garten“. Die Zahl dieser meist umfangreichen Abhandlungen ist sehr gross. Sie haben viel zur Blüte der Zeitschrift beigetragen und den hiesigen Gärten im Kreise der
Fachleute grossen Ruf verschafft. Ihr Verzeichnis füllt in dem
von Schmidt selbst mit grossem Fleisse zusammengestellten
Register über die ersten 20 Jahrgänge der Zeitschrift eine
volle Seite. Besonders hervorzuheben sind davon folgende:
„Über Geweihbildung“, Bd. VII. Beobachtungen am Chimpanse
und am Orang, Bd. XIV, XIX und XX. „Der Umzug der
Tiere aus dem alten in den neuen Zoologischen Garten“, Bd. XV.
„Lebensdauer der Tiere in Gefangenschaft“, Bd. XIX, (auch
in den „Proceedings of the Zoological Society of London“ 1880
in englischer Sprache erschienen).

Ganz besonders beschäftigte sich Schmidt mit den Krankheiten seiner Pflegebefohlenen und unterliess nie, eingegangene
Tiere zu secieren. Das auf diese Weise gesammelte reiche

Material verwertete er in seinem Hauptwerke: „Zoologische
Klinik. Handbuch der vergleichenden Pathologie und pathologischen Anatomie der Säugetiere und Vögel" (Berlin, bei Hirsch-
wald). Hiervon sind erschienen: Die Krankheiten der Affen
(Anhang: Die Krankheiten der Handflügler), 1870; und: die
Krankheiten der Raubtiere, 1872. Leider brachte dieses Werk,
welches einzig in seiner Art ist und sich in dem kleinen Kreise
der Fachgenossen und der pathologischen Anatomen einer an-
erkennenden Aufnahme erfreute, dem Verleger keinen Gewinn,
so dass sich Schmidt genötigt sah, seine Arbeit in der „Deutschen
Zeitschrift für Tiermedicin und vergleichende Pathologie" fortzusetzen. Erschienen sind daselbst: Die Krankheiten der Beutel-
tiere, der Nager, der Zahnarmen, der Einhufer und der Dick-
häuter. Besonders hervorragende Kapitel in dem Werke sind
die über die Wut der Wölfe und Füchse und über die Krankheiten des Elfenbeins.

Ausser den besprochenen Arbeiten veröffentlichte Schmidt
noch folgende:

Einiges über Krankheiten ausländischer Tiere. (Oester-
reichische Vierteljahrsschrift für wissenschaftliche Veterinär-
kunde. Bd. XX.)

Akklimatisationserfolge im Zoologischen Garten zu Frankfurt a. M.. (Separatabdruck ohne Angabe des Orts und Datums
der Publikation).

Bemerkungen über die Haltung und Zucht der Brautente.
Der Dr. Senckenbergischen Stiftung zur Feier ihres hundert-
jährigen Wirkens im Auftrag der Zoologischen Gesellschaft
gewidmet. 1863.

Die Haustiere der alten Aegypter. (Kosmos 1882.)

Über die Fortpflanzung des indischen Elephanten in Gefangenschaft. ibid. 1884.

Der Ameisenfresser. ibid. 1884.

Johann Nikolaus Koerner, ein Frankfurter Naturforscher
des vorigen Jahrhunderts. (Koerner war Schmidt's Urgrossvater.)
(Archiv für Frankfurts Geschichte und Kunst. Bd. VI.)

Ferner hat Schmidt in zahlreichen, meist anonym erschienenen Artikeln in den verschiedensten Zeitungen und

Wochenschriften für die Sache der Zoologischen Gärten gewirkt und zoologische Kenntnisse zu verbreiten gesucht. Auch Aufsätze kulturhistorischen Inhalts und Reiseeindrücke (aus Dalmatien, Spalatro. Neapel) sind von ihm in hiesigen Blättern anonym publiziert worden und haben beifällige Aufnahme gefunden.

Max Schmidt nimmt in der stattlichen Reihe der Frankfurter Naturforscher einen hervorragenden Platz ein. Er war einer der bedeutendsten Förderer der vergleichenden Pathologie und sein Name ist in der Geschichte der Zoologischen Gärten unauslöschlich eingetragen.

Aufzählung einiger neu erworbener Reptilien und Batrachier aus Ost-Asien.

Von

Dr. Oskar Boettger in Frankfurt a. M.

Neben einer neuen Varietät von Hyla aus China, die unten beschrieben werden soll, erhielt die Senckenbergische Naturforschende Gesellschaft in den letzten Wochen als Geschenk oder in Tausch oder Kauf eine kleine Suite von Kriechtieren aus China und von den Liu-kiu Inseln, die wegen ihrer genauen Fundortsangaben Beachtung verdienen, und deren Aufzählung deshalb wohl von Interesse sein dürfte.

Eidechsen.

1. *Japalura polygonata* (Hallowell).

Boulenger, Cat. Liz. Brit. Mus. ed. 2, Vol. 1. 1885 p. 310 und Proc. Zool. Soc. London 1887 Taf. 17, Fig. 1.

Insel O-sima. Liu-kiu Gruppe; gesch. von Herrn Major H. von Schoenfeldt in Offenbach. — Neu für die Sammlung.

2. *Lygosoma (Liolepisma) laterale* (Say).

Boettger, 26./28. Ber. Offenbach. Ver. f. Naturk. 1888 p. 152.

Napier Island in der Hang-tscheu Bai nördlich von Ning-pho, O. China; im Tausch von Herrn B. Schmacker in Shanghai.

Gehört zur var. *modesta* Gthr. mit 28 Schuppenreihen in der Rumpfmitte.

3. *Eumeces marginatus* (Hallowell).

Boulenger. Cat. Liz. Brit. Mus. ed. 2, Vol. 3, 1887 p. 371.

Insel O-sima, Liu-kiu Gruppe; gesch. von Herrn Major
H. von Schoenfeldt in Offenbach.

Ein ganz junges Stück.

Schlangen.

4. *Parens Moellendorffi* Boettger.

Boettger. l. c. p. 84. Taf. 2, Fig. 1.

Gebirge Lo-fou-shan, Prov. Guang-dong; im Tausch
von Herrn B. Schmacker in Shanghai.

Schuppenformel:

Squ. 15; G. 0. V. 152, A. 1. Sc. $^{35}/_{35}$ 1.

Die Schuppenformel dieser Art wechselt von Squ. 15;
G. 0. V. 136 bis 152, A. 1. Sc. $^{35}/_{35}$ 1 bis $^{45}/_{47}$ 1 und
beträgt im Mittel von 4 Beobachtungen Squ. 15; G. 0. V. 147,
A. 1. Sc. $^{39}/_{39}$ 1.

5. *Trimeresurus gramineus* (Shaw).

Boettger. l. c. p. 152.

Süd-Formosa: im Tausch von Herrn B. Schmacker.
Neu für Formosa und neu für unsere Sammlung.

Schuppenformel:

Squ. 23; G. $^{4}/_{5}$, V. 163, A. 1. Sc. $^{61}/_{64}$ + 1.

Anure Batrachier.

6. *Oxyglossus lima* Tschudi.

Boettger. l. c. p. 93.

Gebirge Lo-fou-shan, Prov. Guang-dong; gesch. von
Herrn Dr. med. Karl Gerlach in Hongkong.

Ein junges Stück.

7. *Rana esculenta* L. var. *Japonica* Blgr.

Boettger. l. c. p. 93.

Shanghai: gek. von Herrn Otto Herz in St. Petersburg.

Gut übereinstimmend mit dem Stücke unserer Sammlung aus Peking. aber mit nur ²/₃ Schwimmhäuten und die beiden Kieferränder mit tiefschwarzen Flecken gewürfelt.

8. *Rana gracilis* Wiegmann.

Boettger, l. c. p. 94.

Shanghai, vier Exemplare: im Tausch von Herrn B. Schmacker.

Äusserer Metatarsaltuberkel bei allen vorliegenden Stücken sehr deutlich, weiss gefärbt.

9. *Rana Pleneyi* Lataste.

Boettger. l. c. p. 158.

Shanghai: im Tausch von Herrn B. Schmacker. — Neu für die Sammlung.

Ein junges Stück mit heller Vertebrallinie.

10. *Bufo vulgaris* Laur.

Boettger. l. c. p. 164.

Shanghai; im Tausch von Herrn B. Schmacker.

Ein junges Stück. Subarticulartuberkel der Zehen doppelt; Unterseite reichlich schwarz gefleckt.

11. *Hyla Chinensis* Gthr. var. *immaculata* n.

Char. Differt a typo taenia frenali nulla. lateribus corporis femoribusque haud nigromaculatis: pedibus vix semipalmatis. — Long. a rostro usque ad anum 35 mm.

Shanghai. ein ♂: im Tausch von Herrn B. Schmacker. — Neu für die Sammlung.

In Stellung der Vomerzähne, Kopfform, Länge der Hintergliedmaassen ganz mit Boulenger's Beschreibung von *Hyla
Chinensis* Gthr. übereinstimmend, aber in der Färbung ähnlicher
unserer *H. arborea* (L.) var. *Savignyi* And. Der dunkle Zügel-
streif fehlt ganz, ebenso die schwarzen Rundmakeln an den
Körperseiten und auf dem Oberschenkel; dagegen ist das Grün
wie beim Typus der Art auf dem Oberschenkel zu einem schmalen
Längsbande reduciert, und ebenso ist ein grosser Teil des Tarsus
und Carpus, sowie die drei inneren Zehen und die zwei inneren
Finger farblos.

Die Schwimmhaut der Zehen ist entschieden schwächer, die
Entwickelung der Vomerzähne stärker als bei *H. arborea* (L.).

Beitrag zur Reptilfauna des oberen Beni in Bolivia.

Von Dr. Oskar Boettger.

Mit 3 Figg. im Text.

Die Senckenbergische Naturhistorische Gesellschaft erhielt anfangs 1888 durch die gütige Vermittlung des Herrn Dr. August Hahn hierselbst zwei Flaschen Reptilien von Herrn Ferdinand Emmel in Arequipa (Peru) zum Geschenk, deren Provenienz deshalb von hervorragendem Interesse ist, weil sie uns einen wichtigen Schritt weiter thun lässt auf dem Wege unserer Kenntnis der tropisch-amerikanischen Kriechtierfauna. Die sämtlichen im folgenden aufgezählten 12 Arten dieser schönen Suite, der, Dank des regen Interesses des freundlichen Gebers für die ihn umgebende Tierwelt, bald noch weitere folgen sollen, stammen vom Flusse Mapiri, einem linken Nebenflusse des oberen Beni östlich vom Titicaca-See in Bolivia.

Aufzählung der Arten:

Eidechsen.

1. *Anolis fuscoauratus* D'Orb.

Ein ♀. — Gut mit Boulenger's Beschreibung übereinstimmend, doch finde ich keine Andeutung eines Kehlsacks beim vorliegenden ♀. — Sehr düster gefärbt, schwarzbraun mit schwarzen Fleckchen und Marmorzeichnungen, das helle Querband vor den Augen recht undeutlich; die Unterseite weisslich, reichlich schwarzgrau punktiert und besprengt. — Totallänge 107 mm.

Schlangen.

2. *Stenostoma albifrons* Wagl.

Typisch in Form und Färbung.

3. *Geophis badius* (Boje).

Rhabdosoma auct.

Körper länger. Schwanz kürzer als gewöhnlich.
Squ. 17; G. 2. V. 176. A. 1. Sc. $^{29}/_{29}$ 1.
Graubraun mit blauem Schiller, dunkler gestreift, namentlich
an den Seiten; schiefgestellte schwarze, fuchsrot umsäumte
Quermakeln längs der Rumpf- und Schwanzoberseite. Unterseits horngelb, nach hinten orange mit wenigen, staubförmigen,
grauen Pünktchen, die nur auf der Schwanzunterseite reichlicher
stehen.

4. *Geophis Emmeli* n. sp.

's. beifolgenden Holzschnitt.

Char. Differt a *G. occipitoalba* (Jan) supralabialibus
7 neque 8, postocularibus 2 magnitudine subaequalibus, ventralibus multo minus numerosis, colore. — Dentes aequales, laeves.

Rostrale modicum; internasalia
2 parva, quinquangularia; frontale multo latius quam longius,
transverse triangulare; praeoculare nullum; frenale prae-
frontaleque orbitam attingentia;
supraoculare parvum, posticum;
postocularia bina, magnitudine subaequalia. Margo externus
parietalium squamis temporalibus 2 perlongis cinctus. Supralabialia 7, tertium quartumque sub oculo posita. Temporalia 1 + 2.
Infralabialia 7, primum par media parte contiguum, quaterna
postmentale singulum attingentia. Series squamarum 15. —
Supra aut fuscus aut olivaceus, fere unicolor, taenia transversa
parum distincta rufula per occiput; infra virescenti- aut flaves-
centi-albida, ventralibus nigris aut nigro maculatis, marginibus
semper late albidis.

Schuppenformel:
Squ. 15; G. 3. V. 167. A. 1. Sc. $^{30}/_{30}$ + 1.
„ 15; „ 3. „ 170. „ 1. „ $^{28}/_{28}$ + 1.

Maasse:

Kopfrumpflänge .	303	295	mm
Schwanzlänge .	34	31	„
Grösste Kopfbreite .	7¹/₁	6¹/₂	„
Grösste Körperbreite . .	8¹/₂	7	„

Hab. Am Flusse Mapiri, einem linken Nebenfluss des oberen Beni in Bolivia; in 2 Exemplaren geschenkt von Herrn Ferdinand Emmel in Arequipa (Peru), dem zu Ehren ich mir erlaubt habe, die sehr distincte neue Art zu benennen.

Beschreibung. Der Körper ist schlank, ziemlich drehrund, der Kopf nicht oder nur sehr wenig breiter als der Hals. Der Oberkiefer ragt vorn und auch seitlich etwas über den Unterkiefer vor: die Schnauze ist sehr stumpf gerundet. Das Auge ist klein, die Pupille rund. Der Schwanz zeigt sich nicht abgesetzt, ist sehr kurz und beträgt nur ¹/₉ der Totallänge. Das Rostrale ist von mässiger Grösse, etwas breiter als hoch und nur sehr schwach oben auf den Pileus übergebogen. Die Internasalen sind sehr klein, von gerundet fünfeckiger Gestalt und etwa so breit wie lang. Die Praefrontalen sind gross, annähernd quadratisch, deutlich länger als das Frontale und treten seitlich an die Orbita. Das Frontale ist bemerkenswert breit, fast anderthalbmal breiter als lang und ziemlich dreieckig, vorn ziemlich gradlinig an die Praefrontalen grenzend, hinten rechtwinklig zwischen die langen und mässig verbreiterten Parietalen eingefügt. Der vordere Aussenrand der Parietalen stösst an das kleine Supraoculare, das wenig grösser ist als das Auge, und an das obere Postoculare; sein ganzer hinterer Aussenrand aber wird von zwei Temporalschuppen begleitet, von denen die hintere bemerkenswert lang und aus der Verschmelzung von mindestens drei Temporalschuppen entstanden ist. Das Nasloch liegt zwischen zwei zusammen eine sanduhrförmige Figur darstellenden Nasalen, von denen das höhere hintere mit dem ersten und zweiten Supralabiale Sutur bildet. Das lange, nach hinten verschmälerte Frenale tritt an die Orbita und ruht auf dem zweiten und dem grossen dritten Supralabiale. Kein Praeoculare. Supraoculare klein, von hinten her nur bis über das Centrum des Auges reichend. Unter demselben zwei übereinandergestellte, kleine Postocularen, deren oberes kaum grösser ist als das untere, das sich zwischen

13

viertes und fünftes Supralabiale einschiebt. In einem Falle
sind linkerseits die Postocularen zu einem einzigen hohen
Schildchen verschmolzen. Sieben Supralabialen, das dritte und
sechste grösser, das siebente stark verlängert, das dritte und
vierte unter dem Auge. Temporalen 1 + 2, das obere der
zweiten Reihe weit nach hinten über die eigentliche Temporalgegend hinausreichend. Mentale quer dreieckig, dreimal so breit
wie lang. 7 Paar Infralabialen; die des ersten Paares hinter
dem Mentale zusammenstossend, die der ersten vier Paare mit
dem einzigen vorhandenen Paare grosser Postmentalschilder in
Berührung; viertes Infralabiale die andern an Grösse über-
treffend. Drei unpaare Gularen, 167—170 Bauchschilder, ungeteiltes Anale und 28—30 paarige Schwanzschilder. Körperschuppen rhombisch mit verrundeter Spitze, glatt, ohne End-
poren, in 15 Längsreihen.

Färbung ziemlich wechselnd. Eines der Stücke ist
oberseits fast uniform braunschwarz mit zwei wenig deutlichen
Längszonen ganz schwach hellerer Fleckchen. Die Schnauzen-
gegend zeigt eine undeutliche braungraue, die Hinterkopfgegend
eine braune, nach den Kopfseiten hin gelbweisse Querbinde;
auch die Lippen sind gegen die Maulspalte hin zur grösseren
Hälfte gelbweiss. Die Unterseite ist rötlichgelb oder gelbweiss,
die Kinngegend mit vier longitudinalen schwarzen Fleckstrichen,
die Ventralen mit reichlich schwarzfleckiger Vorderhälfte und
rein gelbweissem Hinterrand. Nach hinten gegen den After hin
überwiegt die Schwarzfärbung der Unterseite, und die Hinterränder der Ventralen sind nur noch schmal weiss gesäumt; die
Schwanzunterseite ist nahezu einfarbig schwarz, die Hinterränder der Subcaudalen nur ganz wenig heller angeflogen. Das
andere Exemplar ist oben uniform graulich olivengrün, die
Schnauzenspitze heller, die Hinterkopfbinde, d. h. die hintere
Hälfte des Frontale und die zwei hinteren Drittel der Parietalen
graubraun, von der Grundfarbe wenig abgehoben, aber nach
den Kopfseiten hin ebenfalls heller. Alle Rückenschuppen zeigen
breite schwärzliche Ränder. Die Unterseite ist ähnlich gefärbt
wie bei dem andern Stück, aber graugelblich oder graugrünlich,
die dunkel graugrünen Vorderränder der Ventralen und Subcaudalen nicht fleckig, sondern als Querbinden, die etwa $1/3$—$1/2$
jedes Schildes einnehmen, entwickelt.

Die Art erinnert noch am meisten an *G. occipitoalbus* (Jan)
aus Ecuador, hat aber konstant nur 7 Supralabialen, zwei
nahezu gleichgrosse Postocularen, 167 bis 170 und nicht 250
Ventralen und auch etwas abweichende, im Allgemeinen hellere
Färbung. Auch *G. badius* (Boje), der in der Kopfpholidose
ziemlich nahe steht, unterscheidet sich wesentlich in der Färbung
und Zeichnung, in dem Auftreten von konstant 17 Schuppenreihen und in dem Mangel der beiden langen, das Parietale
einsäumenden Temporalschuppen.

5. *Coronella taeniolata* (Jan).

Jan, Arch. p. 1. Zool. Vol. II Fasc. 2 p. 62 und Iconogr. d. Ophid.
Lief. 16, Taf. 2, Fig. 4 *(Enicognathus)*.

In der Pholidose ganz — 17 Schuppenreihen, 1 + 2 Temporalen, 8 Supralabialen, von denen das dritte, vierte und
fünfte ans Auge treten — und in der Färbung und Zeichnung
nahezu ganz mit Jan's Beschreibung und Abbildung übereinstimmend.

Squ. 17; G. $\frac{1}{1}$, V. 160, A. $\frac{1}{1}$, Sc. $\frac{53}{53}$ + 1.

Die Art schwankt also zwischen 149 und 160 Ventralen.

Die drei dunklen Längsbinden des Rückens sind hinter
den Parietalen deutlich zu einem schwarzen Querband vereinigt,
das vorn und hinten durch je zwei helle, unbestimmte Makeln
noch mehr hervorgehoben wird. Hinter dem Auge zieht durch
die Mitte der hinteren Supralabialen ein feiner schwarzer Längs-
saum, der die dunkle Halsoberseite von der weisslichen Unterseite trennt. Die vorderen Ventralen zeigen am Aussenrande
eine undeutliche Längsreihe schwarzer Punktflecken; nach hinten
ist dieser Aussenrand der Ventralen schwarz gefärbt und setzt
scharf gegen die rein weisse Körperunterseite ab. Beides wird
von Jan recht charakteristisch wiedergegeben.

6. *Erythrolamprus venustissimus* (Schleg.) var. *tetraxona* Jau.

Jan, Prodromo Iconogr. gen. Ofidi II. Parte Coronellidae, Modena 1865
p. 106 (var. *tetraxona*).

5 in Form und Färbung typische Exemplare der Varietät,
aber einmal rechts abnorm mit 2 Prae- und 3 Postocularen.

13*

Squ. 15; G. $^2/_2$, V. 189, A. $^1/_1$, Sc. $^{45}/_{45} + 1$.

　　" 15; " $^2/_2$, " 189, " $^1/_1$, " $^{49}/_{49} + 1$.

　　" 15; " $^4/_4$, " 191, " $^1/_1$, " $^{45}/_{45} + 1$.

　　" 15; " $^3/_2$, " 191, " $^1/_1$, " $^{48}/_{48} + 1$.

　　" 15; " $^3/_2$, " 196, " $^1/_1$, " $^{49}/_{49} + 1$.

Die Schuppenformel der var. *tetraxona* Jan schwankt also zwischen Squ. 15; G. $^2/_2$—$^4/_4$, V. 189—196, A. $^1/_1$, Sc. $^{45}/_{45} + 1$ bis $^{49}/_{49} + 1$ und beträgt im Mittel von 5 Beobachtungen Squ. 15; G. $^3/_2$, V. 191, A. $^1/_1$, Sc. $^{47}/_{47} + 1$.

Alte Stücke sind von sehr dunkler Färbung. Der Kopf ist schwarz mit hellen Vorderrändern aller Kopfschilder und einer mehr oder weniger deutlichen gelben, unterbrochenen Querbinde hinter den Augen. Der Hals ist bis zur ersten Doppelbinde rötlich und alle Schuppen tragen auf diesem Abschnitt schwarze Spitzenhälfte. Der Rücken erscheint fast einfarbig braunschwarz; nur an den Seiten zeigen sich hellere Schuppenränder, und auch hier nur sind die paarweise einander genäherten schwarzen Doppelbinden deutlicher zu beobachten, so dass also oben immer vier Querbänder ein System bilden, welche auf der gelbroten Unterseite zu je zwei bleigrauen Querbinden sich vereinigt zeigen. Solcher bleigrauer Doppelbinden stehen 8 bis 10 auf dem Bauche, 2 auf der Schwanzunterseite. Junge Stücke aber zeigen die von Jan hervorgehobenen vier nahe an einander gerückten, fast gleichbreiten und gleichweit von einander abstehenden schwarzen Querbinden stets über den ganzen Rücken hin sehr deutlich.

7. *Leptodira annulata* (L.).

Typisch in Form und Färbung.

Squ. 19; G. $^2/_2$, V. 189, A. $^1/_1$, Sc. $^{92}/_{92} + 1$.

31 dunkle Rautenflecke auf dem Rücken, 20 auf dem Schwanze.

8. *Dipsas (Himantodes) cenchoa* (L.).

Typisch in Form und Färbung. 9—8 Supralabialen; 6—6 Infralabialen in Contact mit den Postmentalen. Temporalen 2 + 3 + 3; Postocularen 3—3. Squ. 17; G. $^4/_4$, V. 252, A. $^1/_1$, Sc. $^{155}/_{155} + 1$.

51 dunkle Querflecke längs des Rückens, 36 auf dem Schwanze.

9. *Leptognathus Catesbyi* (Weig.).

Praeocularen 2—2, oberes Pracoculare mit dem Frontale Sutur bildend; Postocularen links 2, rechts nur ein sehr hohes, aus der Verschmelzung mehrerer Schuppen entstanden. Temporalen beiderseits 1 + 2. Supralabialen links 8, das vierte und fünfte ans Auge tretend, rechts 7, das dritte und vierte mit dem Auge in Contact. Nur das erste Infralabiale hinter dem Mentale in Berührung mit dem der anderen Seite, links 5, rechts 4 Infralabialen mit dem ersten Postmentale Sutur bildend. Squ. 13; G. resp. Postment. $^1/_4$. V. 176, A. 1, Sc. $^{92}/_{92}$ + 1.

Färbung typisch, aber die schwarzen, weissgesäumten, ovalen Rückenmakeln im ersten Körperdrittel doppelt so breit, am übrigen Körper ziemlich so breit wie die lebhaft rotbraunen Intervalle. 20 Makeln längs des Rückens, 12 auf dem Schwanze.

10. *Oxyrrhopus petalarius* (L.) var. *Sebae* D. & B.

Typisch in Form und Färbung.
Squ. 19; G. $^3/_3$, V. 197, A. 1, Sc. $^{07}/_{97}$ + 1.
14 breite schwarze Querbinden über den Rücken, 7 über den Schwanz.

11. *Oxyrrhopus immaculatus* D. & B.

Typisch in der Pholidose. Temporalen 2 + 3. Zwei Schuppenporen.
Squ. 19; G. $^2/_2$, V. 202, A. 1, Sc. $^{89}/_{89}$ + 1.
Oben uniform schwarz mit blauem Schiller; unten horngelb, die Ventralen, Anale und Subcaudalen an den Seiten noch ein Stück weit mit der dunklen Färbung der Oberseite; die Mittellinie auf der Unterseite des Schwanzes überdies durch eine Längsreihe feiner grauer Fleckchen markiert.

12. *Elaps corallinus* (L.).

Typisch in Pholidose und Färbung.
Squ. 15; G. 4, V. 217, A. $^1/_1$, Sc. $^1/_1$, 7, $^{14}/_{13}$ + 1 (23).
20 schwarze Ringe am Rumpfe, 2 auf dem Schwanze; 7 korallenrote Zonen.

Meines Wissens hat bis jetzt nur der unermüdliche
E. D. Cope ein Verzeichnis von 11 Arten Reptilien —
3 Eidechsen und 8 Schlangen — aus der Gegend des oberen
Beni in Bolivia veröffentlicht. Man findet dasselbe in dessen
„Twelfth Contribution to the Herpetology of Tropical America"
in Proc. Amer. Phil. Soc. Vol. 22, 1885 p. 167—194, mit
1 Tafel. Nur eine der dort aufgezählten Schlangen befindet
sich auch in der Emmel'schen Suite, ein schlagender Beweis,
wieviel dort noch zu sammeln und zu entdecken ist. Wir hätten
demnach jetzt folgende Liste der am oberen Beni in Bolivia
vorkommenden Reptilien:

Lacertilia.
Fam. I. Iguanidae.

1. Anolis fuscoauratus D'Orb.

Fam. II. Anguidae.

2. Diploglossus fasciatus (Gray).

Fam. III. Amphisbaenidae.

3. Amphisbaena Beniensis Cope.

Fam. IV. Scincidae.

4. Mabuia agilis (Raddi).

Ophidia.
Fam. I. Stenostomidae.

5. Stenostoma albifrons Wagl.

Fam. II. Calamariidae.

6. Geophis badius (Boje).
7. „ Emmeli Bttgr.

Fam. III. Colubridae.
Subfam. a. Coronellinae.

8. Coronella taeniolata (Jan).
9. Liophis meleagris (Shaw) var. semilineata Cope.

10. Liophis Almadensis (Wagl.).
11.   „   typhlus (L.).
12. Erythrolamprus venustissimus (Schleg.) var. tetrazona Jan.
13. Xenodon severus (L.).
14.   „   gigas D. & B.

Subfam. b. **Dryadinae.**

15. Philodryas viridissimus (L.).

Fam. IV. **Dendrophidae.**

16. Leptophis marginatus Cope.

Fam. V. **Dipsadidae.**

17. Leptodira annulata (L.).
18. Dipsas (Himantodes) cenchoa (L.).

Fam. VI. **Amblycephalidae.**

19. Leptognathus Catesbyi (Weig.).

Fam. VII. **Scytalidae.**

20. Oxyrrhopus petalarius (L.) var. Sebae D. & B.
Wird auch von Cope bereits erwähnt.
21. Oxyrrhopus immaculatus D. & B.

Fam. VIII. **Elapidae.**

22. Elaps corallinus (L.).

Carl August Graf Bose, Dr. med. hon. c.

Von **F. C. Noll.**

Am 25. Dezember 1887 erhielten wir telegraphisch aus Baden-Baden die Trauerkunde, dass Herr Graf Bose, der langjährige Freund und Gönner unserer Gesellschaft, aus diesem Leben geschieden sei.

Carl August Graf Bose war als der erste und einzige Sohn seiner Eltern geboren am 17. November 1814 auf dem alten Bose'schen Familiengut Gamig in Sachsen. Die Familie Bose ist eine noch jetzt in Sachsen weitverzweigte alte sächsische Adelsfamilie, deren Glieder sich im sächsischen Staatsdienste, zumal auch im Militärdienste, vielfach auszeichneten. So war ein Carl von Bose ein tüchtiger Reitergeneral in den Türkenkriegen, und seine von ihm geschriebenen Memoiren, ein starker Quartband, bildeten eine der Kostbarkeiten in der Bibliothek unseres Herrn Grafen; sie haben schon mehrfach Historikern als Geschichtsquelle gedient.

Sein Vater August Carl Graf Bose, erbl. Lehns- und Gerichtsherr auf Gamig und Meuscha, sowie auf Schönfels, Ritter des Königl. Preussischen Johanniter-Ordens, bekleidete das Amt eines Hofmarschalls des Königl. Sächsischen Hofes bis zum Jahre 1833, wo der Vater seiner Gemahlin Katharina Natalie Elisabeth geborne von Löwenstern, aus dem Hause Wolmersdorf in Livland, daselbst starb. Infolge dessen musste er die Güter seines Schwiegervaters, Alt- und Neu-Anzen, mit einem Komplexe von 5 Quadratmeilen übernehmen.

In seinem neunten Lebensjahre hatte der Knabe das Unglück bei einem Sturz vom Pferde den rechten Arm zu brechen; infolge schlechter ärztlicher Behandlung blieb der Arm steif, so dass der junge Graf mit der linken Hand schreiben lernen musste. Von seinem zwölften Jahre an besuchte er die Kreuzschule in Dresden und studierte später einige Semester in Paris, bis er von seinem inzwischen nach Livland übergesiedelten Vater zum Mitverwalter des grossen Gutes berufen wurde. Dieser Aufgabe unterzog er sich mit jenem Pflichtgefühl, das ihn sein ganzes Leben hindurch auszeichnete, auch gewährten ihm die landwirtschaftlichen Beschäftigungen wegen ihrer Verwandtschaft mit den Naturwissenschaften eine grosse Befriedigung. Dennoch aber zog ihn seine Neigung mehr zu wissenschaftlichen Studien und zu Reisen hin als zu praktischer Thätigkeit. Die Fächer, denen er sich hauptsächlich widmete, waren die Nationalökonomie, die Naturwissenschaften, die Philologie und die Geschichte.

Nachdem er einige Jahre in Livland verbracht und einen grossen Kreis gleichgesinnter Freunde um sich gebildet hatte, ging er nach Berlin, um dort seine Studien zu vollenden, worauf er grössere Reisen nach Italien und Frankreich unternahm. Abwechselnd lebte er alsdann in Livland und in Deutschland, bis er sich im Jahre 1845 mit Luise Wilhelmine Emilie Gräfin von Reichenbach-Lessonitz, einer Tochter aus zweiter Ehe von Wilhelm II., Kurfürsten von Hessen, vermählte. Mit ihr, der hochgebildeten, einsichtsvollen und praktisch denkenden Frau verlebte er die glücklichsten Jahre. Wie sie ihn unterstützte und zu fördern suchte in seinen Bestrebungen, so erhielt sie andererseits durch ihn Interesse an der Naturbeobachtung und Einsicht in die Bedeutung der Naturwissenschaften für unsere Zeit; sie hat ja diese ihre Erkenntnis auf das Schönste bethätigt durch grossartige Stiftungen, die sie medizinischen und naturwissenschaftlichen Anstalten hinterliess und zu welch letzteren auch unsere Senckenbergische naturforschende Gesellschaft gehört. Wie ihr so sind wir auch dem Herrn Grafen zu bleibendem Dank dafür verpflichtet.

Nur einmal noch, im Jahre 1846, besuchte der Graf mit seiner jungen Frau Livland; die ersten Jahre seines Ehestandes brachte das gräfliche Paar meistens auf Reisen zu, die ihnen bei den ausgedehnten Kenntnissen des Grafen grossen Genuss gewähren mussten. Abwechselnd wohnten sie dann in Baden-Baden, wo sie sich ein neues Heim gründeten, und in Frankfurt, wo die Gräfin ein eigenes Haus besass. Das bei beiden Gatten rege Interesse für die Landwirtschaft bewog sie ausserdem zum Ankaufe des Gutes Goldstein bei Frankfurt a. M. Sie bauten dieses um, richteten eine rationelle Bewirtschaftung ein und verlebten auch hier glückliche Zeiten, an denen sie gern ihre Freunde teilnehmen liessen. Hier auch machte der Berichterstatter ihre erste Bekanntschaft. Auf den Spaziergängen in den Umgebungen des Gutes mit dem Herrn Grafen hatte er Gelegenheit, die botanischen Kenntnisse desselben zu bewundern, der die Standorte der in dieser Gegend seltensten Pflanzen in Feld und Wald, in Bach und Sumpf kannte.

So nahm also die gräfliche Familie, deren Ehe nur ein einziges, gleich nach der Geburt wieder verstorbenes Kind entspross, ihren Aufenthalt oft in oder bei Frankfurt, bald aber zog es sie mehr nach dem ruhigen Besitztum in der Stephanien-Strasse zu Baden-Baden, wo ein schöner Garten bei dem Hause lag und direkt von dem Speisesaal aus betreten werden konnte, wo die Gräfin von dessen Thür aus im Sommer und Winter die zahlreichen Vögel des Gartens beobachtete und fast zähmte, wo der Graf ein zwar kleines aber gut besetztes Treibhaus besass, dessen Pflege ihm vielen Genuss gewährte, und wo sie häufigen Verkehr mit Männern der Wissenschaft unterhielten, unter denen Dr. D. F. Weinland der vertrauteste war. Hier fühlte sich die Gräfin, bei der ein langwieriges körperliches Leiden sich entwickelte, auch in gesundheitlicher Hinsicht am behaglichsten und hier wurde sie am 3. Oktober 1883 ihrem liebevollen Gatten für immer entrissen.

Von ihrem Tode an trauerte der Graf dahin; die Freundin, die Freud und Leid mit ihm geteilt, die Ratgeberin bei seinen Unternehmungen und Arbeiten, die Stütze, die ihm bei seiner schwächlichen Gesundheit schonend und helfend zur Seite stand, war ihm genommen, und nicht verschmerzen konnte er seinen Verlust. Gar häufig lenkte er seine Schritte nach dem stillen Friedhofe zu Lichtenthal, wo er selbst bald an ihrer Seite zu ruhen hoffte, und am liebsten weilte er an den Orten in der Umgegend Badens, die er mit seiner Gemahlin früher zu besuchen pflegte. Zurückgezogen lebte er jetzt in einem engen Kreise von Verwandten und Freunden, besonders mit seiner Lieblingsschwester, der Frau Baron Staël von Holstein und deren Sohn, Herrn Baron Reinhold Staël von Holstein, der oft aus Livland nach Baden kam, ebenso mit dem Neffen seiner verstorbenen Gemahlin, Herrn Baron Max von Fabrice. Er hatte körperlich viel zu leiden, aber Alle, die mit ihm in dieser Zeit zu verkehren Gelegenheit hatten, bewunderten die Frische seines Geistes und sein gutes Gedächtnis, die ihm bis zum Ende treu blieben. Wie Menschen, die von der Zukunft nichts mehr zu hoffen haben, denen die Gegenwart eine Last ist, gern vergangene Tage vor ihrem Geiste aufleben lassen, so sprach er in der letzten Zeit am liebsten von seinen früheren Erlebnissen.

Gegen Ende des Jahres 1887 nahmen die Schwächezustände derart überhand, dass das Schlimmste zu befürchten war. Nachdem er am Weihnachtsabende noch in rührendster Weise für seine Dienerschaft, die wie an einem Vater an ihm hing, gesorgt, entschlummerte er sanft und schmerzlos am Morgen des ersten Weihnachtstages.

Graf Bose war ein vorzüglicher Charakter, der von Allen, die ihn näher kannten, deshalb hoch verehrt wurde. Feinfühlend, von der edelsten Gesinnung durchdrungen, war er mild in seinem Urteil, übersah er gern kleine Schwächen bei den ihn umgebenden Personen und zeigte er sich dankbar für jede Freundlichkeit, die ihm erwiesen wurde. Gern spendete er Wohlthaten, ohne dafür irgend einen Dank zu beanspruchen, und manche Thräne von Armen und Kranken wurde durch ihn gestillt, ohne dass diese wussten, wer ihr Wohlthäter sei. Den grösseren Teil seiner Einkünfte verwandte er so im Stillen zu mildthätigen Zwecken.

Seiner Grossherzigkeit verdankt auch die Naturwissenschaft manche Förderung. Manches Institut wurde durch ihn unterstützt, manche wissenschaftliche Reise wurde von ihm bei Gesellschaften angeregt und durch ihn ermöglicht. Auch Dichtern und Schriftstellern, deren Erzeugnisse ihn ansprachen, machte er, ohne dass diese die Quelle auch nur ahnten, Freude. Äussere Zeichen der Anerkennung seines Wirkens, wie Orden, Diplome von Korporationen u. dgl. haben ihm nicht gefehlt, wiewohl sein bescheidener Sinn sich in dieser Hinsicht fast ablehnend verhielt;

zur besonderen Freude jedoch gereichte ihm seine Promotion zum „Doctor medicinae chirurgiae artis obstetriciae honoris causa" durch die Jenenser medizinische Fakultät am 10. Februar 1884. Es ist in dem Diplome schön von ihm gesagt: „qui ab ineunte adolescentia sincero litterarum amore incensus et a tumultu civitatis remotus per totam vitam numquam desiit cum litteris universis tum zoologiae et botanicae inprimisque doctrinae de animalibus plantisque transformatis operam et studium dedicare."

Auch wir haben mehrfach erwähnt, wie Graf Bose ein Freund der Naturbeobachtung war. Es war weniger die äussere Form der Geschöpfe, die ihn anzog, als das Leben derselben und deren Zusammenwirken in dem grossen Ganzen. Fand er eine ihm bis dahin unbekannt gebliebene Anpassung eines Lebewesens an die umgebenden Verhältnisse oder lernte er eine eigentümliche Äusserung der Lebens- oder Verstandesthätigkeit bei einem Tiere kennen, dann konnte er sich lange darüber freuen. Vor allem zog ihn das stille Leben der Pflanzen an, ebenso sammelte er aber auch die Landschnecken der verschiedensten Gegenden und beschäftigte er sich in Gemeinschaft mit seiner Gemahlin mit den einheimischen Vögeln, deren Gewohnheiten und Stimmesäusserungen er genau kannte.

Auf einen solchen Geist mussten natürlich auch die grossen Tagesfragen, wie sie vor allem durch Charles Darwin aufgeworfen waren, mächtig einwirken; aufmerksam verfolgte er dieselben und rückhaltlos erkannte er deren Berechtigung an. So fesselten ihn auch die Arbeiten Ernst Häckels, und als Häckel nach einem öffentlichen Vortrage in Baden mit der gräflichen Familie bekannt wurde, da war ein freundschaftliches Verhältnis angebahnt, das erst mit dem Tode der Gräfin und des Grafen erlosch.

Gleichwohl aber lag der Schwerpunkt für die Geistesthätigkeit unseres Herrn Grafen nicht auf dem Gebiete der Naturwissenschaften, in welchen er wegen seiner körperlichen Schwäche auch nicht selbstthätig sein konnte, er war vielmehr, wenn man so sagen darf, ein geborner Philolog, und sein auf ein ungewöhnlich gutes Gedächtnis begründetes sprachliches Wissen war ein ganz ungewöhnliches. Von neueren Sprachen beherrschte er die französische, italienische und englische vollkommen, sowohl für die Conversation als bezüglich der Litteratur.

Ein Lieblingsfach war ihm vergleichende romanische Sprachkunde, und zumal die Ergründung romanischer Sprachwurzeln verfolgte er mit einer wissenschaftlichen Leidenschaft. Aber nicht weniger gründlich war seine Kenntnis der alten klassischen Sprachen, besonders des Lateinischen. Seine Lieblingsautoren waren Lucrez und Horaz; die Oden des letzteren kannte er fast alle auswendig und gern rezitierte er vorkommenden Falls einem Freunde eine ganze Ode von Anfang bis zu Ende. Von deutschen Klassikern zog ihn vor allem Göthe an, in dessen naturwissenschaftliche durchgebildete Denkweise und Phantasie er sich oft und gern vertiefte. Unter den Franzosen liebte er am meisten Voltaire, unter den Engländern vor allem Byron, aber auch den frischen, anmutigen Schotten Burns.

Er war ein strenger Denker, und obgleich er auch gemütlich tief angelegt war, so zog er doch unerbittlich die Konsequenzen seiner auf umfassende naturwissenschaftliche Kenntnisse gegründeten Überzeugung, zumal in metaphysischen Fragen — auch der Religion gegenüber. Ebenso suchte er vorurteilsfrei die sozialen Fragen zu behandeln.

Der 28. Dezember 1887 war ein trüber schneereicher Wintertag. Die Gruft vor dem Denkmale auf dem Lichtenthaler Friedhofe, welches das Bildnis der Gräfin und des Grafen Bose schon längere Zeit trägt, war geöffnet und zeigte in der Tiefe den Sarkophag der Gräfin. Unter den Klängen der Trauermusik wurde jetzt der Sarg, der die sterbliche Hülle des Grafen barg, hinabgelassen und neben den seiner Gemahlin gestellt. Weinend und still betend kniete am Rande des Grabes die Dienerin, die den Herrn Grafen bis zu seinem letzten Atemzuge treu gepflegt. Da trat Professor E. Häckel an das Grab und gab ein Bild von dem Leben und von den Verdiensten des edlen Verstorbenen für die Pflege der Naturwissenschaften und der Medizin, wobei er besonders auch dessen Verdienste um die Universität Jena hervorhob; Dr. med. Heinrich Schmidt sprach alsdann im Auftrage der Senckenbergischen naturforschenden Gesellschaft dem Grafen den Dank derselben aus für die Fürsorge und Teilnahme, die er derselben jederzeit bewiesen; der

Berichterstatter legte einen von der Gesellschaft gewidmeten Lorbeerkranz auf den Sarg des unvergesslichen Toten nieder und die Gruft schloss sich über den Resten zweier vorzüglicher Menschen, die ihrem Wunsche gemäss nun ewig vereint sind. Ihr Andenken aber wird in Liebe und Dankbarkeit unter uns hochgehalten werden, so lange die Senckenbergische naturforschende Gesellschaft besteht.

Inhalt.

Erster Teil.

Geschäftliches. Sektionsberichte. Protokollauszüge.

Zweiter Teil.

Vorträge und Abhandlungen.

Der Vortrag des Herrn Prof. Dr. Noll bei dem diesjährigen Jahresfeste: „Die Veränderungen in der Vogelwelt im Laufe der Zeit" wird in dem nächsten Jahresberichte erscheinen.

Bericht

über die

Senckenbergische

naturforschende Gesellschaft

in

Frankfurt am Main.

1888.

Mit zwei Tafeln.

Frankfurt a. M.
Druck von Gebrüder Knauer
1888.